Fortschritt der Technik –
gesellschaftliche und ökonomische Auswirkungen

HONNEFER PROTOKOLLE
Herausgegeben von Erhard Meinel

Band 3

Fortschritt der Technik – gesellschaftliche und ökonomische Auswirkungen

Herausgegeben von

Hermann Lübbe

Mit Beiträgen von

Helmut Böhme, Reinhard Löw, Hermann Lübbe, Ortwin Renn, Erich Staudt, Hans-Jürgen Warnecke, Christel Meyers-Herwartz, Bert Rürup, Winfried Schmähl, Wolfgang-P. Peters, Ralf Reichwald, Charles B. Blankart, Norbert Walter, Walter Eversheim

R.v. Decker's Verlag, G. Schenck
Heidelberg 1987

Bildnachweis: S. 102 dpa

Satz: Roman Leipe GmbH, 6729 Hagenbach
Druck und Verarbeitung: Grafischer Großbetrieb Friedrich Pustet, 8400 Regensburg
ISBN 3-7685-1087-5

Geleitwort

Die Akademie für Führungskräfte der Deutschen Bundespost hat sich in einer zwei Wochen dauernden Veranstaltung mit dem Thema „Die gesellschaftlichen und ökonomischen Auswirkungen des Fortschritts der Technik“ beschäftigt. Ausschlaggebend für die Auswahl dieses Seminarthemas für deutsche und ausländische Führungskräfte von Post- und Fernmeldeinstitutionen war die Erkenntnis, daß verantwortliche Positionen in technologieorientierten Unternehmen heute nur noch ausgefüllt werden können, wenn die Führungskräfte auch die Folgewirkungen ihres Handelns überblicken und abschätzen können, die sich außerhalb ihres Verantwortungsbereichs im Unternehmen ergeben. So sehr technischer Fortschritt den vollen Einsatz des einzelnen innerhalb des Unternehmens voraussetzt, so sehr verlangt eine kritische Öffentlichkeit, aber insbesondere der für Technikfolgen empfindsam gewordene Führungsnachwuchs, die Beschäftigung mit dem Thema der Verantwortung des Führungshandelns nicht nur gegenüber dem eigenen Unternehmen, sondern gegenüber der Gesellschaft.

Mikroelektronik, Digitalisierung, Weltraumtechnologie und Glasfaser stellen den Unternehmen, die Telekommunikationsdienste anbieten, neue Aufgaben. Die Schnelligkeit der Entwicklung in diesem Sektor ist beispielhaft und auch in anderen Bereichen vorzufinden. Da die Folgen des raschen technischen Fortschritts die gesamte Volkswirtschaft und die Gesellschaft betreffen, begrüße ich es sehr, daß die Akademie für Führungskräfte der DBP dieses Thema aufgegriffen und intensiv diskutiert hat. Wir freuen uns, daß wir die Ergebnisse der Tagung auf diesem Weg an einen größeren Kreis herantragen können, weil hier Antworten auf Fragen gegeben werden, die weit über den Gestaltungs- und Wirkungsbereich der Deutschen Bundespost hinausgehen.

Bonn, im Mai 1987

Wilhelm Rawe
Parlamentarischer Staatssekretär im Bundesministerium
für das Post- und Fernmeldewesen

Vorwort

Es ist heute nicht überflüssig, daran zu erinnern, daß die Geschichte der Technik sich nicht nur als Geschichte enttäuschter Hoffnungen darstellt. Die Technik hat auch Erwartungen erfüllt, und ohne die Evidenz dieser Erwartungserfüllung bliebe die historisch beispiellose Dynamik der wissenschaftlich-technischen Zivilisation unverständlich. Befreiung des Menschen vom physischen Zwang niederdrückender Arbeit, Steigerung der Produktivität der Arbeit, Mehrung der Wohlfahrt und durch Mehrung der Wohlfahrt Mehrung der sozialen Sicherheit und schließlich des sozialen Friedens — das sind die ebenso trivialen wie elementaren Lebensvorzüge, die erst durch Nutzung der Instrumentarien moderner Technik den Menschen allgemein zugänglich geworden sind. Ersichtlich handelt es sich dabei um Lebensvorzüge, die auch durch die Probleme, wie sie uns heute im Kontext moderner Gesellschaften bedrängen, nicht desavouiert worden sind. Was wir der Technik zu verdanken haben, bleibt zustimmungsfähig, ja zustimmungspflichtig. Es ist wichtig, das festzuhalten, um den begrifflichen Ort der Probleme, die die Technik wie nie zuvor zum Kritikobjekt haben werden lassen, angemessen bestimmen zu können. Unser Problem ist nicht, daß der Nutzen der Technik, auf die wir uns eingelassen haben, sich inzwischen als eine Illusion herausgestellt hätte. Unser Problem ist, daß wir unter einen rasch anwachsenden Druck unerwünschter naturaler und sozialer Nebenfolgen technisch instrumentierten Handelns geraten sind. Mit der Kennzeichnung dieser unerwünschten Folgen als „Nebenfolgen" ist nicht im mindesten die Absicht einer Bagatellisierung unserer einschlägigen Gegenwartsprobleme verbunden. Gemeint ist, daß in nicht vorhergesehener, ja partiell sogar unvorhersehbarer Weise die Kosten, die wir für den Nutzen der Technik zu zahlen haben, in etlichen Lebenszusammenhängen immer drückender werden. Damit ist nicht der technische Fortschritt als eine Illusion erwiesen. Aber es ist erwiesen, daß auch dieser Fortschritt grenznutzenbestimmt bleibt.

Auch noch aus einem anderen Grunde haben wir zu erwarten, daß in einer hochentwickelten technischen Zivilisation sich die Einstellung zur Technik ändert. In Armutslagen sind wir gegenüber den Schädlichkeitsnebenfolgen der Anstrengungen zur Verbesserung unserer Lage recht unempfindlich. Je besser es uns geht, um so weniger ertragen wir Beeinträchtigungen unserer Wohlfahrt durch ihre unangenehmen Folgekosten. Mit dieser Feststellung verbindet sich nicht die

Absicht einer moralisierenden Zivilisationskritik. Es ist ebenso unvermeidlich wie richtig, daß wir, als Nutznießer der technischen Zivilisation, kostenbewußter werden. Den Fälligkeiten moderner Technologie- und Ökologiepolitik kommt das zugute. Überall intensiviert sich in ebenso nötiger wie erfreulicher Weise das Bemühen, diesen Fälligkeiten zu entsprechen. Auch der hier vorliegende Konferenzbericht demonstriert es.

Zürich, im Mai 1987 *Hermann Lübbe*

Inhaltsverzeichnis

Soziale Auswirkungen des technischen Fortschritts in historischer Perspektive

Von Professor Dr. Helmut Böhme

Ich beginne mit zwei markanten aktuellen, auf „technischem Fortschritt" ruhenden Ereignissen:

— 27. Januar 1986: Kaum zwei Minuten nach dem Start der US-Raumfähre „Challenger" löst ein Leck an einer der beiden Trägerraketen eine Explosion aus, die die Raumfähre vollständig zerstört, die siebenköpfige Besatzung kommt ums Leben.

— Am 26. April 1986 gerät ein Atomreaktor im Kernkraftwerkskomplex von Tschernobyl außer Kontrolle, die Sicherheitsvorkehrungen versagen: Es kommt zu Explosionen, Graphit fängt an zu brennen, größere Mengen Radioaktivität entweichen und verseuchen in den Folgewochen durch Strahlung in der Luft und radioaktiven Niederschlag große Teile Europas.

Beide Ereignisse stehen nicht isoliert; sie sind Teil einer Kette von Katastrophen, die offenbar eine Grenze technischer Entwicklung aufzuzeigen scheinen. Sie markieren möglicherweise gravierende Einschnitte in der Haltung großer Teile der Bevölkerung der westlichen und wahrscheinlich auch der östlichen Industriegesellschaften gegenüber dem bislang nie ernstlich problematisierten „technischen Fortschritt".

Mit „Challenger" kamen nicht nur sieben Menschen ums Leben. Mit der Raumfähre im Wert von Hunderten Millionen Dollar ging mehr verloren, es explodierte gewissermaßen der Nimbus der NASA als besonders sicherheitsbewußter Institution. Die anschließenden Untersuchungen offenbarten eklatante Mängel: Warnungen wurden mißachtet, ökonomischer und politischer Druck war stärker als die alte Faustregel, daß ein technisches System immer nur so zuverlässig und sicher ist wie sein schwächstes Glied. Das schwächste Glied der Kette war dabei ironischerweise keineswegs ein kompliziertes elektronisches Bauteilchen, sondern ein relativ simpler Dichtungsring.

Nicht viel anders liegt der Fall der „UdSSR-Havarie"; auch hier verbrannnte nicht nur Technik, zerfiel nicht nur ein weiterer Sicherheitsglaube an die nukleare und Sicherheitstechnologie, sondern zugrunde ging auch die Hoffnung auf Krisenmanagement, auf die Effizienz „moderner" Bürokratien. Die Lage war nicht nur in der UdSSR verwirrend und hoffnungslos. Verwirrend schon allein die Tatsache, daß der GAU, der größte anzunehmende Unfall in einem Atomkraftwerk, dessen Wahrscheinlichkeit Reaktorsicherheitsexperten noch vor kurzem mit einmal pro 10000 Jahren bezifferten, sich schon jetzt ereignete. Zudem erwies es sich als außerordentlich schwierig, die Kernreaktion unter Kontrolle zu bekommen, und faktisch unmöglich, die Bevölkerung der betroffenen Gebiete Europas wirkungsvoll von der Strahleneinwirkung zu schützen. Alle Sicherheitspapiere waren zu Makulatur geworden. Die Menschen begaben sich auf die Flucht vor dem „technischen Fortschritt", ohne Chance ihm zu entkommen. Kein Wunder, daß Angst statt Zuversicht zum Zeitthema wurde. Zu der Grenze von Ressourcen und irdischer Belastbarkeit ist nun auch die Grenze der Beherrschbarkeit technischer Großkomplexe gekommen. Faktum ist: von Menschen gemachte Katastrophen häufen sich, mit den Strahlen von Tschernobyl steht die eigene Lebensweise in Frage, sind die Grundlagen, die Grundsätze unserer wissenschaftlich-technischen Welt neu zu bedenken.

Zugegeben, es ließe sich als Pendant zu dieser Katastophengeschichte auch eine Geschichte der spektakulären technischen Erfolge skizzieren. Auch das wird versucht. Die Geschichte der Informations- und Kommunikationswissenschaften wäre so ein Thema, die Suche nach neuen Materien. Denken wir nur etwa an die phantastisch präzise Giotto-Mission zum Halleyschen Kometen. Dennoch wäre es völlig unangemessen, die Sorgen und Ängste, die jetzt viele Menschen lähmen, mit forschen Parolen wie „Der technische Fortschritt hat seit jeher Opfer gekostet" oder „Niemand will auf seinen Wohlstand verzichten" vom Tisch zu wischen. Die Probleme liegen tiefer, sind nicht mit Durchhalte- oder effektvollen Ausstiegsparolen zu lösen; Bewußtsein ist technisch nicht optimierbar.

1. Ein Fragezeichnen hinter „technischem Fortschritt"?

Nicht nur diese spektakulären Ereignisse veranlassen mich, den Begriff des „technischen Fortschritts" mit einem großen Fragezeichen zu versehen, wobei ich hoffe, daß mir als Präsident einer Technischen Hochschule deshalb nicht gleich das heute so viel strapazierte Etikett pauschaler Technikfeinschaft angehängt wird. Aber wenn technischer Fortschritt nicht nur technische Veränderungen meinen, sondern auch Entwicklung zum Wohle der Menschheit, zum gesellschaftlichen Fortschritt der ganzen Gattung bedeuten soll, dann fällt es nicht nur mir angesichts der vielfältigen negativen Auswirkungen früheren und heutigen technischen Fortschritts und insbesondere der die Existenz der Menschheit insgesamt bedrohenden Destruktivkraft der nuklearen, der biologisch-chemischen — und auch der unvorstellbar vernichtungspotentiell optimierten „traditionellen" Waffensysteme immer schwerer, diese segensreichen Wirkungen technischen Fortschritts noch zu erkennen. Ja mehr noch, der Begriff des „Fortschritts" insgesamt scheint in Frage gestellt. Zu seiner Verteidigung treten dabei Exponenten ganz unterschiedlicher politischer und gesellschaftlicher Lager auf den Plan:

So rief etwa Edzard Reuter, Mitglied des Vorstands der Daimler-Benz-AG, kürzlich in der „Zeit“ eindringlich dazu auf, am Begriff des Fortschritts festzuhalten; und der Philosoph Jürgen Habermas appelliert fast beschwörerisch an die sich bislang als fortschrittlich verstehenden politischen Kräfte, das Projekt der „Moderne“ nicht aufzugeben, sondern zu vollenden; häufig wird Ernst Bloch zitiert, das „Prinzip Hoffnung“, an dessen euphorischer Überzeugung eine nukleare Zukunft festgemacht wird.

Trotz all' dieser Appelle, klugen oder auch geschwätzigen Analysen, bin ich der Ansicht, daß wir an einem Wendepunkt technisch bedingter gesellschaftlicher Entwicklung angelangt sind. Darauf deutet für mich die in zahlreichen Wissenschaftszweigen in den letzten Jahren geradezu inflationäre Verwendung des Präfix „post“ hin. Die dabei geprägten Wortungetüme wie „postindustriell“, „postmodern“ oder „postmaterialistisch“ stellen dabei in vielerlei Hinsicht eher Kommunikationshindernisse dar. Dennoch, diese post-Aussichten distanzieren, machen deutlich, daß wir an einer Grenze angekommen sind. Es gibt eine ganze Reihe von Indizien, daß wir am Ende einer Epoche stehen, die später vielleicht einmal „Moderne“ oder „Zeitalter des Fortschritts“ bezeichnet werden könnte und die, sofern wirklich ein prinzipieller Einschnitt vorliegt, mit 150—200 Jahren in menschheitsgeschichtlicher Perspektive eigentlich relativ kurz gewesen wäre, immerhin aber so lange wie jene Umbruchsperiode zwischen 1350 und 1500, der wir die Grundlage der „Moderne“ verdanken: Renaissance, Reformation, Humanismus, schließlich die Entwicklung der physikalischen Methodologie[1].

Doch der Begriff „Fortschritt“ hat seine Geschichte, hat eine Genese, die wichtig ist: Unser heute gebräuchlicher Begriff von „Fortschritt“ ist ein Kind der Aufklärung. Erst gegen Ende des 18. Jahrhunderts verdichten sich die verschiedenen von den Zeitgenossen beobachteten Fortschritte in Wissenschaft und Technik, Wirtschaft, Kunst und Gesellschaft zum „Kollektivsingular“ Fortschritt, zu der Vorstellung einer klar erkennbaren Bewegungsrichtung der menschlichen “Geschichte“ — auch dies übrigens eine neue Idee der Aufklärung, zuvor gab es nur Geschichten — in Richtung auf irdische Vervollkommnung[2]. Damit waren zyklische Geschichtsvorstellungen vom ewigen Aufstieg und Niedergang der Reiche oder auch die christlich eschatologische Konzeption des irdischen Jammertals, der letztendlichen Vergeblichkeit menschlicher Existenz und ihrer bloß transzendentalen Erfüllung am Jüngsten Tag ernsthaft in Frage gestellt. „Fortschritt“ als

---

1 *Reuter, E.:* Die Chancen der Vernunft. Über die Herausforderung moderner Technik, in: Die Zeit, Nr. 16, 11. 4. 1986, S. 41—43; *Habermas, J.:* Moderne und postmoderne Architektur, in: Arch. 61/ 1982, S. 54—59. Zu Habermas' Appell auch *Köhler, J.:* Der weggewischte Horizont. Woher die ‚Postmoderne' kommt und wohin sie geht, in: Frankfurter Rundschau 30. 3. 1985, S. 283.

2 *Koselleck, R.:* „Fortschritt“, in: Geschichtliche Grundbegriffe Bd. 2 *Brunner, O.* u. a., (Hrsg.) S. 351—423 (1975) Stuttgart

geschichtsphilosophische Kategorie wurde zunächst vor allem von der kleinen, aber aktiven Schicht des aufgeklärt-liberalen Bürgertums des frühen 19. Jahrhunderts vertreten. Im Verlauf politischer und religiöser Kämpfe, technischer und wirtschaftlicher Umwälzungen und einer enormen Verbreitung elementarer Bildung wurde die Vorstellung eines dauerhaften gesellschaftlichen Fortschritts dann in banalisierter Form zur Alltagsideologie großer Teile des Volkes, zur Ersatzreligion.

„Arbeit" wird nun wie „Fortschritt" zur Chiffre säkularisierten Glaubens. Mit Leitbegriffen wie „Fortschritt", „Arbeit" und „Technik" wird eine neue Vergesellschaftsstrategie entworfen, die an die Stelle der alten, aber ausgebrannten Identifikationsmodelle des Ancien régime treten sollte: „Nation" ist ein solcher Begriff, der Sicherheit, Begeisterung geben sollte, auch „Leistung" (eben nicht Geburt) „Aufstieg" (eben nicht Stand/Ordnung).

Das Kritischwerden dieser Begriffe, die unsere Welt konstruiert haben, ihre neue Brüchigkeit zeigt, daß unsere technische Welt eine Bewußtseinskrise als Identitätskrise erlebt. Das ist nichts Neues. Die letzte solcher Identitätskrisen Ende des 18. Jahrhunderts wurde eben mit der Technik, der Dampfmaschine gelöst, die eine neue politische Ordnung, die Demokratie forderte. Und mit diesem Problem sind wir nach Tschernobyl auch konfrontiert. Staatliche und gesellschaftliche Ordnung werden sich auf die politischen Bedingungen moderner Technologie einstellen, so wie dies historisch an entsprechenden Entwicklungen nachweisbar ist.

Technischer Fortschritt konstituierte ein Kernelement dieses skizzierten Fortschrittskomplexes, und seine Manifestationen, etwa die Dampflokomotive oder die Elektrizität, gewannen häufig Symbolcharakter für Fortschritt insgesamt. Es wäre allerdings fatal, den ungebrochenen Fortschrittsglauben des 19. Jahrhunderts, der in der zweiten Hälfte mit dem Darwinismus noch eine naturwissenschaftliche Unterfütterung zu bekommen schien, unreflektiert zu übernehmen und technischen Fortschritt als quasi naturwüchsige, autonome und sich selbst generierende und steuernde Entwicklung, als unabhängige Variable zu begreifen.

Technischer Fortschritt hat sicherlich, und das rechtfertigt teilweise die weitere Verwendung des Begriffs, eine klare Bewegungsrichtung: Er zielt einerseits auf fortschreitende Beherrschung und Nutzbarmachung von Natur und natürlichen Ressourcen durch den Menschen, andererseits auf die Ersetzung menschlicher Arbeit durch Maschinenarbeit. Technischer Fortschritt ist jedoch nicht losgelöst vom gesellschaftlichen Kontext. Er ist abhängig von den zur Verfügung stehenden ideellen und materiellen Ressourcen (Wissensstand, Materialien, Werkzeuge), von gesellschaftlichen Normen und Institutionen (Rechtssystem, Eigentumsverhältnissen, Patentwesen), von wirtschaftlichen, gesellschaftlichen oder staatlichen Anforderungen. Technischer Fortschritt ist nicht Zufall. Er ist Teil eines Weltbildes, das wir wissenschaftlich-technisch nennen und in dem die Dampfmaschine eines Watt, die Ideen Newtons mit Vorstellungen von zentralen, symmetrischen Ordnungen in neuen Gesellschafts- u. Staatsbildungen korrespondierten, in denen die Elektrowellen mit der Quantentheorie Einsteins eine dialogische Weiterentwickung entsprechend demokratischer Ordnungen erfuhren. „Fortschritt" hat also ein politisches Pendant, hat in seiner Absolutsetzung auch seine totalitäre Entsprechung. In die Lösung technischer Probleme gehen selbst in größerem Umfang Einflüsse und Impulse mit ein, die nicht unmittelbar technischen Ursprungs sind, sondern gesellschaftlichen Denkmodellen, Leitbildern von der „Natur" der Dinge, „der natürlichen Ordnung" oder wirtschaftlichen Gesichtspunkten entspringen[3], wobei „Natur" immer als Natur-Wissenschaft, als „science" erscheint, immer zubereitend arbeitet, aufbereitet wird entsprechend unserem und für unser Denken. Unsere wissenschaftliche Methode schafft eine „zweite Welt"; wir analysieren, prüfen, bauen zusammen. Die Welt der Artefakte ist die Konstitution der Moderne. Galilei urteilte triumphierend, daß nicht Gefühl, Geschmack, daß nicht mehr Berührung und Anschauung erklären,nicht mehr die entscheidenden Begriffe der Erkenntnis und Urteilsbildung seien. Die neue Sprache war die Mathematik, die Rückführung der Äußerlichkeiten auf den Kern. Dieses Denken ist von Intellektualität geprägt, ist fokussiert, vereinzelt, entkoppelt, spezialisiert, vereinsamt. Aber das ist ein Urteil aus heutiger Sicht. Für die damals einsetzende technische Entwicklung mit wissenschaftlich begründeten Unterlagen war das neue empirisch begründete Bild von Wirklichkeit und Wahrscheinlichkeit die Leitvorstellung.

Technischer Fortschritt ist ein komplexer und häufig langwieriger Prozeß. Die Innovationsforschung unterscheidet idealtypisch zwischen der Phase der *Invention,* also der Erfindung oder Entdeckung eines neuen Produkts oder Verfahrens, dann der *Anwendung,* also der Entwicklung dieses Produkts zur Serienreife, zur Vermarktung und der *Diffusion,* also der Verbreitung des Produkts oder Verfahrens bis zur Marktsättigung[4]. Viele durchaus funktionsfähige Inventionen wurden und werden nie weiter entwickelt, weil die gesellschaftlichen Rahmenbedingungen dafür nicht oder noch nicht gegeben waren oder sind. So wurde etwa in der frühen Neuzeit ein Danziger Handwerker, der als erster den Bandwebstuhl konstruierte und damit gegen die Vorschriften der Weberzunft verstieß, schlichtweg hingerichtet[5]. Heute ist die Bestrafung unerwünschter Erfinder zwar weniger drastisch, aber die Panzerschränke der Großunternehmen dürften dennoch voll sein mit Plänen für Erfindungen, von denen man sich entweder keinen Ge-

3 Vgl. *Eichberg H.:* Die Rationalität der Technik ist veränderlich. Festungsbau im Barock, in: *Troitzsch, U., Wohlauf, G.* (Hrsg.): Technikgeschichte, Frankfurt/M. 1980, S. 212—240; *Ropohl, G.:* Historische und systematische Technikforschung, in: Geschichte und Gesellschaft 4. Jg., S. 223—233, (1978)

4 *Pfetsch, F.:* Innovationsforschung in historischer Perspektive. Ein Überblick, in: Technikgeschichte Bd. 45 S. 118—133 (1978)

5 *Ritter, U. P.:* Die Rolle des Staates in den Frühstadien der Industrialisierung, S. 50, Berlin (1961)

winn verspricht, oder deren Einführung langfristig die eigenen Marktchancen gefährden würde. Die legendäre unzerreißbare Strumpfhose ist dafür nur ein besonders plastisches Beispiel.

Benjamin Franklin hat den frühesten Menschen einmal als „toolmaking animal" bezeichnet, also ein Werkzeuge herstellendes Lebewesen, und in der Tat scheint in der Fähigkeit zur Herstellung von Werkzeugen ein wesentliches, den Menschen auch von höher entwickelten Primaten unterscheidendes Merkmal zu liegen[6]. Die Geschichte des technischen Fortschritts ist also letztlich so alt wie die Menschheit selbst, und der Versuch, die sozialen Auswirkungen technischen Fortschritts in menschheitsgeschichtlichen Dimensionen darzulegen, könnte nur zu einer Aneinanderreihung von Gemeinplätzen führen; ich konzentriere mich deswegen auf die industrielle Revolution und ihre sozialen Folgen. Und auch hier wähle ich ein Paradigma, ein Beispiel. Am Beispiel der Dampfkraft als Basisinnovation werde ich versuchen zu zeigen, wie sich der Durchbruch zur Industriegesellschaft vollzogen hat, ein in politischer und weltgeschichtlicher Perspektive sowohl hinsichtlich der eingetretenen technischen und wirtschaftlichen Veränderungen als auch deren sozialen und kulturellen Implikationen einmaliger Vorgang. Erstmals lösten sich, ausgehend von Großbritannien Ende des 18. Jahrhunderts, ganze Gesellschaften von ihrer natürlichen Basis ab. Sie ersetzten menschliche oder tierische Energie, erneuerbare natürliche Energiequellen wie Wasserkraft und Windenergie durch die Verbrennung fossiler Energieträger (Kohle, später Erdöl), wobei die freiwerdende Energie in mechanische Kraft umgeformt und zum Antrieb der Maschinen verwandt wurde.

Diese tiefgreifende Veränderung in der Energiebasis setzte im Zusammenwirken mit zahlreichen anderen technischen und gesellschaftlichen Innovationen ein industrielles Wachstumspotential frei, das nicht mehr durch natürliche Schranken gehindert schien, und das auch Lebensweisen und kulturelle Deutungsmuster der Bevölkerung dieser Gesellschaft vollständig umwälzte. Das Hauptaugenmerk meiner Überlegungen wird sich auf diese sozialen Auswirkungen des technischen Umbruchs, seine kulturell-mentale Verarbeitung richten. Ich frage also:

— Welche Veränderungen bringt der technische Fortschritt im Verhältnis der Menschen zu ihrer gesellschaftlichen Kondition?

— Was ändert sich im Verhältnis der Menschen zu ihren Lebensgrundlagen, der stofflich-natürlichen Umwelt?

---

6 *Hänsel, B.:* Vor- und Frühgeschichte. Werkzeug, Gerät, Waffen aus Stein und Metall, in: *U. Troitsch/W. Weber,* (Hrsg.): Die Technik. Von den Anfängen bis zur Gegenwart, S. 8 ff, Braunschweig (1982)

— Welchem Wandel ist das Verhältnis des Menschen zu sich selbst sowohl in körperlicher als auch geistiger Hinsicht durch diesen technisch bedingten Wandel unterworfen gewesen und noch unterworfen.

Diese Veränderungen sollen insbesondere an einer neuen Begrifflichkeit, an der neuen Definition von Raum und Zeit als den grundlegenden Dimensionen menschlicher Existenz aufgezeigt werden.

2. Das historische Beispiel: Dampf als technische und politische Kraft

Ich möchte zur Einstimmung auf die Dampfkraft als erste Basisinnovation, die in besonders hohem Maße für die Industrialisierung insgesamt Symbolcharakter annahm, Verse zitieren, in denen sich König Ludwig I. von Bayern um 1830 mit den Auswirkungen der Eisenbahn auf das gesellschaftliche Leben auseinandersetzt, in der alte und neue Weltsicht mit kräftigem Atem traktiert wird, Biblisches und Königliches, Altes und drängend Neues verwoben ist, aber auch Angst und gequälte Zuversicht —, in der sich Zukunft ohne Sicherheit und die Gnade der Tradition die Waage halten.

Die Dampfwagen[7]

Aufgeh'n wird die Erde in Rauch', so steht es geschrieben,
Was begonnen bereits; überall rauchet es schon.
Jetzo lösen in Dampf sich auf die Verhältnisse alle
Und die Sterblichen treibt jetzo des Dampfes Gewalt,
Allgemeiner Gleichheit rastloser Beförd'rer. Vernichtet
Wird die Liebe des Volk's nun zu dem Land der Geburt.
Überall und nirgends daheim, streift über die Erde
Unstät so wie der Dampf, unstät des Menschengeschlecht.
Seinen Lauf, den umwälzenden, hat der Rennwagen begonnen
Jetzo erst, das Ziel lieget dem Blicke verhüllt.

Ungeachtet ihrer eher zweifelhaften literarischen Qualitäten bringen diese Verse doch viele der Hoffnung und Befürchtungen zum Ausdruck, die die Menschen des früheren 19. Jahrhunderts mit der Dampfkraft verbanden. Gleichheit, Mobilität, Rauch einerseits, Stabilität, Autorität, klare Landluftigkeit andererseits verschränken sich, zeichnen die Ambiguität der Zeit deutlich. Und es ist vielleicht symptomatisch für die so widersprüchliche, gespaltene Zeit des Vormärz, daß es ausgerechnet der königliche Sänger dieser Zeilen war, unter dessen Regierung 1835 die erste deutsche Eisenbahn zwischen Nürnberg und Fürth gebaut wurde.

7 Zit. nach *Sieferle, R. P.:* Fortschrittsfeinde? Opposition gegen Technik und Industrie von der Romantik bis zur Gegenwart, S. 108, München (1984)

Den Zeitgenossen König Ludwigs mochte es „wirklich“ scheinen, als lösten sich alle gesellschaftlichen Verhältnisse in Dampf auf. Tatsächlich war aber der Einsatz der Dampfkraft als Kraftmaschine zum Antrieb von Spinnmaschinen, Webstühlen oder Schmiedehämmern und die von der Dampfkraft bewegte Eisenbahn nicht die unmittelbare Ursache dieser Auflösung. Vielmehr hatte die Bevölkerungsexplosion — in der ersten Hälfte des 19. Jahrhunderts wuchs die deutsche Bevölkerung um 50 %[8] — schon lange vor der Einführung der Eisenbahn oder dem massenhaften Einsatz von Dampfmaschinen zu einer tiefgreifenden Destabilisierung der traditionellen ländlichen Gesellschaft geführt und damit erst in der „Reservearmee“ von Arbeitskräften die Rahmenbedingungen für den Durchbruch zur Industriegesellschaft geschaffen. Eine umfangreiche unterbäuerliche Schicht war entstanden, die mit gewerblichen Heimarbeiten für sogenannte Verlagskaufleute, meistens Spinnen oder Weben, eine häufig prekäre Existenz am Rande der bäuerlichen Gesellschaft fristeten. Auch die Agrarreformen der ersten Hälfte des 19. Jahrhunderts konnten die Probleme dieser Schicht wie auch die der Bauern nicht lösen. Die Ablösung der alten feudalen Rechte in Form jährlicher Zahlungen an die ehemaligen Feudalherren belastete viele Höfe in unerträglicher Weise. Die Folge waren massenhafte Zwangsversteigerungen von Höfen, eine weitere Besitzzersplitterung und ein beschleunigtes Anwachsen der unterbäuerlichen Schicht. Man nennt in den historischen Schulbüchern diese Agrarreformen „Bauernbefreiung“, ein Begriff, der allerdings erst Ende des 19. Jahrhunderts für diesen Vorgang formuliert worden ist. Ursprünglich wurde der Vorgang mit „Regulierung“ bezeichnet und stellte auch eine „Freisetzung“ dar, nämlich die Lösung des Adels aus den sozialen Bindungen Alteuropas, die Entbindung der Arbeitskraft von feudalen Lasten, disponiert und mobilisiert zu Arbeit und Angst.

Auch in der Stadt zeigten sich entsprechende „Auflösungen“. Das traditionelle, in Zünften als Zwangskorporationen organisierte Handwerk war nicht mehr in der Lage, mit den vor allem in England industriell hergestellten Waren zu konkurrieren. Die Konsequenzen aus dieser Situation waren unterschiedlich: Während Preußen schon zu Anfang des 19. Jahrhunderts die Gewerbefreiheit einführte und damit den Zunftzwang beseitigte, zog sich dies in anderen deutschen Staaten bis in die 1860er Jahre hin, mit durchaus spürbaren Konsequenzen für den Verlauf der Industrialisierung. Aber auch hier fielen die Mauern, auch hier begann eine Politik der staatlichen Steuersteigerung eine Zentralisierung einzuleiten, die auf individuelle, nicht mehr sozial gebundene Leistung, auf neue Begriffe setzte, auch hier hieß die Alternative technischer Fortschritt gleich Zukunft oder traditionsgebundene Arbeit gleich Abstieg.

---

8 *Henning, F. W.:* Die Industrialisierung in Deutschland 1800 bis 1914, S. 20, Paderborn (1976[3])

Wichtig ist festzuhalten: Das frühe 19. Jahrhundert war eine Zeit der Auflösung traditioneller gesellschaftlicher Ordnungen, der Infragestellung herkömmlicher, in der Erfahrung von Generationen wurzelnder Wirtschafts- und Denkweisen. Äußeres Zeichen dieser Desintegration war der Pauperismus, die Existenz einer großen Zahl marginalisierter und völlig verarmter Menschen, die weder in der Landwirtschaft noch im Gewerbe eine stabile Ernährungsgrundlage hatten. Aber auch ein großer Teil der Bauern und Handwerker vegetierte nur knapp oberhalb des Existenzminimums, und jede länger anhaltende Krise, zu diesem Zeitpunkt fast immer von Mißernten ausgelöst, stürzte große Teile der Bevölkerung in akute Verelendung.

In einer solchen Situation gesellschaftlicher Auflösung wurde die Nutzung der Dampfkraft in Form von Dampfmaschine und Dampflokomotive zum allgemeinen Hoffnungsträger, der die Menschheit aus der gegenwärtigen Misere herausführen sollte, auch wenn das Ziel noch, wie Ludwig I. in seinem Gedicht formuliert, „dem Blicke verhüllt" war, wenn die Strukturen der neuen Gesellschaft also noch nicht klar erkennbar waren. Heute sehen wir schärfer: Gerade im Blick auf die heutige Wechselwirkung von Technologie und politischer Organisation ist die erste industriell bedingte Staatlichkeit von großem Interesse, denn damals setzte eine Reformbürokratie auf Technik und Erziehung um den Staat zu modernisieren, „Maschine" und „Konstitution" gehören zusammen, überspitzt formuliert: „Dampf" macht „Demokratie" möglich, „Dampf" ist die grundlegende Bedingung der im 19. Jahrhundert geformten stark-staatlichen Entwicklung.

Wie fast alle großen Erfindungen hat die Nutzung der Dampfkraft viele Väter; aber erst James Watts Verbesserung der Newcombenschen Dampfmaschine, die noch als völlig unförmiges, Unmengen von Kohlen verschlingendes Aggregat lediglich als Wasserpumpe in Bergwerken Verwendung fand, öffnete der Dampfmaschine den Zugang zum Einsatz in anderen Bereichen[9]. In Großbritannien als dem Pionierland der industriellen Revolution fand die Dampfmaschine relativ bald und umfassend Verwendung als Kraftmaschine, d. h. zum Antrieb der zahlreichen Arbeitsmaschinen etwa in der Textilindustrie, wo 1838 nur noch ein Viertel der benötigten Energie durch Wasserkraft gestellt wurde[10]. In Deutschland dagegen erfolgte die Einführung der Dampfmaschine in der Industrie zunächst nur sehr zögernd. Niedrige Löhne, das reichliche Angebot an Wasserkraft und die hohen Transportkosten für Kohle wirkten als retardierende Faktoren. Selbst in den damals am höchsten industrialisierten Sachsen gab es 1840 erst 50 Dampfmaschinen. Frühe Industrialisierung in Deutschland nahm vielfach die Form

---

9 *Braun, H. J.:* Die Dampfmaschine. Technische Entwicklung, wirtschaftliche und gesellschaftliche Ursachen und Auswirkungen, in: Die nützlichen Künste. Gestaltende Technik und bildende Kunst seit der Industriellen Revolution, *Buddensieg, T., Rogge, H.,* (Hrsg.) S. 82—90, Berlin (1981)

10 Ebenda, S. 88

ländlicher Industrialisierung in relativ kleinen Betriebseinheiten an Wasserläufen mit ausreichendem Gefälle. Erst mit dem Aufbau eines Eisenbahnnetzes ab den 1840er Jahren und den erheblichen Verbesserungen der Flußschiffahrt durch Abbau von Schiffahrtsprivilegien, Flußbegradigungen und Einsatz von Dampfschiffen verändern sich diese Bedingungen; der 1834 mit dem Zollverein formal geschaffene nationale Markt wird nun allmählich auch materiell hergestellt. Erst ab 1873, ja eigentlich erst ab 1896 kann man in Deutschland von Industrialisierung auf breiter Basis reden. Die Frage ist aber weniger eine Frage der Masse und Quantität, die erst mit einer hundertjährigen Verzögerung einsetzte, sondern die der Qualität der Neuerung und ihrer Folgen sind früher, und die Frage der Qualität ist gleichsam im historischen Experiment, aufzubereiten.

3. Die sozialen Folgen: Arbeit und Disziplin

Was waren nun die sozialen Auswirkungen der Dampfmaschine in der Frühphase der deutschen Industrialisierung? Die Dampfmaschine, aber auch die Arbeitsmaschinen waren zunächst sehr kostspielige Investitionen, die sich möglichst rasch rentieren sollten und mußten. Die Folge war ein Bestreben des jeweiligen „Unternehmers“, den Arbeitstag so weit irgend möglich und oft über die Grenze des physisch Zumutbaren hinaus zu verlängern. Arbeitszeiten von 15 Stunden täglich und bis zu 90 Stunden wöchentlich waren um 1850 in der Industrie keine Seltenheit. Die Arbeiter in diesen Fabriken waren zwar aus der Heimarbeit oder der landwirtschaftlichen Arbeit ebenfalls schwere körperliche Arbeit und z. T. extrem lange Arbeitszeiten gewöhnt. Neu war jedoch, daß sie nicht mehr selbst bestimmen konnten, wann sie die Arbeit aufnahmen und beendeten, wann sie Pausen machten. Der ökonomische Imperativ einer optimalen Nutzung der Maschinerie und die arbeitsteilige Organisation innerhalb der Fabrik schufen einen Zwang zu Synchronisierung; Arbeitsbeginn, -pausen, und -ende mußten verbindlich koordiniert werden und wurden meist durch Glockenzeichen, später durch Sirenen angezeigt. Die „Zeit“-regelung wird lebensprägend; zerlegte Arbeit lebensordnend.

Aber auch die Arbeitsinhalte veränderten sich radikal: Nicht mehr die einzelne Spinnerin oder der einzelne Weber bestimmte nun den Takt, den Arbeitsrythmus, dieser wurde von der Maschine diktiert, der Mensch wurde zum „Attribut“ der arbeitenden Maschine[11]. Und die Maschine kannte, solange genug Kohlen für den erforderlichen Dampfdruck sorgten und die Kraftübertragung, die auf

11 *Henning, F. W.:* Humanisierung und Technisierung der Arbeitswelt, in: *Reulecke, J., Weber, W.,* (Hrsg.): Fabrik — Familie — Feierabend. Beiträge zur Sozialgeschichte des Alltags im Industriezeitalter, S. 57, Wuppertal (1978)

den Fotographien aus früheren Fabriken sichtbaren Antriebswellen und Lederriemen der Transmission intakt war, keine Ermüdung, kein Erbarmen. Zudem wurde die Arbeit im Fortgang von Optimierungsversuchen in zahllose kleine Arbeitsschritte zerstückelt, von denen ein Arbeiter immer nur eine geringe Anzahl ausführen mußte. Der Überblick über das Ganze hörte auf, „Teilsysteme" dominierten. Der in der Heimindustrie zumindest noch rudimentäre Zusammenhang des Arbeitsprozesses, etwa im Anbau von Flachs, dem Spinnen zu Leinengarn und dem Weben von Leinwand, alles in einem Haushalt, ging in der Fabrikarbeit, insbesondere in der Textilindustrie als der am frühesten maschinisierten Industrie weitgehend verloren. Am deutlichsten wird dieser abrupte Wandel in den Belegschaftsbildern. Hatten in den 70er und 80er Jahren die Handwerker, Handarbeiter, selbstbewußt, mit unterschiedlicher Kleidung und mit ihrem Arbeitsprodukt in den Händen in die Kamera geblickt, so waren es um die Jahrhundertwende „uniformierte" Arbeiter, die mit ihren Werkstücken ein homogenes, gedrilltes Bild von Entschlossenheit abgaben.

Die erste Generation von Fabrikarbeitern muß den Verlust an Zeitautonomie, diese Kettung an den Takt der Maschine als unerhörte kulturelle Zumutung, als Infragestellung ihrer herkömmlichen Verhaltensweisen und Bräuche verstanden haben und entsprechend massenhaft rebelliert haben. Diese Rebellion drückte sich allerdings seltener durch spektakuläre Streiks, Massenaktionen oder Maschinenzerstörungen aus, wobei es auch diese gab, als durch schlichten Absentismus, fehlende Disziplin, bewußte oder unbewußte Sabotage, Entwendung von Material und eine unglaubliche hohe Fluktuation. Für die Unternehmer war daher das zentrale Problem der frühen Industrialisierung die Anpassung der Arbeiterschaft an die industrielle Arbeitsdisziplin, sie betrachteten dies häufig als eine Erziehungsaufgabe, die ihnen im Rahmen des gesamtgesellschaftlichen Kulturfortschritts übertragen sei, und behandelten ihre Arbeiter dementsprechend als „unartige Kinder".

Wie die Ungebärdigkeit der Arbeiter durch ein ausdifferenziertes System von Strafen und Sanktionen zu brechen versucht wurde, läßt sich sehr gut an den teilweise äußerst detaillierten Fabrikordnungen dieser Jahre ablesen. So bestimmt etwa Artikel 10 der „Fabrik-Ordnung für die Werkstätten der Maschinenfabrik Eßlingen" von 1846:

> „Jedem Arbeiter ist bei Vermeidung eines Abzuges von 15 Kreuzern untersagt, unnöthigerweise in der Werkstätte oder überhaupt in der Fabrik umherzulaufen; derselbe Abzug trifft denjenigen, welcher sich Spielereien und Neckereien mit seinen Mitarbeitern erlaubt. Wer Zank oder Schlägerei veranlaßt, wird um 1 Fl. 30 kr. bestraft"[12].

---

12 Zit. nach: Arbeiter. Kultur und Lebensweise im Königreich Württemberg, Ludwig-Uhland-Institut für empirische Kulturwissenschaft der Universität Tübingen (Hrsg.) S. 43, Tübingen (1979)

Neben des Verlustes an Zeitautonomie war die Herauslösung von „Arbeit“ aus der ursprünglichen Einheit von Produktion und Reproduktion im Rahmen der familiären Hauswirtschaft eine zweite entscheidende Auswirkung der Industrialisierung. Vorindustrielle Arbeit, sei es in der Landwirtschaft, im Verlag oder auch im Handwerk erfolgte im Rahmen der Ökonomie des „ganzen Hauses“ (Otto Brunner); alle arbeitsfähigen Familienmitglieder leisteten in der einen oder anderen Weise ihren Beitrag zum Unterhalt durch die Erzeugung und Verarbeitung von Produkten, die selbst in der Familie konsumiert oder aber verkauft wurden. Industriearbeit sprengte nun diesen Zusammenhang, die „Familie“ verlor ihre Funktion als Einheit der Produktion, aus der konkreten, aufgabenorientierten Arbeit in der Familienwirtschaft wurde der Verkauf eines Quantums abstrakter Arbeit an einen Arbeitgeber, Arbeit wurde zur handelbaren Ware „Arbeitskraft“. Wie auch der vorher zitierte Artikel aus der Eßlinger Fabrikordnung belegt, sollten alle nicht unmittelbar arbeitsbezogenen Lebensäußerungen aus der Fabrik ausgegrenzt werden, Zeit in der Fabrik — so jedenfalls das angestrebte Ideal — sollte reine Arbeitszeit sein. Die scharfe Trennung von Arbeit und Nichtarbeit an den Toren der Fabrik leitete zwei Prozesse ein: Einmal die das 19. und 20. Jahrundert weitgehende prägende Auseinandersetzung zwischen Kapital und Arbeit um die Bezahlung der zur Ware gewordenen Arbeitskraft, die Länge des Arbeitstages und mittlerweile auch die Arbeitsintensität. Zum anderen die Entwicklung einer zunächst noch sehr bescheidenen Sphäre der Nichtarbeit, die dann im 20. Jahrhundert Grundlage der Konsum- und Freizeitgesellschaft werden sollte.

Der Einsatz von Dampfmaschinen in den Fabriken veränderte auch die Standortfrage: Entscheidend wurde nun zunächst die Nähe zu Transportwegen und Absatzmärkten, das bedeutete, daß die neuen Industrien sich bevorzugt in der Nähe von Rohstoffvorkommen (Kohle — Ruhrgebiet), an Eisenbahnknotenpunkten oder großen Flußläufen oder am Rand der großen, meist auch verkehrsmäßig gut erschlossenen Städte niederließen. Für das meist noch auf dem Lande wohnende Arbeitskräftepotential bedeutet dies, entweder sehr lange Wegzeiten zur Arbeit in Kauf zu nehmen oder die noch verbleibenden Reste ihrer agrarischen Subsistenz, vielleicht ein kleines Feld oder ein Gemüsegarten ums Haus, ein Schwein im Stall und eine Kuh oder eine Ziege auf der Dorfweide, aufzugeben und in die Stadt zu ziehen. Wie wenig attraktiv das städtische Proletarierdasein in den überfüllten, unhygienischen Mietskasernen um die neuen Industriezentren erschien, zeigt das Beispiel Südwestdeutschlands, wo das Phänomen des weiterhin ländlich verwurzelten Arbeiterbauerns z. T. bis heute zu beobachten ist. In der Regel aber bedeutete Industriearbeit auf längere Sicht der Herauslösung aus den angestammten agrarisch-hausindustriellen Verhältnissen, die Abkoppelung vom Boden als der Grundlage der Subsistenz.

4. Das andere Beispiel: die Eisenbahn

Diese Erfahrung der Industriearbeit prägte um die Mitte des 19. Jahrunderts allerdings nur eine kleine Minderheit, etwa 600.000 Menschen oder 4% der Erwerbstätigen. Für die meisten Deutschen war nicht die Dampfmaschine als industrielle Kraftmaschine, auch nicht die Arbeitsmaschine, sondern die Eisenbahn die erste öffentlich sichtbare Maschine, die das Leben umzuwälzen schien. Zunächst ein paar Daten zum Siegeszug der Eisenbahn: Als der „Adler" 1835 mit der Fahrt von Nürnberg nach Fürth die deutsche Eisenbahnära eröffnete, waren in England schon 544, in Frankreich 141 km Eisenbahnstrecken gebaut worden. Nach diesem Spätstart setzte aber in den 1840er Jahren ein regelrechter Eisenbahnboom ein, 1849 waren bereits 5400 km gebaut, 1855 konnte man schon mit der Bahn von Danzig nach Köln und von Basel bis an die Ostsee reisen. Um 1880 war dann das großmaschige Netz der Vollbahnen, das fast alle Städte an das Eisenbahnnetz anschloß, mit ca. 34000 km Streckenlänge und zwar unter wesentlich politischen Gesichtspunkten Preußens, dessen politisches Gravitationszentrum in Berlin, dessen industrielle Energiezentren aber im Osten und Westen lagen, ausgebaut[13]. Oberschlesien — Berlin — Ruhrgebiet: das war die eigentliche politisch strategische neue Achse, die die alte Handelsachse Frankfurt — Leipzig — Breslau ebenso abgelöst hatte, wie die sächsischen, süddeutschen und österreichischen Wirtschaftsräume zurückgedrängt oder die noch älteren der norddeutschen, der rheinischen, der süddeutschen Städteordnungen vollkommen aufgelöst.

Eisenbahn und Dampfschiff stellten den national klein-deutschen Markt erst her. Erst auf dieser Unterlage ist die Verdrängung Österreichs aus dem Deutschen Bund zu verstehen, erst auf dieser Unterlage war Preußen in der Lage, die Mitteleuropapläne Österreichs lahmzulegen und die süddeutschen wie norddeutschen Länder an die preußischen Interessen zu binden.

Aber der Eisenbahnbau hatte auch andere direkte ökonomische Auswirkungen:

— Eisenbahn- und Stahlerzeugung, Wagen- und Maschinenbau erhielten durch den Eisenbahnbau entscheidende Impulse. Ein Beispiel für solche Impulse ist etwa die Borsigsche Eisengießerei- und Maschinenbau-Anstalt, die 1836 bei unserer Tagungsstadt Berlin gegründet wurde, 1841 den Bau von Lokomotiven aufnahm und bereits 1846 die 100. Lokomotive auslieferte[14].

13 *Henning, F. W.:* Die Industrialisierung in Deutschland von 1800 bis 1914, S. 159 ff., Paderborn (1976³)

14 *Vorsteher, D.:* Das Fest der 1000. Lokomotive. Ein neues Sternbild über Moabit, in: Die nützlichen Künste, a.a.O., S. 90—90, hier 91/2

— Die Finanzierung des Eisenbahnbaus mobilisierte größere Kapitalmengen als alle bisherigen Unternehmungen und förderte daher die Herausbildung von Banken als Kapitalsammelstelle und die Entwicklung des Aktiengesellschaftswesens. Zu erwähnen sind hier insbesondere die Disconto-Gesellschaft, 1851 gegründet und die Darmstädter Bank für Handel und Industrie (1853). Sie bildeten mit den großen Privatbanken das erste Rückgrat der Industrialisierung und Verkehrserschließung.

— Die Eisenbahn bildete ein „maschinelles Ensemble“ (Schivelbusch), das erstmals Verkehrsweg und Verkehrsmittel technisch engstens zusammenschloß. Zur Koordination des Verkehrs war dieses Ensemble auf ein zuverlässiges Kommunikationsmittel angewiesen, das sich in Form des elektrischen Telegraphen nach der Entwicklung des elektrischen Schreibtelegraphen durch Siemens (1846) parallel zur Eisenbahn über Deutschland und Europa ausbreitete. Ohne dieses Signal- und Sicherheitssystem hätte keine Lokomotive auch nur einen Meter in einem komplexeren Transportsystem eingesetzt werden können.

Dieser Hinweis zeigt, wie wichtig die funktionale Verbindung und Parallelität zwischen dem Aufbau eines Infrastrukturnetzes für den Verkehr von Personen und Waren und dem Aufbau eines Kommunikationsnetzes für den Verkehr von Informationen war, das nach der Freigabe für zivile Nutzung den nationalen und bald schon internationalen Markt auf der Kommunikationsebene herstellte. Die herkömmliche Technik-Geschichte schaut auf die Produktion der Schwerindustrie, die Organisation des Kredits, also die Geschichte der Banken, sie analysiert Wirtschaftsgeschichte unter dem Aspekt ökonomischer Sektoren, die von der Ökonomie als wissenschaftlicher Disziplin erarbeitet worden sind — aber das ist problematisch: entscheidend ist der Aufbau der neuen Netze, der neuen Infrastruktur. Dieser Aufbau geht parallel mit der Entwicklung des neuen intervenierenden, fürsorgenden, erziehenden, Marktorganisation ordnenden und Recht setzenden modernen „Staates“. Von hier aus gesehen werden die politischen Rahmenbedingungen wichtig, in denen sich die neue Technologie entwickelte und die Vorbedingung wie Folge der neuen Technik war. Die Produktion des technischen Geräts der Telegraphie — um zu unserem Ausgangspunkt zurückzukehren — sollte Grundlage für die Entwicklung der Elektroindustrie als neuer, die zweite Phase der Industrialisierung ab den 1890er Jahren wesentlich bestimmender Branche werden: Am Anfang der Weltfirma „Siemens“ stand eine 1847 in Berlin gegründete Telegraphenanstalt[15], aber auch der Staat, die Post.

---

15 *Schivelbusch, W.:* Geschichte der Eisenbahnreise, S. 33, München (1977)

— Nicht nur durch die sehr bald der Post übertragene zivile Nutzung der Telegraphie, auch durch die Beförderung von Briefen und Paketpost per Bahn gingen Post und Bahn in dieser Zeit eine symbiotische Verbindung ein. Zwar verlor die Post mit dem Ausbau des Eisenbahnnetzes ihre seitherige starke Stellung im Personentransport; gleichzeitig wuchs im Zuge der Entstehung eines nationalen Marktes der postalische Verkehr, die Informationsaustauschsgarantie in außerordentlich großem Maße. Bahn und Post waren und sind bis heute aufeinander angewiesen, wenngleich sich durch das zunehmende Gewicht elektronischer Kommunikation in den letzten Jahren diese Abhängigkeit der Post von der Bahn deutlich verringert hat und sich beschleunigend verringern wird, je mehr Dezentralität. Lokalität ermöglicht wird aufgrund elektronisch vermittelter Hypermobilität.

Wie wurde die Eisenbahn nun kulturell aufgenommen und verarbeitet, in welcher Weise veränderte sich das Leben der Menschen? Folgt man den zahlreichen literarischen Quellen der frühen Eisenbahnzeit, so zog die Eisenbahn eine völlige Revolutionierung des Reisens nach sich. Die höhere Geschwindigkeit der Eisenbahn ließ in der Wahrnehmung den Raum in dramatischer Weise schrumpfen. „Vernichtung von Raum und Zeit" war der Topos, mit dem das frühe 19. Jahrhundert die Erfahrung beschrieb, wie das „maschinelle Ensemble" Eisenbahn die Hindernisse des natürlichen Raums, die zuvor beim Reisen u. a. in der Ermüdung menschlicher oder tierischer Kraft sinnlich erfaßbar geworden waren, überwand. Die Eisenbahn schuf sich ihren eigenen „mechanischen" Raum, dessen Dimensionen nicht mehr mit den Kategorien des vorindustriellen Reisens adäquat zu erfassen waren[16]. Landschaften rückten näher zusammen, sie verloren mit der Distanz, mit der schnelleren Erreichbarkeit aber auch ihren besonderen Wert, oder, um mit Walter Benjamin zu sprechen, ihre „Aura". Der Raum zwischen Start und Ziel wurde aber auch in dem Sinne vernichtet, daß es den früen Bahnreisenden offensichtlich nur schwer möglich war, die Dank der höheren Geschwindigkeit sehr viel größere Zahl visueller Informationen aufzunehmen und angemessen zu verarbeiten. Sie scheiterten beim Versuch, wie beim Reisen mit der Kutsche Einzelheiten am Rande des Weges zu beobachten, und fühlten sich ihrer Wahrnehmung des durchreisten Raumes beraubt — wie „menschliche Pakete" (Ruskin) in einem Geschoß. Erst mit der allmählichen Gewöhnung an die höheren Geschwindigkeiten entstand eine neue Wahrnehmungsweise, die man den „panoramatischen Blick" nennen kann. Die Aufmerksamkeit der Reisenden richtete sich nun in erster Linie auf den Hintergrund, versuchte das Gesamtbild der Landschaft unter Abstrahierung der konkreten Details im Vordergrund zu erfassen. Dolf Sternberger, der die europäische Wahrnehmung des 19. Jahrhunderts mit dem Begriff des „Panorama" beschreibt, hält die Eisenbahn wesentlich für diese „Panoramatisierung der Welt" verantwortlich: „Die Eisen-

16 Ebenda, S. 16

bahn bildet die neu erfahrbare Welt der Länder und Meere selber zum Panorama aus“[17]. Die eigene Betroffenheit wird abgelöst durch die distanzierte Betrachtung, aus dem Dreck und Staub der Kutsche, dann der „Aschenschleuder“ ist heute das Surren der Räder geworden. Im neuen Jahrhundert und seinem aerodynamischen Flair werden die vollklimatisierten Hochgeschwindigkeitszüge auf ihren eigens gebauten Trassen eine noch kühlere Distanzierung zur Landschaft mit sich bringen.

Die Eisenbahn veränderte aber nicht nur die Landschaftswahrnehmung, sie griff auch entscheidend in die Landschaft selbst ein. Um die Vorteile des Rad-Schiene-Systems mit seinem extrem niedrigen Rollwiderstand optimal zu entfalten, braucht die Eisenbahn eine möglichst gerade Streckenführung mit, zumindest in den Anfangsjahren, möglichst wenig Steigung. Die technische Logik des maschinellen Ensembles, aber auch die sicherheitstechnische Notwendigkeit, die Eisenbahn mit ihrer hohen Geschwindigkeit und ihrem sehr langen Bremsweg klar von anderen Verkehrsteilnehmern zu trennen, erfordert die Anlage einer besonderen, vom Niveau der übrigen Landschaft abgehobenen Trasse, die die Unebenheiten der natürlichen Topographie weitgehend ausgleicht. „Die Eisenbahnstrecke, die dergestalt mittels Einschnitten, Aufschüttungen, Tunnels und Viadukten durch das Gelände geführt wird, prägt die europäische Landschaft von der Mitte des 19. Jahrhunderts an. Sie prägt ebenso die Wahrnehmung der Reisenden . . . Der Reisende nimmt die Landschaft durch das maschinelle Ensemble hindurch wahr“[18].

Einschränkend ist allerdings zu bemerken, daß sich diese Thesen über die Veränderung von Landschaftswahrnehmung und Landschaft durch die Eisenbahn selbst vor allem auf Quellen stützen, die von ästhetisch sensibilisierten Bürgern, häufig Literaten, stammten, die einerseits bereits einen Begriff von Naturschönheit ausgebildet hatten und die andererseits schon vor der Eisenbahnzeit das Privileg umfangreicher Reisen mit der Kutsche genossen hatten. Darüber, wie die große Masse der Bevölkerung das Reisen mit der Eisenbahn ästhetisch verarbeitete, gibt es aus naheliegenden Gründen kaum Quellen. Man kann jedoch davon ausgehen, daß die Eisenbahn nach einer gewissen Übergangszeit, in der auch eine ausgesprochene Eisenbahnangst unter der Landbevölkerung stark verbreitet war, akzeptiert und, soweit es die finanziellen Mittel erlaubten, trotz Warnung, vor allem der Kirche, oft frequentiert wurde, wobei nicht zuletzt der Schwager Eisenbahnlokführer, der Schwager Heizer wichtig waren; die neuen Karrieren, die neuen Chancen, die die Eisenbahn eröffnete, waren sozial-geschichtlich gesehen wichtig, aber auch die Verführung, zum Souverän des Hebels, des Druckknopfs zu werden ist hier zu beachten.

---

17 *Sternberger, D.;* Panorama oder Ansichten vom 19. Jahrhundert, S. 50, zit. nach *Schivelbusch,* Eisenbahnreise, S. 60, Hamburg (1955)

18 *Schivelbusch, W.:* Geschichte der Eisenbahnreise, S. 27/8, München (1977)

Längerfristig führte die Eisenbahn durch ihre enorme Verbilligung der Reisekosten und Verkürzung der Reisezeiten zu einer tiefgreifenden Nivellierung, ja „Demokratisierung der Reisen“, ein Aspekt, den schon König Ludwig in seinem Gedicht anspricht, wenn er den Dampfwagen „allgemeiner Gleichheit rastloser Beförd'rer“ nennt. Gerade gegen diese „allgemeine Gleichheit“ richtete sich vehemente Kritik der Oberschicht, die gewohnt war, mit ihrer eigenen Kutsche oft schneller, mindestens aber erheblich komfortabler und individueller zu reisen als mit der öffentlichen Kutsche. Und selbst diese war für die meisten Handwerker und Bauern unerschwinglich; wenn diese überhaupt reisten, dann zu Fuße, etwa während der für Handwerksgesellen damals weitgehend obligatorischen Walz.

Doch egalitär sollte die Bahn nicht sein. Auch in der Eisenbahn gab es natürlich „Klassenunterschiede“ zwischen der „Holzklasse“ für die einfachen Leute und dem salonartigen Coupé der ersten Klasse, aber die Reisezeit war für alle gleich lang und weder Graf noch Gärtner konnten während der Fahrt auf Reiseroute oder Pausen irgend einen Einfluß nehmen. Diese nivellierende Wirkung der Eisenbahn auf das vormalige Reiseprivileg der Oberschicht hat wohl auch König Ernst August von Hannover zu der von ihm überlieferten Äußerung motiviert: „Ich will keine Eisenbahn im Lande! Ich will nicht, daß jeder Schuster und Schneider so rasch reisen kann wie ich“[19].

Die Eisenbahn als ein wesentliches Moment der „Industrialisierung“ des Reisens“ (Schivelbuchsch) vergrößerte also den Aktionsraum der großen Masse der Bevölkerung in nie zuvor dagewesener Weise, erschloß „Welt“. Die bislang begrenzten Versuchsfelder wurden geöffnet, ein Prozeß, der natürlich auch umgekehrt verlief: Indem der geographische Raum seine trennende Funktion verlor, wurde auch die Lebenswelt der Menschen mit ihren regionalen und lokalen Besonderheiten den Einflüssen von außen geöffnet. So konnten z. B. örtlich begrenzte Ernteausfälle oder andere Katastrophen nun viel wirksamer und rascher bekämpft werden, andererseits war auch das örtliche Wirtschaftsleben viel exponierter gegen auswärtige Konkurrenz der Natur und der Menschen. Der Rhythmus wirtschaftlicher Konjunkturen, der bis zur Krise der Jahre 1846/47 wesentlich doch letztlich vom Ernteausfall abhängig war, der natürlich politisch umgesetzt wurde, verlor die konkret sinnlich erfahrbare Dimension, andere Parameter wie der Stand der Agrarpreise an den internationalen Getreidemärkten oder der Stand der Börse werden dominant; Abstraktionen statt Handgreiflichkeit könnte man sagen.

Diese Veränderung der ökonomischen „Logik“ widersprach den bisherigen Erfahrungen der Masse der Bevölkerung und schien deren Erfahrungen zu entwerten. Die Menschen sahen und begriffen nicht mehr die Gründe von Krisen; 1857,

---

19 zit. nach *Sieferle, R. P.:* Fortschrittsfeinde? S. 112, München (1984)

die erste Weltwirtschaftskrise war solch eine Krise; sie war ausgegangen vom weit entfernten Amerika, hatte Ursachen, die man nicht „anfassen" konnte, hatte Folgen, die man nur mit Angst begriff. Erforderlich wurde nun, ökonomische Vorgänge im Rahmen einer zunächst nur wenig konkreten Vorstellung von nationalem oder gar Weltmarkt zu interpretieren. Kein Wunder, daß diese Adaption nur langsam bewältigt werden konnte und häufig genug Sündenbocktheorien provozierte.

Auch politische und gesellschaftliche Kräfteverhältnisse erfuhren durch die Eisenbahn eine Entlokalisierung: Dies zeigen etwa die Erfahrungen der Aufstände in Baden 1848/49, die trotz der relativ großen Zahl Aufständischer durch rasch mit der Bahn herbeigeschaffte Truppen militärisch niedergeschlagen wurden. Die Eisenbahn veränderte also die Logik des sozialen Protests. Bildete der begrenzte gewaltsame Aufruhr in der Frühphase der Industrialisierung durchaus noch ein probates Instrument der Unterschichten ihre Forderungen durchzusetzen, so zwang sie nun die schnelle Mobilisierung staatlicher Gewalt zur Unterdrückung von Aufständen, zu einer Veränderung der Aktionsformen sozialen Protestes. Mit der Bildung von Gewerkschaften und Arbeiterparteien organisierte sich dieser sowieso — dank Eisenbahn, Post, Kommunikation und Information — bald auf überörtlicher Ebene und mied lokale spontane gewaltförmige Auseinandersetzungen, ein neues Aktionsmuster prägt fortan den Arbeitskampf.

Die Eisenbahn universalisierte und entlokalisierte, politisierte damit nicht nur „Raum", sondern auch die Zeit. Hatte vor der Eisenbahn jeder Ort seine eigene, durch den Sonnenaufgang bestimmte Ortszeit, so wird dieser Fleckenteppich von Ortszeiten mit der Eisenbahn zu einem Störfaktor erster Ordnung. Die Bahngesellschaften begannen relativ früh Eisenbahnzeiten festzusetzen, die zunächst nur auf den Bahnhöfen und zur Regelung des Bahnverkehrs Gültigkeit hatten, aber allmählich die jeweiligen Ortszeiten verdrängten. 1893 wird schließlich aufgrund der internationalen Zeitkonvention von 1884, die die Welt in Zeitzonen einteilte, eine Standardzeit als gesetzliche Zeit für ganz Deutschland verbindlich eingeführt. Keineswegs war dies das Ende der Vereinheitlichung. Die neue Zeit war Ausdruck einer neuen, zweiten Welt, zuerst europaweit, dann weltweit. Die Eisenbahn hat daher für den Umgang mit der Zeit im gesellschaftlichen Leben eine ähnliche Funktion wie die Einführung der Dampfmaschine in der Fabrik für die Disziplinierung der Arbeiterschaft: Die strikte Regelung eines Fahrplanes zwingt zur Pünktlichkeit, zur Beachtung einer neugefaßten, bestimmten Zeit. Und die Notwendigkeit zu überörtlicher Standardisierung löst die Uhrzeit, als gemessene Zeit, von ihrer natürlichen Grundlage, der Sonnenzeit, ab und machte sie zur abstrakten, homogenen und mechanischen Zeit — Maschinenzeit. Die enorm gestiegene Bedeutung von Zeit und Zeitmessung läßt sich nicht zuletzt auch daran erkennen, daß nach einem über 500jährigen Prozeß der Internalisierung von Zeitkontrolle — die ersten Turmuhren waren schon Ende des 14. Jahrhunderts in europäischen Städten aufgetaucht — nun im 19. Jahrhundert die Verbreitung von Zeitmeßgeräten, Taschenuhren und Kalendern fast universell wird[20].

5. Die weitere Entwicklung: neue ökonomische Rationalität

In meinen Ausführungen habe ich mich auf die Dampfkraft beschränkt, nicht weil diese Technologie heute noch unsere technische Entwicklung, unsere Gesellschaft bestimmen würde; in dieser Funktion wurde sie einerseits vollständig durch die Elektrizität abgelöst, den Verbrennungsmotor andererseits, sondern weil an ihr ein gleichsam abgeschlossenes Kapitel von technischem Fortschritt auf seine „sozialen Auswirkungen" untersucht werden konnte, wobei ich wiederum weniger empirisch faktische Sozialanalyse addierte, sondern mehr mentale Kategorien und Auswirkungen ansprach.

Ein kurzer Blick auf den weiteren Weg zeigt, daß auch bei den neuen Basisinnovationen keine neuen Elemente auftauchen. Die Elektrizität und der E-Motor ersetzten nach der Wende zum 20. Jahrhundert fortschreitend die Dampfmaschine als Antriebskraft der industriellen und gewerblichen Produktion, wobei diese neue Basisinnovation gegenüber der Dampfkraft den Vorteil aufwies, in wesentlich kleineren Einheiten nutzbar zu sein und bei Bedarf ohne Anheizzeiten sofort zur Verfügung zu stehen. Elektrizität schuf also die Grundlage für den Einzug einer arbeitssparenden Maschinerie auch ins Handwerk und Kleingewerbe und für die Rationalisierung und Automatisierung der Produktion bis hin zur heutigen vollautomatischen Fertigungsstraße.

So wie die Elektrizität den Nachteil der Dampfkraft, eine relativ große, unflexible und bedienungsintensive Maschinerie zu benötigen, aufhob, so beseitigte der Verbrennungsmotor und seine Anwendung im Automobil das Individualitätsdefizit der Eisenbahn: Reisen, Fortbewegung wurde wieder zum individuellen und zunächst exklusiven Erlebnis. Inzwischen haben im Zuge der Massenmotorisierung seit Ende des Zweiten Weltkrieges Auto und LKW auch die Transportfunktion der Eisenbahn so weitgehend übernommen, daß verschiedentlich die Existenz der Eisenbahn selbst in Frage gestellt schien.

Elektrifizierung und Motorisierung waren die Basis eines neuen Wachstumsmodells, das auf Massenproduktion — das auf der Erhöhung der Massenkaufkraft mit dem Ziel des Massenkonsums — sozialstaatliche Intervention zur Stabilisierung der Massenkaufkraft gründete und den westlichen Industriegesellschaften, beginnend mit den „New Deal" der 1930er Jahre in den USA, einen weltge-

20 *Piesowicz, K.:* Lebensrhythmus und Zeitrechnung in der vorindustriellen und in der industriellen Gesellschaft, in: GWU S. 465—485 (1980/8)

schichtlich beispiellosen Massenwohlstand bescherte. Es ist daher wohl kein Zufall, wenn dieses Wachstumsmodell in den Sozialwissenschaften als „Fordismus“ bezeichnet wird, nach Henry Ford, dem Mann, der als erster konsequent die Prinzipien der Massenproduktion in Form des Fließbandprinzips in die Autoproduktion einführte und sich gleichzeitig Gedanken darüber machte, wer denn seine Autos kaufen sollte in einem Riesenland ohne Eisenbahnnetz.

Dennoch, auch „Fordismus“, Fließband und Auto sind nur Weiterentwicklungen der Industriegesellschaft; durchgesetzt hat sich diese Industriegesellschaft letztlich in der Phase der Industrialisierung, in Deutschland ab Mitte des 19. Jahrhunderts, und die entscheidende Basisinnovation bildeten dafür zweifellos die Arbeitsmaschinen und die Dampfkraft. „Dampf“. „Energiefrage“ und „Demokratie“ und „Egalité“, das waren die Zeichen der neuen Zeit: Leistung und kontrollierte Verantwortung. Und die Industrialisierung läßt sich in der Tat als Revolution begreifen, insofern sie nicht nur technische und wirtschaftliche Veränderungen hervorrief, sondern auch die tradierten Denkmuster und Verhaltensweisen der großen Mehrheit der Bevölkerung grundlegend in Frage stellte. Die ökonomische Logik veränderte sich vollständig, an die Stelle der Orientierung an der Subsistenz, dem Nahrungsprinzip, die die vorindustrielle Landwirtschaft wie auch das Handwerk beherrscht hatte, sollte nun das Streben nach Gewinn treten, nach Akkumulation. Das Nullsummenspiel Alteuropas sollte durchbrochen werden. Wirkte die Subsistenzorientierung hin auf Risikominimierung und Begrenzung der Produktion, so drängte das Profit-Prinzip geradezu zum Eingehen gewinnträchtiger Risiken, zur grundsätzlichen „Entgrenzung“ der Produktion. Das ökonomische Verhalten der Menschen war bis weit ins 19. Jahrhundert hin ein noch von einer „sittlichen Ökonomie“ geprägt, zu der Vorstellungen eines „gerechten Preises“ oder die noch im Feudalismus wurzelnde Idee eines Reziprozitätsverhältnisses zwischen Herrschaft und Untertanen — Dienste und Abgaben gegen Schutz und Unterstützung in Notzeiten — gehörten. Der „homo oeconomicus“ der klassischen wirtschaftsliberalen Theorie, der sich also ausschließlich im Sinne der Maximierung seines wirtschaftlichen Nutzens verhält, war zu Anfang des 19. Jahrhunderts noch eine Fiktion, ansatzweise repräsentiert von einer verschwindend kleinen, wenn auch einflußreichen Minderheit.

Gerade dieses Aufeinanderprallen verschiedener ökonomischer Rationalitäten, völlig gegensätzlicher kultureller Orientierungen, gibt dem 19. Jahrhundert und seinen Konflikten das besondere, lange von Historikern negierte, faszinierende Profil. Aber jedes Zeitalter fragt neu, hat seine Geschichte zu formen, hat wenig Chancen, sie in Museen zu packen, wenn auch Museen das untrügliche Zeichen von zu Ende gehenden régimes sind. Die Dampfkraft spielte im Prozeß der Durchsetzung der Industriegesellschaft und ihrer Normen, den die Soziologen, die Radikalität dieses Prozesses häufig verschleiernd, als „Modernisierung“ bezeichnen, die Rolle des indirekten, aber nichtsdestoweniger unerbittlichen materiellen Zwanges: Die Verallgemeinerung der Fabrikarbeit und die damit einhergehenden Disziplinierungsbemühungen verallgemeinern auch in den Köpfen der Arbeiter Arbeit als Ware Arbeitskraft, als verkaufte Zeit, die nicht ihnen, sondern dem Käufer gehört. Und wer sich als Reisender dem Diktat des Fahrplans unterwerfen mußte und sich wie ein „menschliches Paket" durch die zum Panorama veränderte Landschaft fahren ließ, der nahm auch außerhalb dieser Situation bald ein anderes Verhalten bezüglich der Zeit und des Raumes an. Dampfmaschine und Eisenbahn als technische Systeme übten auch eine außerordentlich prägende Wirkung auf das technische Denken ihrer Zeit aus. Sie leiteten eine spezifische Art von zunehmend nicht mehr problematisierten technologisch strukturierten Problemlösungen ein: Unter dem Primat der Ersetzung von Handarbeit durch Maschinenarbeit wird mit nicht erneuerbaren Energiequellen Wärme bzw. Kraft erzeugt. Wirtschaftliche wie technikimmanente Gesichtspunkte scheinen zur Größe, zur Konzentration und Zentralisation zu zwingen. Oberstes Ideal wird das möglichst reibungslose und „spielfreie" Funktionieren sowohl der Einzelmaschine als auch des technisch-wirtschaftlichen Gesamtsystems, das herausgelöst scheint aus der Bedingtheit der stofflich-natürlichen Umwelt. Allein der Grenzwert, der Grenznutzen wird entscheidend; nicht in Geldwert ausdrückbare Größen wie Reinheit von Luft, Wasser und Boden als Qualitäten eigener Beachtung werden von der Theorie ausgesondert.

Zwar werden Folgewirkungen technischer Systeme beachtet wie Absatz, Markt, Nachfrage etc., aber „unbeabsichtigte" Folgewirkungen der technischen Systeme auf Friedensordnung, auf politische und wirtschaftliche Ordnung, auf ökologische Kreisläufe werden nicht thematisiert. Und schon gar nicht werden dabei die Folgen von technischer Wirtschaft und technisch bestimmter Politik auf die Verhaltensweisen, auf die „Codices morales" untersucht. Es ist letzlich diese Art von Problemlösungen einer mathematisch-naturwissenschaftlichen empirischen Methode, die ganz wesentlich unseren heutigen Problemhorizont konstituiert.

6. Die Folgen des dampfbeförderten Fortschritts

Ich will nun versuchen, den historischen Befund in einigen Thesen festzuhalten. Dabei vermeide ich bewußt Szenarien einer Welt von morgen, sondern bleibe bei meinen Leisten, lasse mich nicht verführen zu manch kühner, „hochgerechneter" Spekulation.

1. Technischer Fortschrift befördert Arbeitsteilung, oder allgemeiner noch funktionale Differenzierung. Dies trifft nicht nur für die Produktion zu, sondern auch für ganz andere Bereiche, denken wir an die Herauslösung der Erwerbsarbeit oder eines Teils der Sozialisationsaufgaben aus der Familie. Funktionale Differenzierung läßt sich auch an den Veränderungen von Wohnstrukturen und

Raumnutzungen beobachten. In den Städten werden Flächen nach ihren Nutzungen differnziert, öffentlicher Raum wird vorrangig für bestimmte Verkehrsarten reserviert, etwa fließender Verkehr, ruhender Verkehr, Fußgänger, Radfahrer. Technischer Fortschrift, und darin liegt seine Ambivalenz und der Imperativ zu gesellschaftlicher Steuerung, bietet einerseits die Mittel, um diese funktionale Differenzierung der ausufernden Stadt verkehrsmäßig zu bewältigen (z. B. Straßenbahn, U-Bahn) und schafft zugleich etwa mit der Massenmotorisierung, den Problemdruck, der diesen Prozeß der funktionalen Differenzierung weiter vorantreibt.

2. Technischer Fortschritt trägt in sich die Tendenz zur globalen Vernetzung, zur Universalisierung. Maße, Gewichte, Zeitmessungen werden vereinheitlicht, technische Angaben und Geräte werden standardisiert. Kulturelle Differenzen, verschiedene Rechtssysteme werden zunächst auf nationaler, später auf internationaler Ebene einander angeglichen. Der zunehmende Komplexitätsgrad technischer Systeme und damit der immer höhere Kostenaufwand von Forschung und Entwicklung drängt in Richtung auf eine ökonomische Zentralisation, der jeweils mit Zeitverzögerung zumeist administrative Zentralisationen folgten. Dieser Trend zur „Größe" scheint allerdings zwischenzeitlich an seinen Grenzen angelangt. Immobilität und Apparatinteresse von Großsystemen treten immer deutlicher als kontraproduktive Aspekte der Zentralisation zum Vorschein. Neue Technologien der Mikroelektronik könnten hier Wege zu einer Teildezentralisierung weisen, trotzdem: Netze haben keine Richtung, politische Entscheidungen müssen gefällt werden.

3. Technischer Fortschritt löst Beschleunigung aus. Dies gilt nur für die industrielle Produktion und das Reisen, sondern auch für den Umschlag an Waren und Informationen. „Erfahrung" als Grundstock kultureller Orientierungen und Handlungsmuster wird immer schneller entwertet; die Wahrnehmungen, die der Reisende in der Eisenbahn, der Passant in der Großstadt machen kann, sind nur flüchtige Erlebnisse, kurzfristige Nebenstimuli. Die Aufteilung des Lebens in verschiedene, scheinbar völlig disparate und ganz unterschiedlichen Rationalitäten unterworfene Bereiche erschwert die Herausbildung neuer Verhaltensmuster, der Anteil des täglichen Verhaltens, der sich problemlos auf tradiertes Erfahrungswissen stützen kann, schrumpft, die Veränderung selbst wird zur Grunderfahrung: die Distanzierung, schließlich die brave new world des nicht- oder überinformierten Desinteressierten, Unbetroffenen. Resultat ist eine unterschwellige gesellschaftliche Orientierungskrise, eine Identitätskrise in Permanenz, der Verlust eines normativen Zentrums, das die alte Welt hatte, das aber der „Markt" als System und die Figur des „Rechtsstaats" als Organisation nicht hat. Heute fehlt eine normativ geprägte Übereinstimmung, die alle Handlungsbereiche der Gesellschaft umfaßt und mental „steuert". Die Orientierung auf den „Fortschritt", also die zukunftgerichtete Erwartung einer permanenten Veränderung zum Bes-

seren, konnte nur vorübergehend und nicht ganz bruchlos dieses Vakuum füllen und zerfällt sofort beim Ausbleiben von Wachstum.

Dies zeigt auch die vielfältige und widersprüchliche Geschichte der Zivilisations- und Technikkritik. In der ersten Häfte des 19. Jahrhunderts wurde diese Kritik hauptsächlich von den Romantikern mit pointiert ästhetischer Zielrichtung einerseits und von den sich durch die Industrialisierung bedroht fühlenden Volksschichten andererseits formuliert. Noch 1848 forderte eine Petition an die Frankfurter Nationalversammlung die Abschaffung aller Maschinen und Eisenbahnen! Solche Positionen wurden in der zweiten Hälfte des 19. Jahrhunderts, das ganz besonders vom Fortschrittspathos erfüllt war, unhaltbar, und auch die von den lebensreformerischen Bewegungen der Jahrhundertwende artikulierte Kritik an der Zerstörung der Landschaft, der Künstlichkeit und Spießigkeit des bürgerlichen Lebensstils stellte die Industriegesellschaft nicht mehr grundsätzlich in Frage. Es entstand stattdessen eine eigentümliche, insbesondere in Deutschland sehr ausgeprägte Gespaltenheit in der Einstellung der kulturellen Eliten zur Technik und technischem Fortschritt. Während die zu diesem Zeitpunkt stark wachsende technische Intelligenz an einem außerordentlich rasanten, sich auf fortgeschrittenste Technologien stützenden Wirtschaftswachstum ab den 1890er Jahren teilnahm, wandte sich das Bildungsbürgertum vom technischen Fortschritt ab, dem es naserümpfend den „Kulturwert“ absprach und vertiefte sich in vorgeblich höhere immaterielle Werte: seelische Bildung und Nation, Universitäten versus Technische Hochschulen. Selbst als der Nationalsozialismus nationale Orientierung und deutsche Innerlichkeit gründlich diskreditiert und entlarvt hatte, und mit dem Wirtschaftswunder der technische Fortschritt zu ungeahnten Höhenflügen ansetzte, versöhnte sich das deutsche Bildungsbürgertum doch nur sehr distanzierend mit dem technischen Fortschritt. Immerhin „eine Versöhnung“, die allerdings, wie die gegenwärtige Technikdiskussion ergeben könnte, auf Dauer diesen Konflikt aufarbeiten muß.

4. Technischer Fortschritt bedeutet Mediatisierung: Das bedeutet, die technischen Hilfsmittel, die die Fähigkeiten der Menschen erhöhen, seine Kräfte vervielfachen, seinen Aktionsradius erweitern, treten gleichzeitig zwischen ihn und seine natürliche bzw. gesellschaftliche Umwelt. Natur, Landschaft, Materialien, Menschen, Kunstwerke werden zunehmend nicht mehr unmittelbar wahrgenommen, sondern vermittelt durch technische Hilfsmittel, damit aber auch verändert, umgewandelt, um bestimmte Dimensionen verkürzt. Der Blick aus dem fahrenden Zug verwandelt die Landschaft zum Panorama, verkürzt sie um den Vordergrund, um Geräusche und Gerüche. Telegraphie und Telefonie vergrößern den Kommunikationsraum potentiell zur Weltkommunikation, reduzieren Kommunikation jedoch gleichzeitig auf den Austausch von Schriftzeichen und Lauten. Diese Reduzierung ist nicht selbstverständlich, der Umgang mit technischen Hilfsmitteln erfordert eine Adaption: Als 1880 in Frankfurt das Telefonnetz mit

50 Teilnehmern eröffnet wurde, beschränkten sich die ersten Gespräche meist auf ein gegenseitiges „Guten Morgen" der Teilnehmer, sonst herrschte Sprachlosigkeit. Die Situation der bloß sprachlichen Kommunikation mit einem räumlich weit entfernten Partner war offensichtlich so fremdartig und ungewohnt, daß erst eine Adaption stattfinden mußte[21].

Nun ist die Geschichte des technischen Fortschritts nicht zuletzt ein Beweis für die außerordentliche Lernfähigkeit des Menschen. Aber die Kehrseite dieser Lernprozesse ist doch gleichzeitig auch das Verlernen, oder sagen wir besser, das Nutzloswerden, das Verdrängen des Wissens und der Fertigkeiten, die in einem unmittelbaren Umgang mit natürlicher und menschlicher Umwelt enthalten waren. Der Preis für allseitige Mobilität, Kommunikation und materiellen Reichtum, wobei man nicht vergessen darf, daß auch diese Wohltaten nur einer Minderheit der Weltbevölkerung zugute kommen, scheint in einer hochgradigen Distanzierung des Menschen sowohl von seinen natürlichen Lebensgrundlagen als auch von seinen Mitmenschen zu liegen, und dieses Alleinsein macht „Angst". Tschernobyl war im Kern ein Desaster der Informationspolitik. Plötzlich war die Nabelschnur abgeschnitten. Der Mensch hatte keine Orientierung mehr, er hatte verlernt, ohne Information zu leben. Er ist in seiner natürlichen Umwelt hilflos; er lebt ohne Orientierung, ist „heimatlos" ohne Information. Das Bild vom „elektrischen Gehäuse", das im Hinblick auf die neuen Medien und die Zukunft der Informationsgesellschaft geprägt wurde, bringt diesen Aspekt der zunehmend nur noch elektronisch vermittelten Wahrnehmung von Welt pointiert zum Ausdruck[22]. Die Folgen dieser Abhängigkeit vom Artefakt einer fabrizierten Welt erkennen wir heute deutlich.

5. Technischer Fortschritt von der Art, wie er mit der Industrialisierung zum dominanten Muster wurde, beruhend auf einem hohen Verbrauch von Primärenergie und relativ verschwenderischem Umgang mit Ressourcen, produziert ökologische, vor allem aber auch sozialpsychologische Folgekosten. Diese Folgekosten konnten 150 Jahre lang relativ erfolgreich auf die natürliche Umwelt, auf die gesellschaftlichen Institutionen, die der moderne Staat erst institutionalisiert hat, wie „Familie", „Kirche", „Nation" überwälzt werden, die aber noch nicht dem abstrakten Rationalitätsprinzip des technischen und ökonomischen Systems unterworfen waren. Nur diese Überwälzung von Folgekosten ließ die Wachstumsbilanz der Industriegesellschaften lange Zeit in solch rosigem Licht erscheinen. Aber inzwischen wissen wir: Die Buchhaltung war offenbar unseriös, die Bilanz gefälscht, notwendige Rücklagen wurden nicht gebildet, die zahllosen

21 Vgl. Die zweite Industrielle Revolution. Frankfurt und die Elektrizität 1800—1914, S. 70/71, Frankfurt/M. (1981)

22 *Koch, C.:* Jenseits der Gesellschaft — Die Zukunft im elektronischen Gehäuse, in: Merkur, S. 737—746, Okt. (1983)

Wechsel auf die Zukunft sind, in Form von Waldsterben, Versalzung der Böden, Verseuchung des Grundwassers, Vergiftung der Meere, dabei zu platzen. Immer größere Anteile des technischen Fortschritts werden in Zukunft darauf verwendet werden müssen, die Folgen vergangenen Wachstums, vergangenen technischen Fortschritts zu beseitigen und neue Schäden schon bei der Entstehung zu verhindern; wir sind dafür nicht vorbereitet. Und immer größere Teile unseres Sozialprodukts müssen dafür eingesetzt werden, die schädlichen sozialpsychologischen Folgen unserer Wirtschafts- und Lebensweise (Anstieg psychosomatischer Krankheiten, Suchtkrankheiten, Psychiatrisierung), die angesichts der Krise der Institution Ehe nicht mehr länger in ausreichender Weise von der Familie aufgefangen werden können, abzufedern.

7. Die Zukunft: eine Herausforderung für technische und soziale Innovation

Manche Kritiker dieser soeben angedeuteten Entwicklungstendenzen, sehen die psychologische Voraussetzung dieser Überwälzung von Folgekosten auf die Natur und gesellschaftliche Institutionen unter anderem in der zuvor beschriebenen Abschirmung der menschlichen Wahrnehmungsfähigkeit gegen die Natur und erheben konsequenterweise die Forderung, Techniken zu entwickeln, die eine möglichst große Durchlässigkeit für die Wahrnehmung der natürlichen Umwelt gewähren. Nach dem GAU-Prinzip wird ein KLAU-Prinzip entwickelt: die Politik mit dem „kleinsten angenommenen Unfall".

Solche Forderungen scheinen mir in die richtige Richtung zu weisen und zwar in dem Sinne, daß der technischen eine soziale Innovation folgen muß. Nicht von ungefähr wird — wenn auch sehr Pauschal — den Geisteswissenschaften der Vorwurf gemacht, diese Herausforderungen nicht angenommen zu haben. Aus den heute sichtbaren sozialen Auswirkungen vergangenen technischen Fortschritts gilt es in einen demokratischen Prozeß gesellschaftliche Vorgaben und Erwartungen zu formulieren, die den künftigen technischen Fortschritt in eine besser beherrschbare Richtung lenken und der Tatsache Rechnung tragen, daß die Menschheit letztlich nicht als Herrscher über die, sondern nur als Teil der Natur überleben kann. Diese These anzuerkennen heißt aber, im Blick auf die Zukunft, folgende Behauptungen zu formulieren:

1. Die Zähmung der Technik wird allein mit technischen Mitteln nicht gelingen; der Zug zur immer schwierigeren Beherrschbarkeit neuer Technologien, zu weniger Durchschaubarkeit geht weiter; die Informationstechnik wird diese Bewegung beschleunigen. „Technik" beherrschen heißt daher, politische Verantwortung einüben, heißt mehr Erziehung, heißt mehr Bildung fordern. Ein mehr, nicht weniger an Humanität fordert technischer Fortschritt.

2. Die Versöhnung von „Produktion“ und Selbstverantwortung wird nicht allein mit technischen Mitteln zu lösen sein; neue Arbeitswelten werden von Sozialisationschancen geprägt sein oder untergehen.

3. Eine die Lebensqualität erhaltene Umwelt geht nur mit mehr Technik aber auch nur mit einem mehr an Bewußtsein von Gefahren, von Wirkungen der Technik. Selbstbestimmung heißt, das jeweilige Risiko mitzubestimmen, das ist eine politische Frage.

4. Neue Technologien fordern neue politische und ökologische Steuerungssysteme; der alte Nationalstaat ist so passé wie die Dampflokomotive. Die heutigen Umweltprobleme, die Währungsfragen, die Fragen von Weltübervölkerung, Sicherheits-, Meeres-, Raumfahrt-Technik sind nur im internationalen Rahmen zu lösen. Die Nukleartechnik zeigt dies deutlich. Ohne eine europäische Interessengemeinschaft haben wir keine Chance, diese Probleme zu lösen. Andererseits ist aber die Rekreationskraft von regionaler Identität zu fördern und zu fordern, weil mit dieser Regionalisierung die Regelungsdichte verringert werden kann und Betroffenheit zur Mitverantwortung drängt.

Wir werden auch in Zukunft in keiner konfliktfreien Welt leben, ja die industrielle und politische Revolution haben Krisen massentümlich und global werden lassen. In dieser Situation werden Schulen und „Hohe Schulen“ gefordert geistige Transformationsstationen zu werden, die zwischen den Disziplinen und den theoretischen und praktisch zu lösenden Aufgaben vermitteln müssen, und zwar in einer Weise, daß die Lösung mehr ergibt als die bloße Addition. Die kulturelle Transformation hat als Dialog Vertrauen, begründete Skepsis, Fortschritt „mit Augenmaß“ zu erarbeiten, sie hat die Neustrukturierung der Bereiche von Technik, Wissen und Politik mit zu leisten. In einer zukünftigen Gesellschaft, will sie eine Zukunft haben, werden die Zuwächse der Lernprozesse größer sein müssen als die Zuwachsrate des technischen Wandels. Betroffenheit muß als Herausforderung verstanden werden, nicht als Sehnsucht nach dem Vergangenen. Vorwärtsdenken ist aber mit einer stärkeren Rückbesinnung auf humanistische Werte und Traditionen zu verbinden, einer Aufwertung der musisch-geisteswissenschaftlichen Inhalte; der seelische Haushalt hat seinen Frieden mit wissenschaftlichem Erkenntnisdrang und technischem Wandel zu finden. Zudem können Bildung und Ausbildung wohl nicht mehr — angesichts der raschen Entwertung von Spezialwissen — nur einphasig angeboten werden. Wir benötigen eine Intensivierung des Lernens, einen neuen Wechselzyklus von Grundausbildung, praktischer Berufsausbildung, kontinuierlicher Fortbildung. Zudem darf die Grundausbildung zu keiner lebenslangen Festlegung führen, technische als allgemeine Bildung ist ein komplexer unaufhörlicher Bildungsvorgang; Weiterbildung darf keine Reparaturmaßnahme sein, kein sozialer Luxus, sondern notwendige Voraussetzung, um den Wettbewerb um die Zukunft zu bestehen. Wir benötigen die ständige Erneuerung und Erweiterung beruflicher und allgemeiner Qualifikation und zwar auf allen Ebenen.

Technische Innovation ohne soziale Innovation, das ist die Schlußthese meiner Überlegungen, wird in Fortführung von Spezialisierungen ohne übergreifende Verbindung zur brennenden Katastrophe werden. Ohne kulturelle Transformation wird die Zukunft schwer, Weltraumträume werden unsere sozialen Probleme, unsere kulturelle Krise nicht lösen; wir benötigen eine konkrete Utopie, die aus Sackgassen führt. Diese Utopie wird aber nicht in der Fortführung alter Wertesysteme, scheinbar exakter Weltanschauungen, sondern in einer neuen Auffassung vom Kosmos, einer neuen Mentalität liegen.

Ethik und Technik

Von Professor Dr. Dr. Reinhard Löw

Ein so allgemein gehaltenes Thema birgt immer die Gefahr von Vereinfachungen in sich: Generalangriffe für oder gegen eine Sache lassen sich meist schon mit Schlagworten „begründen“, und häufig ist es bei sog. „weltanschaulichen“ Auseinandersetzungen den Kontrahenten weniger um die eigene Wahrheit oder die Irrtümer des anderen zu tun, sondern um den Durchsetzungserfolg. Das eigentliche Feindbild bestimmt sich dann häufig gar nicht mehr am konkret einzelnen Projekt: es ging gewiß nicht allen Gegnern der Startbahn West oder des Kernkraftwerks X oder gentechnologischen Manipulierens um gerade diese Sachen (so wenig wie es manchen Befürwortern eben dieser Projekte um die allgemeinen Segnungen für die Menschheit ging). All das *ist* faktisch so, und all das ist *nicht gut* so. Wem es um die Verwirklichung des Guten zu tun ist, wer wissen möchte, wie es um die ethische Verantwortbarkeit von Handlungen, Projekten, Entwicklungen steht, der muß sich im konkreten Fall um *Gründe* bemühen, die Gründe der anderen kennenlernen, abwägen, diskutieren, und das heißt letztlich: er muß philosophieren. Denn Philosophie ist nicht etwa nur das, was sich einige Spezialisten an Universitätsseminaren ausdenken, sondern jeder, der sich Gedanken über sog. letzte Fragen — das Gute in einer Handlung, das Wahre einer Erkenntnis, der Sinn eines Lebens usf. — macht, der philosophiert damit auch. Freilich macht das die philosophischen Spezialisten nicht überflüssig: es fallen einem selber schließlich nicht immer gleich die besten Antworten ein, und in komplizierten Fällen ist es besonders nützlich, von einem Repertoire an philosophischen Überlegungen zu wissen, das das abendländische Denken seit Platon, ja den Vorsokratikern angelegt hat. Die „letzten Fragen“ sind nämlich fast die gleichen geblieben seitdem. Und wo sie es nicht sind — wie hier bei unserer Frage nach dem Zusammenhang von Ethik und Technik — da kann gewöhnlich das, was schon an Antworten, Einsichten vorliegt, für das neue Problem fruchtbar gemacht werden.

Das soll hier in drei Schritten gezeigt werden: zuerst eine Reflexion auf das Verhältnis von Mensch und Natur, danach der genaueren Fassung dessen, was eigentlich das „ethische Phänomen“ ist einschließlich einer Kritik seiner Infragestellung, und als drittes sollen diese Überlegungen dann fruchtbar gemacht werden für drei konkrete Problembereiche, Kernkraft, Gentechnologie, und vor allem die Mikroelektronik.

1. Mensch und Natur

Der Mensch hat in die Natur seit Jahrtausenden, seit es ihn gibt auf der Welt, mit technischer Zielsetzung eingegriffen. Er hat Wälder gerodet, Pflanzen und Tiere gezüchtet und getötet, er hat auch Arten ausgerottet und Landschaften verwüstet. All dies geschah im scheinbar vollständigen Einklang mit dem göttlichen Herrschaftsauftrag „Macht Euch die Erde untertan“, denn, so die Begründung des Thomas von Aquin, der übrigen Schöpfung gegenüber verhält sich der Mensch zunächst als ein biologisch-natürliches Wesen, das essen und trinken muß, Beute jagt, Schutz sucht vor Feinden und der Witterung usf. Daß zu den längerfristigen Nebenfolgen seiner Handlungen auch die Ausrottung von Arten oder die Versteppung von Landschaften (durch das Abholzen von Wäldern, schon vor 2000 Jahren) gehören konnten, war dem Menschen *vor* dem 20. Jahrhundert nicht ausdrücklich bewußt. Natur wurde gesehen unter dem Aspekt des Unerschöpflichen, letztlich immer Regenerierbaren; die Sicherheit, daß es so sei, war im 19. Jahrhundert sogar eine der Grundannahmen des bislang gigantischsten Versuchs gewesen, eine Utopie zu verwirklichen, im Marxismus, der zur Voraussetzung ausdrücklich den endgültigen Sieg des Menschen über die Natur hat. Doch soll das nicht weiter vertieft werden. Wir wollen ja wissen, woher hier ein ethisches Problem kommen soll, wenn technische Eingriffe des Menschen in die Natur so offensichtlich gerechtfertigt sind und waren.

Der Beginn der Neuzeit stellt hierfür einen Umbruch dar, man definiert häufig diese „neue Zeit“ sogar genau durch diesen Umbruch. Der Mensch stand zwar auch bei den mittelalterlichen Denkern an der Spitze der Natur, aber an der Spitze einer Lehenspyramide, eingebunden in göttliches Recht. Deswegen war oben von „*scheinbar* vollständigem Einklang“ die Rede, denn im Kontext jener Genesis-Stelle gibt Adam anschließend den Tieren Namen, und das heißt: er bestätigt sie in ihrem Selbstsein, in ihren Rechten, die sie auch ihm gegenüber haben, und dies im weiteren die ganze Schöpfung. Für Bacon, Galilei, Descartes, Hobbes gilt das nicht: in ihrem Denken tritt der Mensch der Natur radikal unvermittelt gegenüber. Sie ist nichts als ein homogenes Substrat für *seine* Selbstverwirklichung, eine res extensa ohne Eigensein, nur geschaffen für eine res cogitans und ihren Eingriffswillen. Tiere haben z. B. deswegen für Descartes auch keine Furcht, keine Schmerzen — man solle sich nicht täuschen lassen, man kann mit ihnen machen, was man will. Und Hobbes definiert ganz folgerichtig: wissen was ein Ding ist, heißt: wissen was man damit machen kann, wenn man es hat.

Aber: wo ist das ethische Problem (wenn man einmal vom Tierschutz absieht)? Das ethische Problem tritt auf, wenn die Konsequenzen einer solchen radikalen Auffassung der Natur auf den Menschen zurückschlagen. Denn die Erfolge, Fortschritte, die sich im Verlauf einer solchen naturwissenschaftlich-technischen Bemächtigung der Natur einstellten, sind zwar nicht eben gering, in der Ernährungswirtschaft, in der Heilkunde, in den Fortbewegungs-, Komfort-, Genußmöglichkeiten. Aber die andere Seite der Fortschritte bestand beispielsweise in der Verarmung ganzer Landstriche durch die Einführung von Maschinen, oder in der Erzeugung von Massenvernichtungsmitteln verschieden teuflischer Dimensionen für den Krieg. Wäre also somit nicht die richtige Antwort für unser Thema: Technik ist weder gut noch böse? Denn mit einer Axt kann man einen Baum fällen und einen Menschen erschlagen. Aber das ist nicht Sache der Axt, sondern des Menschen, der sich ihrer bedient. Soll also eine wertfreie Technik (wie übrigens eine wertfreie Wissenschaft) deswegen bitte aus der ethischen Diskussion herausgelassen werden?

Ich glaube, es steckt in dieser These ein richtiger und ein falscher Gedanke. Der richtige Gedanke ist, daß technisches Können in der Tat immer den Charakter des Ergreifens von Mitteln hat, und „die Technik" wertfrei wäre — wenn es „die Technik" gäbe. Es gibt aber immer nur Technik*en* als Mittel (Verfahren, Instrumente usf.), deren sich Technik*er* als Menschen bedienen. Der Begriff „Mittel" hat überhaupt keinen Sinn, wenn er nicht hingeordnet ist auf den Begriff „Zweck", und die in Frage stehenden Zwecke sind Handlungszwecke: das jeweilige Worum-willen meiner Mittelergreifung. Ein technisch äußerst zweckrational konstruierter Verbrennungsofen für ein Konzentrationslager läßt sich in seinem Mittelcharakter von seinem in sich schlechten Zweck gar nicht trennen.

Und nun ist auch klar, warum die obige „Suche" nach dem ethischen Problem abstrakt war: jede Handlung des Menschen, also auch jeder technische Eingriff in die Natur steht unter ethischen Kriterien. Solche Handlungen sind gewöhnlich gerechtfertigt (s. u.), nie aber automatisch. Und: was mit der Dimension der expansiven technischen Beherrschung der Natur sich änderte, war nicht eine *Neu*-Eröffnung *der* ethischen Dimension, sondern der Beginn einer *zusätzlichen* rechtfertigungsbedürftigen Ebene im menschlichen Handeln.

Es hat sich seitdem noch eine solche Ebene ergeben, wenn sie auch erst vor etwa einem Jahrzehnt ins allgemeine Bewußtsein drang: unsere Verantwortung für kommende Generationen. Leider liegen mit der *Entdeckung* der neuen Dimension nicht schon die richtigen ethischen Schlußfolgerungen auf dem Tisch, wie die Diskussionen um die Kernkraft oder die Gentechnologie zeigten: *beide* Seiten argumentieren mit den Lebenschancen kommender Generationen. Und deswegen ist es auch dringend erforderlich, sich vor aller konkreten Konfrontation erst einmal über die ethische Ausgangslage zu verständigen.

2. Das ethische Phänomen

Was heißt es überhaupt, daß von einem ethischen Phänomen gesprochen wird? Ethik handelt von Fragen des richtigen Lebens, wobei ethische Einsichten in Sollensforderungen, in ethische Forderungen umgewandelt werden können. Dabei ist allerdings ein Wort unhintergehbar: das Wort „gut“. Keine Sollensforderung läßt sich letztlich begründen, wenn man sie nicht auf die „Idee des Guten“ (Platon) bezieht. Zwar können bei ethischen Forderungen, die man an sich, an andere Menschen, an die Politiker, die Industrie stellt, auch zusätzliche Aspekte eine Rolle spielen wie etwa gesellschaftliche Funktionalität, Einklang mit dem Komfort- und Luststreben des Menschen, Verbesserung der Bedingungen der biologischen Erhaltung unserer Art. Aber all dies ist niemals schlechthin gut, sondern es ist immer noch die Frage möglich, wozu sie selbst gut sein sollen. So ist gesellschaftliche Funktionalität nicht unter allen Umständen gut, denn es gibt Diktaturen, in denen gesellschaftlich alles vorzüglich funktioniert und in denen wir trotzdem nicht leben wollen.

Wenden wir uns aber zunächst der wissenschaftlichen Auffassung von Moralität zu.

Die Erklärung der Moral, also der gelebten Regeln des Verhaltens und ihrer Begründung, der Ethik, findet zur Zeit großen Anklang in der biologischen Verhaltensforschung und damit — weil all dies gemäß der Evolution natürlich-kausal entstanden sein soll — auch in allen Medien. Zwei der Erklärungsvarianten will ich hier genauer diskutieren, denn mit ihnen entscheidet sich Sein oder Nichtsein von Ethik, natürlich auch im Hinblick auf die Technik. Die erste zu kritisierende Variante ist der Biologismus.

Sein ebenso einziges wie oberstes Gebot ist „mit der Evolution sein“. Die Evolution ist hier nicht nur ein natürlicher Entwicklungs- und Ausdifferenzierungsvorgang, sondern — *weil* wir in ihn hineingehören — zugleich Maßstab für richtiges Verhalten. Der Biologismus zeigt allerdings vier krasse Fehler: einen empirischen und drei logische.

Der empirische Fehler ist der, daß bei genauer Betrachtung der Evolution keineswegs alles „gut“ ist, was mit ihr ist. Wolfgang Wickler zeigt viele Beispiele von Betrug, Grausamkeit, Ehebruch usf. im Tierreich (von Pflanzen ganz zu schweigen . . .). Man könnte auch direkt in der Gegenwart, beim Menschen ansetzen, wie Rupert Riedl: die Hypertrophie einer Gehirnhälfte ist es gerade, die als „instrumentelle Vernunft“ die ökologische Katastrophe herbeigeführt hat. Der Hintergrund beider Feststellungen ist jedoch für den Biologismus fatal; denn alles, was ist, ist *mit* der Evolution gewesen; es gibt im Evolutionsweltbild gar kein „Dagegensein“. Das ist zugleich auch der erste logische Fehler des Biologismus: auch *seine* moralische Forderung, mit der Evolution zu sein, ist ein natürliches Evolutionsprodukt. Und wenn ich ihr folge, bin ich genauso mit der Evolution, wie wenn ich ihr nicht folge.

Der zweite logische Fehler des Biologismus ist sein „naturalistischer Fehlschuß“ (G. E. Moore). Er ersetzt das Wörtchen „gut“ durch das Wort „arterhaltungsfördernd“. Damit muß nun erstens zugegeben werden, daß dann auch Schmarotzertum oder das Auffressen der eigenen Kinder gut sein kann, und zweitens, daß die Frage, wozu eigentlich Arterhaltung gut ist, nicht gestellt werden darf. Verletzt wird bei diesem zweiten logischen Fehler die Unhintergehbarkeit des Wörtchens gut.

Der dritte Fehler ist zentral, er findet sich auch bei den übrigen Varianten: es geht um das sog. „moralanaloge Verhalten“ im Tierreich, aus welchem auf natürliche Weise die menschliche Moralität hervorgegangen sein soll. Der Evolutionsbefund sagt: Freundschaft, Elternliebe, Selbstlosigkeit: alles im Tierreich schon nachzuweisen. Hier findet sich ein entscheidender Denkfehler. Ganz vergessen wird nämlich das interpretative Moment bei der *Beobachtung*. Damit ist folgendes gemeint.

Die Behauptung lautet, man könne z. B. die Mutterliebe sehen. Das ist falsch. Was wir sehen können, sind bestimmte Bewegungen und Vorgänge, *und sonst gar nichts*. Wir können diese Bewegungen als „Mutterliebe“ interpretieren, aber dafür ist zweierlei Voraussetzung. Erstens müssen wir so etwas wie Mutterliebe aus unserem eigenen, menschlichen Erfahrungshorizont heraus kennen, müssen wissen, was das *im Unterschied* zu nur irgendwie gesehenen Bewegungen bedeutet. Und zweitens muß uns klar sein, daß wir diese eigene Erfahrung nun interpretativ übertragen auf den nicht-menschlichen Bereich. Das heißt: von moralanalogem Verhalten im Tierreich können wir nur deswegen sprechen, weil uns aus der menschlichen Sphäre her das Moralische primär in der Erfahrung gegeben ist und wir hierzu Analogien interpretativ aufsuchen können. Was aber völlig ausgeschlossen ist, ist der Versuch, nun die menschliche Moral durch das moralanaloge Verhalten im Tierreich zu „erklären“. Das ist, als ob ein Sohn seinen Vater zeugen wollte.

Damit zur Kritik der zweiten Variante, der Soziobiologie. Vorab ist hierbei zu betonen, daß die Soziobiologie als einzige konsequent vom gemeinsamen Evolutionsweltbild aus argumentiert. Sie macht nicht halt irgendwo aus kleinlichen Rücksichten auf herkömmliche Moralvorstellungen, sie macht mit dem obersten Grundsatz ernst, und das ist zu loben.

Für die Wahrheit der Soziobiologie ist die einzig maßgebliche Ebene für die gesamte lebendige Wirklichkeit, damit auch die Moral, die Ebene der Gene. Die Gene haben sich Überlebensmaschinen gebaut, die man auch Organismen nennt, und ihre Ausstattung, Freß-, Fortpflanzungs-, Fluchtwerkzeuge dienen nur zur Erhaltung und Verbreitung der Gene. „Dienen . . . zur“ ist natürlich nicht im teleologischen Sinne zu verstehen; es ist eine metaphorisch verkürzte Ausdrucksweise für ein rein faktisches Programm. Es sollen hier nicht viele Einzelheiten interessieren, es genügt, die These mit ein paar Zitaten zu illustrieren.

> „Eine Mutter ist eine Maschine, die so programmiert ist, daß sie alles in ihrer Macht stehende tut, um Kopien der in ihr enthaltenen Gene zu vererben“.

Analog sind die Kinder zu verstehen:

> „Die Gene in den Körpern von Kindern werden aufgrund ihrer Fähigkeit selektiert, Elternkörper zu überlisten . . . Ein Kind sollte sich keine Gelegenheit zum Betrügen, Lügen, Täuschen, Ausbeuten . . . entgehen lassen."

„Sollen": das ist natürlich nicht im moralischen Sinn zu verstehen, wie der Autor der Zitate, Richard Dawkins, erläutert, sondern „ich sage nur, daß die natürliche Auslese dazu tendieren wird, Kinder zu begünstigen, die so handeln". Nun, Menschenmutter, Muttermaschine, nun wähle.

Alle sog. „moralischen Handlungen", alles Denken natürlich auch, müssen unter dem Aspekt des Gruppenselektionsvorteils für ähnliche Gene gesehen werden. Verantwortlich ist dafür ein „Gen für Altruismus". In Wirklichkeit ist freilich Altruismus der Gruppenegoismus ähnlicher Gene. Selbst der Begriff „Egoismus" ist noch eine Metapher: es gibt kein Ego am Gen, dem es um sich selbst ginge, es gibt nur Programme. Die Kritik an der Soziobiologie kann hier nur thesenartig vorgetragen werden; sie ist anderweitig genauer begründet.

Zum ersten ist das bekannte soziobiologische Buch „Das egoistische Gen" natürlich nur dann richtig verstanden, wenn man es als die Selektionsstrategie der englischen Überlebensmaschine Richard Dawkins liest. Es hat mit Wahrheit nichts zu tun. Die Gene haben diese ihre Maschine dazu gebracht, Bücher zu schreiben, um möglichst viel Geld und damit Fortpflanzungsmöglichkeiten zu schaffen. Dafür gäbe es vielleicht auch einfachere Wege, aber die Gene sind ja nicht frei, sich auszusuchen, was sie produzieren wollen. Wollte die Soziobiologie einen Wahrheitsanspruch stellen, so hebt sich dieser von selbst auf. Die Soziobiologie selber ist nur Evolutionsprodukt, sie ist ein einziges, ungeheuerliches Paradoxon, dessen Kern in dem Satz besteht: „jetzt lüge ich."

Zum zweiten verkennt die Soziobiologie wie das ganze Evolutionsparadigma die Ausgangslage für die Erklärung der Wirklichkeitsphänomene. Die Ausgangslage besteht nämlich nicht etwa in einem Urknall und Materie mit Spielregeln, sondern Ausgangspunkt für jede Erklärung der jetzigen Wirklichkeit einschließlich der evolutionistischen Erklärung ist diese Wirklichkeit selbst. Das ist entscheidend. Bevor mit dem Erklären, dem evolutionären Genetisieren und Rekonstruieren der Wirklichkeit begonnen werden kann, muß man sich darüber verständigen, was alles zu dieser Wirklichkeit gehört und was nicht. Die Diagnose des „das ist jetzt vorhanden, das gibt es" steht logisch vor dem evolutionären Erklären. Der konsequente Soziobiologe entlarvt Ethik, Religion, Kunst u. ä. als Illusionen. Er kann sie nicht innerhalb seines Systems konstruieren: also gibt es sie für ihn nicht, d. h. nur als Illusion. Das erste stimmt, doch das zweite ist falsch. Der Soziobiologe kann sie in der Tat nicht konstruieren. Aber da die Wirklichkeit von Sittlichkeit, Religion, Kunstschönheit realer ist als die von sekundären Rekonstruktionen, ist die Rekonstruktion gescheitert und nicht das infrage stehende Phänomen wegerklärt.

Daraus ergibt sich von selbst der letzte Kritikpunkt an der Soziobiologie, an ihrer Auffassung des ethischen Phänomens als Altruismus resp. Gruppenegoismus. Mit welchem Recht tut sie das? Offensichtlich mit dem Recht des Nicht-Wissens. Denn das ethische Phänomen besteht zunächst einmal in der bewußten Erfahrung konkreter Pflicht — daß etwa hier und jetzt von mir zu tun ist. Hans Jonas nennt als paradigmatischen Fall einen schreienden Säugling an einem offenen Fenster. Für den Physiker ist das ein „schallaussendendes Materieagglomerat am Rande seiner im übrigen abgeblendeten Wirklichkeit", im weiteren dann vielleicht ein Problem der Fallgesetze und der Gravitation. Aber, so Jonas: „sieh hin und du weißt!" Und wenn ein Affe dasselbe tut? Er tut nicht dasselbe, denn für ihn ist es nicht bewußte Pflicht, er würde auch nicht für Unterlassung haftbar gemacht. „Das wäre moralisch seine Pflicht gewesen", ist eine Feststellung, die in vollem Wortsinn nur auf Menschen, nicht auf Tiere geprägt werden kann. (deswegen können Tiere auch ihre Pflichten nicht verletzen: Betrug, Täuschung und Ehebruch, wie sie Wickler im Tierreich findet, sind genauso limitierte Interpretationsübertragungen, quasi Unmoral-*analoge* Verhaltensweisen wie die Moral-analogen; s. o.).

Der Irrtum bei der Identifikation des ethischen Phänomens mit dem Altruismus besteht darin, daß man sich erst im Tierreich umschaut und bei kleinen Kindern und ihrem Krämerladen: was es da wohl an ethischen Vorformen gibt, die man als Ausgangspunkt für eine „wissenschaftliche Rekonstruktion der Ethik" benutzen könnte. Nur fällt durch eine solche Vorentscheidung das *Wesen* des sittlichen Phänomens durch das definitorische Raster durch. Das Wesen ist die Erfahrung der Präsenz eines von mir gesollten, angezeigt in meinem Gewissen. Daß es hierzu moralanaloge Vorformen gibt, die durch menschliche Übertragung ins Tierreich und bei Kindern konstatiert werden, ist daran geknüpft, daß wir selbst erfahren haben, was Sittlichkeit, was „Gut-Handeln" (aber auch Schlecht-Handeln!) heißt, bevor wir solche Übertragungen machen. Vor der Moralanalogie steht die Moral.

Die Soziobiologen haben zwar ganz richtig gesehen, daß aus einem rein faktischen Programm von Evolution niemals ein Sollen konstruiert werden kann. Aber daraus folgt nicht, daß es kein Sollen gibt, sondern es folgt daraus, daß das faktische Programm mitsamt der Soziobiologie falsch ist. Das ethische Phänomen ist eines, das jede Rekonstruktion sprengt, welche nur das materiell faktische zur Erklärung zuläßt. Das Problem der Ethik ist nicht die theoretische Aufklärung des Altruismus, sondern die praktische Erziehung zur Aufmerksamkeit auf das Gute hin.

Nach der Gegenkritik gegen die beiden naturwissenschaftlichen Erklärungs- und Eliminationsversuche von Ethik müssen noch zwei innerphilosophische Einwände entkräftet werden, die genauso populär sind wie das Evolutionsweltbild. Das eine, das Relativismusargument, lautet: so viele Kulturen und Gesellschaften es gibt, so viele Moralen gibt es auch. Aus der großen Verschiedenheit der moralischen Regeln, unter denen Menschen zu verschiedenen Zeiten in verschiedenen Ländern je gelebt haben, folgt, daß es so etwas wie eine verbindliche Moral und ihre Begründung, die Ethik, nicht gibt. Dieser Einwand ist ebenso alt wie die Philosophie selbst. Aber er übersieht, daß schon damals, im 6. vorchristlichen Jahrhundert, die Entdeckung der verschiedenen Moralen durch die ersten Reiseberichte ausgerechnet der Anlaß dafür war, nach dem *von Natur aus Gerechten,* Gerechtfertigten zu suchen. Die Suche galt dem Maßstab dafür, daß man Sitten als schlecht und Gesetze als ungerecht bezeichnen konnte. Denn es wäre ja alle Rede von ungerechten Gesetzen sinnlos, wenn das Gerechte nur dasjenige wäre, was in den Gesetzen steht. Und darüber hinaus: Menschen halten sich ja nicht deswegen an moralische Regeln, weil sie gerade hier und jetzt gelten. Wenn ich mein Kind nicht verhungern lasse, so doch nicht deswegen, weil das in unserem Kulturkreis nicht üblich ist. Umgekehrt vertrauen wir darauf, jemanden, in dessen Kulturkreis Kinder auszusetzen eine moralisch hochwertige Handlung wäre, davon *mit Gründen* überzeugen zu können, daß es das *nicht* ist. Das Relativismus-Argument beweist also nicht die allgemeine Gleichungültigkeit aller Moralen, sondern es zeigt, daß verschiedene Gesellschaften in der Tat dem verschieden nahegekommen sind, was *von Natur* aus gut und gerecht ist.

Hieran knüpft sich der zweite Einwand an. Was ist denn nun dieses von Natur aus Gerechte? Ist das so ein Ensemble ewiger Werte, ein „transzendenter Wertehimmel“, zu welchem es einen privilegierten Zugang gibt, der nur den Philosophen und Theologen offensteht? Dieser Einwand möchte die Ethik zwingen, Letztbegründungen zu geben, und diese verfallen dann dem sogenannten „Münchhausen-Trilemma“: in einen unendlichen Regreß zu geraten, Zirkelschlüsse zu begehen, oder die Argumentation willkürlich abzubrechen.

Ich glaube, man kann den Einwand nur durch ein anderes Verständnis von philosophischer Ethik auffangen, nämlich das eines vernünftigen Gesprächs über konkrete Handlungen und Handlungstypen, das mit Gründen geführt wird und ausdrücklich auf Ideologie verzichtet. Auch hier gilt, daß dieser Verzicht nicht immer gelingt, aber die Bereitschaft dafür ist wesentlich. Daß aber in einem solchen Gespräch gewöhnlich gestritten wird, ist bestimmt kein Einwand gegen seine Vernünftigkeit, im Gegenteil. Wer etwas als wahr behauptet, muß auch bereit sein, darüber mit sich streiten zu lassen. Aber der Streit ist wohlwollend, es geht ja schließlich nicht um das Ziel des Rechthabens, sondern, der Wahrheit näherzukommen.

Für die konkrete ethische Beurteilung von Handlungen, wie sie im dritten Teil vorgenommen werden soll, sind noch vorher drei Fälle zu unterscheiden:

— Güterabwägungen,
— kategorische Fälle,
— tragische Fälle.

Bei der *Güterabwägung* werden die verschiedenen Gesichtspunkte einer Handlung.einschließlich, soweit überschaubar, ihrer Folgen und Nebenfolgen miteinander verglichen; also etwa der ökonomische Aspekt mit dem medizinischen, mit dem soziologischen, dem entwicklungspolitischen usf. Der ethische Aspekt, und das ist wichtig, ist nicht etwa ein zusätzlicher Aspekt, so daß man sagen könnte: ethisch wäre eigentlich dieses richtig, aber ich ziehe den ökonomischen Aspekt vor; sondern der ethische Aspekt ist nichts anderes als die richtige Reihenfolge aller übrigen Aspekte. In der ethischen Dimension verhält man sich also nicht ökonomisch oder medizinisch, sondern richtig oder falsch.

Solche Güterabwägungen werden übrigens den größten Teil der Überlegungen im dritten Teil bilden. Sie haben es an sich, daß sie von konkreten Handlungsumständen ausgehen müssen, und daß sich mit deren Änderung auch die moralische Beurteilung ändern kann.

Das ist anders beim zweiten Fall, dem kategorischen. Hier findet sich in der Reihe der Güter eines, das jedenfalls alle übrigen dominiert, z. B. eines Menschen Recht auf Leben.

So ist es z. B. jedenfalls verwerflich, den guten Zweck der Sanierung eines Staatshaushaltes durch die Ausrottung einer reichen Minderheit zu realisieren (oder, wie es vor ein paar Monaten durch die Presse ging, den Haushalt einer Gemeinde dadurch, „daß man ein paar reiche Juden erschlägt"). Hier gilt, daß kein noch so guter Zweck ein in sich schlechtes Mittel heiligt. Zu diesem zweiten Fall sei angemerkt, daß die ethische Beurteilung nie absolut *ge*bietet, etwas zu tun, sondern nur verbietenden, limitierenden Charakter haben kann.

Im dritten Fall, dem tragischen, dem Extremfall, stehen zwei oder mehrere solcher kategorischer Güter gegeneinander. Im ärztlichen Bereich wären Beispiele etwa der Fall, wo bei einer Geburt das Leben des Kindes gegen das der Mutter steht, oder in der Unfallchirurgie, wo von zwei eingelieferten Schwerverletzten aufgrund der Umstände der Station nur einer gerettet werden kann. Für solche extreme Fälle gilt seit der Antike, daß die einzige vorhandene Regel die ist, daß es keine gibt, das heißt: es kann nur der ganz konkrete Einzelfall beurteilt werden, nicht eine Klasse von Fällen. Der Verantwortliche, oft ein Arzt, macht sich dabei zwar jedenfalls schuldig — aber es ist keine Schuld für den Staatsanwalt, sondern eine Schuld in dem ontologischen Sinn, wie er im Satz des Anaximander über die Ungerechtigkeit des Seins und die Sühne dieser Ungerechtigkeit im Tod zum Ausdruck kommt.

Zusammenfassend läßt sich festhalten: das eigentliche sittliche Phänomen ist nicht das Anlegen von idealen Wertmaßstäben an vom Menschen ausgehende neutrale Geschehnisse, sondern das sittliche Phänomen besteht in der Erfahrung einer Präsenz von Pflicht: dessen, was von mir hier und jetzt, in einer konkreten Situation zu tun ist und was wir entsprechend anderen zumuten. In den allermeisten Fällen wissen wir genau, was zu tun ist: die Familie, die Freunde, der Beruf, die Gesellschaft entlasten uns von langem Nachdenken. Dabei können wir freilich auch irren und dann mit anderen darüber streiten, was ihre oder meine Pflicht gewesen wäre. Schon der Streit aber erkennt das Phänomen an, um das es geht.

In den meisten Fällen also entlastet uns die Normalsituation, und in diese müssen die strittigen Fälle re-integriert werden. Ausnahmefälle ergeben sich, wenn eine grundsätzlich neue Situation eintritt, für welche wir entweder keine ethischen Prinzipien zu haben scheinen oder die Anwendung der vorhandenen noch nicht diskutiert wurde. Es kann dabei die infrage stehende neue Handlung genauso aussehen wie eine alte, beispielsweise zwei Reagenzgläser zusammenkippen, einmal mit Salzsäure und Natronlauge, das andere Mal mit menschlichen Spermien und Eiern. Aber daß hier ein fundamentaler ethischer Unterschied vorliegt, ist wohl jedem evident, selbst dann, wenn er Retortenzeugung für rechtfertigungsfähig ansieht.

Wie können wir nun genau wissen, daß eine neue ethische Situation eingetreten ist? Ich glaube, man kann das nie scharf definieren. Aber umgekehrt kann man auf ein solches Eingetretensein schließen, wenn die Wogen der Diskussion um neue Technologien, Waffen, medizinische Sensationen o. ä. hochschlagen und gewöhnlich emotional gefärbt mit ethischen Argumenten geführt werden. Solch Neuem wollen wir uns im dritten Teil zuwenden.

3. Ethik und Atomkraft, Gentechnologie, Mikroelektronik

In der ethischen Diskussion einiger neuer Technologien will ich mit den aktuellsten Problemen beginnen, der Atomkraft, wegen des Reaktorunfalls von Tschernobyl. Für dieses Problem ist nicht nur die Sensibilität, sondern auch das allgemeine Wissen sowie das Niveau der Diskussion gegenwärtig verständlicherweise besonders hoch, und deswegen kann ich mich aus der Sicht der Ethik mit je zwei Thesen, Gegenthesen und Konsequenzen begnügen.

3.1 Anwendungsbeispiel Kernenergie

1. These: Aus dem Reaktorunfall von Tschernobyl und übrigens auch dem allzu schnell verdrängten von Three Mile Island ist weder zu lernen, daß alle Atomkraftwerke ungefährlich sind, noch, daß sie unterschiedslos die ganze Menschheit bedrohen. Das Problem der Sicherheit für die jetzt lebenden Menschen ist allerdings eines, das noch nicht befriedigend gelöst ist. Daraus folgt aber weder die Forderung des sofortigen Abschaltens noch die des forcierten Ausbaues der Kernkraft, sondern — international — die Forderung nach Verbesserung und

Koordination der Sicherheitsanstrengungen (ganz im Sinne der Initiative des deutschen Bundeskanzlers) und — national — ist zu fordern eine außerordentliche Steigerung des Aufklärungsniveaus bei Bevölkerung, Entscheidungsträgern, Ärzten über die Möglichkeit sog. mittlerer Strahlungsunfälle, solcher nämlich, die nicht entweder die Bundesrepublik gleich verdampfen lassen oder uns überhaupt nicht bekümmern. Die Primärverantwortlichen müssen entsprechende Programme für Hilfs- und Vorsorgemaßnahmen bei den verschiedensten Strahlungsunfällen (bis hin zum begrenzten Atomkrieg — also auch Bunkerbau wie in der UdSSR oder der Schweiz!) entwerfen, entwickeln, erproben, um flexibel auf die eventuellen Bedrohungen aus Nah und Fern reagieren zu können — unbeirrt von „Ärzten, Philosophen, Juristen usf. gegen den Atomkrieg". Denn: natürlich ist Kernkraft eine umweltfreundliche Sache, — solange nichts passiert. Das erinnert erfrischend an den Ausspruch eines österreichischen Verteidigungsministers auf die Frage nach der Effizienz seines Verteidigungskonzeptes: im Frieden vorzüglich, sagte er.

Fazit der ersten These: Man kann über den Preis, den die Kernkraft kostet, verschiedener Meinung sein hinsichtlich dessen, ob es sich ihn zu zahlen lohnt. Erhöht hat er sich aber sicher jetzt noch einmal. Nicht von ungefähr hat Altbundeskanzler Schmidt einmal laut darüber nachgedacht, ob der progressive Ausbau der Kernkraft nicht die größte Fehlinvestition der Bundesrepublik war. Und es ist unumstritten, daß es unter marktwirtschaftlichen Prinzipien zu diesem Ausbau auch gar nicht gekommen wäre. Jetzt haben wir sie jedenfalls, und auch wenn es sich um einen selbstgeschaffenen Sachzwang handeln sollte: jeder, der den Ausstieg fordert, muß auch Alternativen angeben können.

Dies leitet über zur *2. These,* die sich nicht mit der Situation jetzt, sondern der Zukunft beschäftigt. Hier lautet die ethische These, daß unsere Generation kein Recht hat, zusätzliche natürliche Gefahrenquellen für künftige Generationen in die Erde einzubauen, deren Beherrschung an ein gleich hohes intellektuelles und technisches Niveau dieser Generationen wie das der unsrigen geknüpft ist. Das bedeutet konkret, wie Robert Spaemann in einem bekannten Aufsatz gezeigt hat, daß der Ausbau der Kernkraft so lange nicht sittlich vertretbar ist, als das Endlagerungsproblem nicht in einer befriedigenden Weise gelöst ist. Das Gegenargument, daß die Energieversorgung für die Zukunft definitiv zusammenbricht, verkennt m. E. den Umstand, daß es ja auch hätte sein können, daß die Atomspaltung nicht entdeckt worden wäre oder sich nicht für friedliche Zwecke hätte eignen können. Es besteht kein Zweifel, daß wir dann trotzdem leben würden. Nur hätten Einsparmaßnahmen, öffentlich wie privat, früher begonnen, und alternative Energieträger wären zu anderen Fördersummen gekommen als dies im Schatten der Atomkraftförderung nötig erschien und möglich war. Die Prognosen aus den 70er Jahren für den Energiebedarf der 80er und 90er Jahre waren jedenfalls weltfremd.

Fazit dieses ersten Anwendungsbeispiels im Problemfeld Ethik/Technik: sofortiges Abschalten aller Atomkraftwerke ist genauso unvernünftig wie die Haltung des „jetzt erst recht!“: beides können sich nur Diktaturen leisten ohne jede Rücksicht auf ihr Volk. Aber die Forderung nach und die Förderung von einem sicherheitsorientierten pluralen Weg der Energiebeschaffung unter Berücksichtigung der Realität des nunmehr zweiten großen Unfalls innerhalb von sieben Jahren und auch der Realität der Angst in der Bevölkerung hat alle guten Argumente für sich.

3.2 Anwendungsbeispiel Gentechnologie

Auch bei der Gentechnologie wird neben der innerwissenschaftlichen Debatte eine zweite, allegemeinere geführt, die die Fortschritte kritisch infrage stellt. Es gab bislang vor allem zwei generelle Einwände, einen ökologischen und einen sicherheitstechnischen.

Der ökologische Einwand läßt sich im Grunde darauf zurückbringen, daß mit der Eingriffsmöglichkeit in die Erbsubstanz, in den Zellkern von Lebewesen eine derartig neue Dimension des menschlichen Könnens erreicht ist (analog der Kernspaltung), daß auf die Anwendung generell verzichtet werden sollte. Der Verzicht auf kurzfristige ökonomische Vorteile erscheint im ökologischen Einwand nicht als zu hoher Preis für die Vermeidung einer potentiellen ökologischen Katastrophe. Dieser Einwand scheint mir nicht stichhaltig zu sein. Denn erstens steht menschliches Handeln immer unter einer gewissen Unsicherheit. Was gefordert werden muß, ist darum nicht die endgültige Einstellung aller gentechnologischen Forschung, sondern eine Intensivierung der begleitenden ökologischen Forschung.

Der sicherheitstechnische Einwand ist im Grunde eine spezielle Anwendung des ökologischen Einwandes. Es geht um die Möglichkeit einer versehentlichen Erzeugung von Krankheitserregern, die insofern eine neue Dimension von Gefährlichkeit darstellen könnten, als ihnen die natürlichen Feinde fehlen. Dem Sicherheitsproblem sind verschiedene Länder, auch die Bundesrepublik, mit Gesetzen begegnet, durch welche die Experimente und Produktionsweisen in Gefahrenklassen mit entsprechenden Sicherheitsauflagen eingeteilt werden. Die Kontrolle privater Betriebe ist dabei nicht unproblematisch, ebenso wie die Selbstkontrolle der Wissenschaftler — nicht von ungefähr gehört die Trennung von Interesse und Kontrolle zur abendländischen Rechtsauffassung. Aber auch die Sicherheitsproblematik ist eine prinzipiell lösbare. Nur sollte die Beweislast auf Seiten der Gentechnologie liegen, die entsprechende Kommissionen von der Ungefährlichkeit der Experimente überzeugen müssen. Es ist ein Unding, von Laien zu verlangen, die Gefährlichkeit der Experimente zu beweisen.

Neben diesen beiden generellen Einwänden hat sich in den letzten Jahren in den Vordergrund geschoben die ethische Diskussion der Gentechnologie. Zwar haben auch der ökologische Einwand und die Sicherheitsfrage insofern auch schon ethischen Rang, als Risiken abzuwägen sind gegen Verbesserungsmöglichkeiten des menschlichen Lebens, gegen die billige Erzeugung medizinisch wirksamer Stoffe, die Erzeugung von widerstandsfähigeren und ertragreicheren Pflanzensorten, von Bakterien mit günstigen ökologischen Eigenschaften usf. Hier treffen die verschiedenen Gesichtspunkte in einer Güterabwägung aufeinander, und ich meine, daß diese Güterabwägung in aller Regel positiv ausfallen wird, also zugunsten der neuen Technologie. Vor Übereilung gerade der Freilandexperimente allerdings ist zu warnen.

Ein anderes ist es mit dem gentechnologischen Engriff am Menschen. Schon bei der somatischen Gentherapie ist, zum gegenwärtigen Zeitpunkt, die Güterabwägung kaum noch positiv zu gestalten. Der Fall des gentechnologischen Eingriffs an der befruchteten menschlichen Eizelle ist aus ethischer Sicht, welche die Identität einer menschlichen Person berücksichtigt, ein kategorischer Fall, denn diese hat den Rang eines kategorischen Gutes, das alle anderen und noch so schönen Argumente wie: Vermeidung von Erbschäden, höhere Intelligenz, bessere Strahlungsverträglichkeit o. ä. jedenfalls dominiert. Und das gilt nicht nur für Einzelmenschen, es gilt auch für kommende Generationen. Menschen sind gleichen Rechtes aufgrund der Naturwüchsigkeit ihrer Abstammung. Bessere Funktionalität künftiger Generationen darf nicht durch Geningenieure hergestellt werden, weil es kein Kriterium für die Wünschbarkeit eines bestimmten Menschentypus gibt. Auch hier gilt, daß mit solchen Eingriffen in die Natur die Basis von Legitimität selbst aufgehoben ist — und das ist nicht legitimierbar. Es wird nicht die Heilkunde verbessert, sondern ihr fundamentales Gebot verletzt.

Doch ein Gegenargument soll noch bedacht werden. Man hört häufig, daß die Natur doch auch bei jeder Zeugung Erbmaterial manipuliere, so daß nur das als verboten gelten soll, was sich nicht in der Natur selber vorfindet. Dieses Argument würde jede Ethik überflüssig machen. Wer einen anderen Menschen mit einem Stein erschlägt, könnte sich darauf berufen, daß dies ein von der Natur mit gutem Erfolg bei Bergsteigern angewandtes Verfahren darstelle. Die Berufung auf die Natur verkennt den fundamentalen Unterschied zwischen Geschehen und Handlung, der zu allererst die Frage nach dem Guten und Gerechten ermöglicht.

Kurzes *Fazit* des zweiten Anwendungsfalles: Die kritische Beurteilung der Gentechnologie muß von konkreten Experimenten und Anwendungsfällen ausgehen. Gentechnologie wie die Atomkraft oben ist pauschal weder zu preisen noch zu verwerfen. Beim Durchdenken der meisten Fälle wird die leitende ethische Argumentation in einer Güterabwägung bestehen, wobei das Pro und Contra nicht durch Emotionen vorentschieden sein darf. In den wenigen Fällen, wo ein kategorisches ethisches Verbot besteht — Experimente mit befruchteten menschlichen Eizellen, Foeten, Nichteinhalten von Sicherheitsvorschriften bei gefährlichen Experimenten u. ä. —, sind diejenigen, die das Verbot zu übertreten wünschen, mit allen gesetzlichen Mitteln daran zu hindern.

3.3 Anwendungsbeispiel Mikroelektronik

Damit zur letzten Anwendung meiner Auffassung des Verhältnisses von Ethik und Technik, der *Mikroelektronik.*

Es steht wohl außer Zweifel, daß die schnelle Entwicklung der Mikroelektronik mit ihren umfassenden Anwendungsmöglichkeiten auch eine solche neue Situation darstellt, bei der sich die ethische Frage stellt. Auch hier wäre es äußerst unklug, auf die neue Situation pauschal zu reagieren, von der diffusen Furcht vor der Verkabelung auf den Fluch der modernen Technik oder vom Vergnügen am Homecomputer auf deren Segen zu schließen. Die ethische Abwägung muß differenzieren, und dies soll nun, wenn auch nur thesenartig, für fünf der wichtigsten konkreten Beispiele geschehen.

3.3.1 Verkehrsmittel, Verkehrssteuerung

Diese Anwendung erscheint am wenigsten problematisch. Es steht außer Zweifel, daß die Senkung des Benzinverbrauchs durch elektronische Einspritzung und durch computerentworfene Stromlinien, die damit verbundene Senkung von Schadstoffemission und Umweltbelastung sehr begrüßenswert ist. Das gilt für den Individual-, den Personen-, den Güterverkehr. Die Möglichkeiten der großstädtischen Verkehrssteuerung sind heute ohne Rechenzentralen nicht denkbar. Daß Flugreisen in der heutigen Art und Weise ohne solche Technologie unmöglich wären, ist trivial. Allerdings sind wir mit dieser eindeutig positiven Einschätzung nicht der Frage überhoben, ob nicht der gigantische Individualverkehr im letzten Viertel des 20. Jahrhunderts nicht nur eine der wesentlichen Ursachen für die bekannten Umweltschäden ist, und ob nicht vom Erdöl, das unsere Generation recht gedankenlos in Öfen, Kraftwerken und Motoren verbrennt, künftige Generationen einen sehr viel qualifizierteren Gebrauch machen können. Hier sind zunächst die Politiker aufgerufen; Sachzwänge und „soziale Undurchsetzbarkeiten“ dürfen hier nicht als Argument gegen jeden Ansatz zur Selbstbeschränkung gelten (wie es das traurige Beispiel des Tempolimits oder des Katalysatorauspuffs zeigte).

3.3.2 Medizin

Auch in der Medizin hat die „Schlüsseltechnologie“ Mikroelektronik einen Siegeszug angetreten. Für den Herzschrittmacher war sie wesentliche Voraussetzung, in elektronischen Bildbanken werden Röntgenaufnahmen gespeichert und können nach Jahren blitzschnell abgerufen werden, die Computerdiagnose bis hin zur Computertomographie vereinfacht und beschleunigt die Behandlung von Krankheiten. Die Intensivmedizin schließlich käme ohne die elektronische Hochtechnologie gar nicht aus.

Freilich sind neben all diesen Fortschritten hier die ethischen Einwände schon eher greifbar: Man kann sie subsumieren unter die „Verselbständigung des Machbaren". Dieses führt dazu, wie unlängst ein Arzt feststellte, daß Intensivstationen häufig nur noch mit lebenden Leichnamen belegt sind, deren „am Leben halten" riesige Kosten für Krankenkassen bedeutet, obwohl der Kranke selber oder seine Angehörigen von diesem Leben gar nichts haben. Es gibt da eine Fülle unguter Beispiele. Ein ähnliches gilt für alle Computerdiagnosen. Sie vernachlässigen zunehmend das persönliche Verhältnis zwischen Arzt und Patient, das seit ältesten Zeiten immer auch ein magisches war. Psychosomatische Erkrankungen fallen überhaupt aus solchen Diagnosen heraus, und deren Anzahl ist größer als man gewöhnlich annimmt. Ein Medizincomputer, der einem die Diagnose stellt und dann gleich die „notwendigen" Arzneimittel auswirft: das ist sicher kein medizinisches Ideal. Es würde nur noch übertroffen von einem vollelektronischen Priester im Beichtstuhl, der nach Eingabe der Sünden die Buße optimiert und dann ausdruckt . . . Man kann natürlich sagen: Das alles ist doch keine Sache der neuen Technologie. Richtig, es ist eine Sache der Ärzte, und deswegen muß ein solcher weitergefaßter ethischer Apell sich zuerst an diese richten.

3.3.3 Datenverarbeitung

Vom Taschenrechner in der Aktentasche zu den Bürocomputern, von der elektronischen Kasse im Supermarkt bis zum abendlichen „Schwätzchen" mit dem Homecomputer ist die Datenverarbeitung in unseren heutigen Tagesabläufen bereits präsent. Die Vorteile sind beachtlich: Geschwindigkeit und Sicherheit des Rechnens, Abrufenkönnens, Verarbeitenlassens. Dreißig bis fünfzig Prozent der Arbeitszeit, so rechnete man früher, werden von Sekretärinnen mit Korrekturen, Ablagen, Telefonnummern-immer-wieder-wählen u. ä. verbracht. Durch Datenverarbeitung lassen sie sich auf ein Zehntel senken. Gewaltige Vorteile also, gewiß. Aber drei Probleme sind aus ethischer Sicht zu bedenken. Zwei davon sind klar erkannt: die Notwendigkeit des Datenschutzes und die Unterbindung der mittlerweile auch nicht selten kriminellen Tätigkeit der „Hacker". Wiederum treffen beide Einwände nicht die Technologie selbst: Kriminelle Hacker sind ein Problem der Strafverfolgung, und die Notwendigkeit des Datenschutzes gegen Mißbrauch von durch die Würde der menschlichen Person geschützten Daten ist mittlerweile eine anerkannte und rechtlich abgesicherte Forderung. Gleichzeitig muß es aber ein Anliegen auf der Seite der Technologie selber sein, solchem Mißbrauch auch technisch besser entgegenzuwirken.

Soweit die beiden bekannten Gefahren. Die dritte besteht m. E. im Einsatz der Datenverarbeitung bei den Schulkindern. Es wäre äußerst gefährlich, die logischen Schlüsse, das Rechnenkönnen dem Taschenrechner zu überlassen, den das Kind nur noch bedienen können muß. Es verliert dabei die eine Seite des wechselseitigen Einflusses von Logik und Grammatik, von Urteil und Sprache (ein Phänomen, das sich vielfach auch in der Sprache derer zeigt, deren einzig beherrschte Fremdsprache das Englische ist: Man kann bei geisteswissenschaftlichen Arbeiten von Studenten an der Universität fast mit Sicherheit bereits am Stil erkennen, wer z. B. eine humanistische Schule besucht hat).

Auch hier geht das ethische Bedenken nicht primär an die Adresse der Technologie, sondern an die Kultusministerien und Lehrer. Aber andererseits sollte auch die Werbung von seiten der Anbieter nicht gerade auf solche Anwendungen zielen.

3.3.4 Unterhaltungselektronik

Wiederum: was Für ein gewaltiger Weg vom ersten Telefon, der ersten Rundfunkröhre zu den heutigen Fernsprechmöglichkeiten (z. B. über Satellit), zum Stereofernseher und dem Bildschirmtext. Die Freiheit scheint gewaltig gewachsen — ist das Ziel der 36 Fernsehprogramme für den mündigen Bürger nicht wahrlich erstrebenswert? Ich habe meine größten Bedenken. Eine der größten und vielleicht noch viel zu wenig begriffenen Veränderungen in unserem Jahrhundert betraf die Struktur der Familie. Einer der markantesten Gründe dafür ist mit Sicherheit der Fernsehapparat, der potentiell beliebige Ersatz von Wirklichkeit durch Illusion.

Und wiederum ist die Gefahr für die Kinder am größten: für ihren Verlust an Phantasie, an deren Stelle die passive Rezeption von Gewalt, Beliebigkeit und Ideologie tritt. Gegen die Reizüberflutung bis zum Informationsüberdruß sind Kinder noch viel weniger gefeit als Erwachsene. Der Tierpark, wirkliche Tiere auf dem Land werden garnicht ersehnt (erst wenn die Kinder sie dann sehen und anfassen können, merken sie, was der Fernsehapparat ihnen vorenthält); bei Erwachsenen findet sich dasselbe Phänomen z. B. bei Gottesdienstübertragungen im Fernsehen. Warum noch frierend in die Christmette gehen, wenn man der Übertragung aus Rom gemütlich im Fauteuil zusehen kann? Und wenn man dann sowieso daheimbleibt, kann man gleich besser den am Vortag aufgezeichneten Edelwestern anschauen . . . Gemeinsam ist solchen ins Beliebige vermehrbaren Beispielen, daß der *Mitvollzug* von sinnhaften Vorgängen und Handlungen ersetzt wird durch die Distanz des passiven Zuschauers. Das gilt für Sportveranstaltungen, Opernaufführungen, sogar für Sendungen über Kunstwerke und Naturschönheiten selbst der nächsten Umgebung — man macht es sich lieber zuhause bequem. Nicht einmal zum Krämer wird man bald mehr gehen. Am fatalsten erweist sich dies im Verhältnis Fernsehen — Lesen. Der aktive Mitvollzug eines großen Romans etwa, die selbstvergessene, Phantasie wie Denken anregende Hingabe an das Buch macht immer mehr dem passiven Konsum Platz. Umberto Eco schreibt provozierend: „Die Gegenwart kenne ich nur aus dem Fernsehen, über das Mittelalter habe ich Kenntnis aus erster Hand".

Daß hier manches nicht stimmt, ist wohl jedem kar. Aber was kann man machen? Es ist die Kehrseite der Freiheit in unseren Demokratien, daß jeder auch die Freiheit hat, sich sein Leben auf seine Weise zu verpfuschen. Aber diejenigen Gruppen, die sich um das kulturelle Niveau einer Gesellschaft bekümmern oder bekümmern müßten — Politik, Kirche, Künstler, Wissenschaft, und, anstelle der früher fürstlichen Förderer, Wirtschaft und Technik —, sollten es sich angelegen sein lassen, über solchen Mißbrauch und seine Folgen weitestmöglich aufzuklären. In sog. „gebildeten Familien", bei Akademikern, Künstlern usf. spielt der Fernsehapparat eine viel geringere Rolle als bei einfacheren. Es darf dann aber nicht dieselbe Elite sein, die einerseits abstinent ist und zugleich mit ihren praktischen Empfehlungen 36 Fernsehkanäle für wünschenswert hält. Das Problem ist doch nicht, daß die Sendungen schlecht sind, sondern daß sie *gut* sind, gut allerdings nicht im absoluten Sinne, sondern im Sinne des „die Zeit vertreibens": man „vertreibt" dabei die Zeit wirklich, man nutzt sie nicht mehr für sein eigentliches Sein.

Man muß nicht mehr auf den Tennisplatz gehen, um Tennis zu *spielen,* und man braucht auch keinen Partner mehr. Die wichtigste Berechnung solchen Autismus' ist wohl, daß die zunehmende Freizeit (s. u.) irgendwie totgeschlagen werden muß.

Was hier nötig wäre, ist einerseits die öffentliche Aufklärung über solche Probleme, die Ermutigung zur fernsehfreien Zeit (wie es Altbundeskanzler Schmidt einmal vormachte), zugleich eine viel weitergehende Selbstkontrolle der Programme. Die wesentliche Voraussetzung für alles drei allerdings sind von philosophischem Interesse getragene und geleitete wissenschaftliche Untersuchungen über die Veränderungen von Familienstruktur und Erziehungswesen durch qualitative Veränderungen des Medienwesens.

Ich komme an dieser Stelle nicht umhin, auf eines der gescheitesten Bücher zu diesem Problem zu verweisen: Neil Postman „Wir amüsieren uns zu Tode". Man braucht Postmans politische Ansichten vor allem über die Administration Reagan nicht zu teilen — und ich teile sie nicht —, aber seine Beobachtungen, Diagnosen, Prognosen müssen äußerst betroffen machen. Er hält für eine Problemlösung wohl nichts mehr von einem Appell an Politiker oder Journalisten, höchstens noch — und das fast verzweifelnd — an Eltern oder Lehrer. Ich bin optimistischer und meine auch, daß der Mut zur substantiellen Kritik und, ja, zur Zensur immerhin bisweilen noch anzutreffen ist. Das Wehgeheul über die „Zensur gegenüber dem mündigen Bürger", der doch selber den Fernsehapparat ausschalten könne, verkennt, daß eben dieser Bürger gewöhnlich hinsichtlich des Fernsehens nicht mündig *ist.* Hoffnung, allerdings, findet sich vornehmlich noch in der Möglichkeit der Erziehung durch mündige Eltern und Lehrer, und vielleicht — das ist der ebenso richtige wie paradox erscheinende zweite Vorschlag von Neil Postman — könnte auch noch eine Aufklärung des Fernsehens über sich selbst Besserung bewirken: nicht das Plaudern aus dem Nähkästchen der Redaktionstante, sondern Aufklärung über das Zustandekommen von Kommentaren und Nachrichten, über die Techniken der „lockeren Aufbereitung", die Suggestion durch Werbung usf., und zwar gerade unter dem Aspekt der Verwandlung von Realität in Unterhaltung. Es steht nur leider zu befürchten — selbst im Falle, derlei würde einmal unternommen —, daß die Programme eine solche Sendung dann gar nicht oder um 0.30 Uhr bringen — gerade so, wie sich während des letzten Druckerstreiks nicht-streikende, aber sympathisierende Setzer weigerten, unliebmäßige Kommentare zu bringen.

3.3.5 Mikroelektronik in der Produktion

Dieses letzte Thema ist gegenwärtig ethisch das heikelste. Denn wiederum kann man sich dem Argument nicht entziehen, daß Fließbandarbeit, Arbeit unter ungünstigen äußeren Bedingungen (Lärm, Hitze, schlechte Luft usf.) dank der Industrieroboter tatsächlich zu einer „Humanisierung der Arbeitswelt" führen, daß die Ausnutzung sonst unerschließbarer Ressourcen (in der Tiefsee etwa, oder in allem Zusammenhang der Radioaktivität) nur mit Hilfe „intelligenter" Maschinen möglich ist, daß bei einer Auslastung der Produktionsmittel „rund um die Uhr" die Produkte preiswerter werden (könnten). Ebensowenig kann man sich aber dem Problem der durch Automatisierung und Rationalisierung verloren gehenden Arbeitsplätze entziehen. Hierüber hat es schon viele, auch erregte Diskussionen gegeben: der einen Seite erscheint es als unnötig hochgespielt: es werde nur eine Umverteilung von Arbeitsplätzen geben ineins mit steigender Freizeit; der anderen Seite erscheint das Problem als großangelegter Versuch kapitalistischer Profitmaximierung bei gleichzeitiger Verelendung bestimmter Gruppen zu sein (obwohl sich hier m. E. Fuchs und Hase „Gutenacht" sagen: die marxistische Utopie steht nämlich auf genau denselben Fundamenten). Ich würde dagegenhalten: wir wissen (noch) nicht, wie sich das Problem in den nächsten Jahren entwickeln wird. Und bei Nicht-wissen einerseits und Brisanz der Problematik andererseits wird man gut daran tun:

— erstens die Entwicklungen in Industrienationen, die hierin schon weiter fortgeschritten sind als wir (Japan, Kanada), genau zu verfolgen, und zwar nicht nur deskriptiv, sondern im Hinblick auf die spezifisch abendländischen Vorstellungen von einem guten Leben im Ganzen. Die Vergottung der Firma, in der man angestellt ist, der unglaubliche Leistungsdruck, dem bereits Vorschulkinder ausgesetzt werden (beides in Japan) sind kaum erstrebenswerte Ziele, und noch weniger jene „Welt, die zwar für Roboter, aber nicht mehr für Menschen heimisch ist". (W. Zimmerli);

— zweitens, eine sehr aufmerksame Beobachtung der Entwicklung in unserem eigenen Land, mit Studien, deren Ergebnisse denjenigen, die sie anstellen, nicht vorher schon klar sind. Hierfür erscheint mir gerade die Beteiligung „kompetenter Laien" besonders wichtig. Und wiederum muß es im Interesse der genannten Gruppen — Politik, Kirche, Wirtschaft, Wissenschaft liegen, daß sie angemessen durchgeführt werden. Die Umwandlung von Unwissen über solche Neben- und Hauptfolgen der Umstrukturierung der traditionellen Arbeitsgesellschaft in Wissen darf nicht zu einem verdeckten Herrschaftswissen bestimmter Interessengruppen führen, sondern dieses Wissen muß selbst ein Hilfsmittel für die Beantwortung der Frage sein, in welcher Gesellschaft wir leben wollen. Sollte Hans Jonas' Prognose (in seiner Kritik an Bloch, im Buch „Das Prinzip Verantwortung") richtig sein: daß eine Freizeitgesellschaft ohne Arbeit ebenso würde- wie sinnlos ist, dann kann dies ein ausreichender Grund sein, nicht erst beim Maximum der Rationalisierung und Automatisierung stehenzubleiben, sondern schon beim Optimum.

4. Schlußbemerkung

Das Problem des Verhältnisses von Ethik und Technik kann man auch als eines der Disjunktion von instrumenteller und praktischer Vernunft beschreiben. Doch ist die gefürchtete Verselbständigung der instrumentellen Vernunft nur eine scheinbare: beide wohnen schließlich in ein und demselben Menschen. Das Unbehagen über das dennoch aufgetretene Auseinanderdriften hat dazu geführt, auf die ethische Debatte — und zwar im kleinen, mit sich selbst, wie im Großen, der Diskussion zwischen den am Problem beteiligten Gruppen — zu verzichten. Ein solcher Verzicht, eine solche Abschottung ganz analog der Unlust der Vertreter der freien Marktwirtschaft, mit sich über die Ethik des Kapitalismus streiten zu lassen, ist äußerst unklug, und dies aus zwei Gründen. Erstens führt er nämlich dazu, daß die jeweilige Gegenseite die Ethik ganz für sich in Anspruch nimmt und diesen Eindruck auch geschickt in der Öffentlichkeit zu erwecken weiß. Der schwarze Peter liegt dann bei denen, die über Ethik nicht diskutieren wollen und „also etwas zu verbergen" haben. Der zweite Grund ist der, daß Technik und Wirtschaft die Aufnahme einer solchen ethischen Debatte durchaus nicht zu fürchten haben. Es kann ja sein, daß man einige Federn wird lassen müssen: aber ich glaube doch nur dort, wo wirklich Fehlentwicklungen stattfanden oder stattzufinden drohten. Natürlich werden Produkte teurer und Gewinnspannen niedriger, wenn die Abfälle bei der Herstellung nicht mehr einfach in Flüsse oder in die Luft geleitet werden können. Aber hier ist die Erhaltung der

Umwelt gewiß das Vorzugsargument. Und natürlich könnte man aus der Genmanipulation bei menschlichen Keimlingen eine Menge medizinisch lernen. Aber das verstößt gegen die Menschenwürde.

Generell ist festzuhalten, daß Wissenschaft und Technik nicht wertfrei oder wertneutral sind, sondern in der weit überwiegenden Regel ausgesprochen wert-*voll.* Und so erwarte ich mir gerade von der Aufnahme der ethischen Debatte für die Technik nicht Polemik und Rezession, sondern vernünftige Kompromisse. Dafür ist es Voraussetzung, daß jede Seite ihre Argumente so stark wie möglich macht, schreibt schon Aristoteles. In der Praxis sind dann aber einsichtige Selbstbeschränkung und Zurücknahme, der Widerstand gegen die Verführung durch das Machbare, eine sehr hohe Äußerung der Freiheit des Menschen.

Literatur

Spaemann, R.: Technische Eingriffe in die Natur als Problem der politischen Ethik. In: Scheidewege 9, S. 476—495 (1979)

Kreuzer, P. (Hrsg.): Atomkraft — ein Weg der Vernunft? München (1982)

Löw, R.: Leben aus dem Labor — Gentechnologie und Verantwortung, Biologie und Moral. München (1985).

Technischer Wandel und die individuelle Lebenskultur

Von Professor Dr. Hermann Lübbe

1. Vergangenheitsbezogenheit

Noch nie war eine Gegenwart so sehr vergangenheitsbezogen wie unsere eigene. Das ist eine anspruchsvolle Behauptung, und ich werde auf einige Erscheinungen unserer kulturellen Gegenwart eingehen, die diese anspruchsvolle These belegen. Fangen wir bei einem ganz harmlosen Phänomen an: den Flohmärkten. Flohmärkte kannten wir noch vor 25 Jahren im wesentlichen nur als Paris-Touristen. Inzwischen gehören Flohmärkte zu jedem besseren Dorf- oder Stadtfest. Ihre Zahl steigt übrigens ständig an. Plunder, abgelegte Gebrauchsgegenstände, werden auf diesen Flohmärkten massenhaft in den Adelsstand von Antiquitäten erhoben, und die Preise dieser Antiquitäten steigen disproportional rasch im Verhältnis zum Anstieg der Masseneinkommen. Das ist übrigens ein Bestand, den die Ökonomen relativ leicht erklären können. Es gibt ja mindestens zwei Güter, die schlechterdings nicht vermehrbar sind, Grund und Boden einerseits und — wenn sie dann echt sind — Antiquitäten andererseits. Wenn die Nachfrage nach diesen Gütern linear ansteigt, dann müssen, wie uns die Ökonomen belehren, die Preise exponentiell steigen. Das ist es, was man auf den Antiquitätenmärkten tatsächlich beobachten kann. Als vergangenheitsselig erweist sich übrigens immer wieder besonders die Jugend, ausgeprägter noch als die Älteren. Als ich kürzlich am Bahnhof in ein Taxi stieg, stand neben mir eine Großmutter mit ihrer Enkelin. Beide kamen offensichtlich aus den Ferien von einer Sonneninsel — prangend vor Urlaubsbräune. Die Großmutter war gekleidet im feschen Freizeitlook, die Enkelin dagegen sah aus, als ware sie eine Pilgrim-Mother aus dem späten 17. Jahrhundert. Man kennt ja diese nostalgisch getönten Baumwollstoffe, gar nicht billig, aus den USA importiert. — Weiterhin: Die Musealisierung unserer kulturellen Umwelt verläuft progressiv. Das kann man in eindrucksvollen Zahlen spiegeln. Es handelt sich um harte, vermessene Bestände unserer gegenwärtigen Kultursoziologie. Eine Zahl aus dem österreichischen Nachbarland: der dort zuständige Minister veröffentlichte im Jahre 1982 eine Statistik, nach der auf den österreichischen Fußballplätzen sich in diesem Jahr 1982 eine Million zahlende Zuschauer eingestellt hätten. Allein in den österreichischen Bundesmuseen hingegen stellten sich im selben Zeitraum mehr als dreimal so viel Be sucher ein — mehr als drei Millionen also. Wieviele Deutsche pro Jahr in Museum gehen — das kann man unmöglich raten, wenn man mit dieser Materie nicht speziell zu tun hat: es sind fast 55 Millionen jährlich. Das bedeutet: die Museumsseligkeit und damit die Vergangenheitsseligkeit hat den Charakter einer echten Massenbewegung angenommen. Natürlich gehen diese vielen Menschen nicht alle in unsere hochberühmten Museen, sagen wir in die Hamburger Kunsthalle, ins Frankfurter Städel, in die großen Münchener Sammlungen. Zu den Museumsbesuchern zählen zum Beispiel auch die Millionen Besucher des U-Boot-Denkmals Laboe. So oder so: Museen sind heute wie nie zuvor Massenattraktionen. Eines der bedeutendsten museumsgeschichtlichen Ereignisse der letzten Jahre war übrigens die Eröffnung des Römisch-Germanischen Museums gleich neben dem Dom zu Köln, wo man, um einen Buchtitel aufzugreifen, „mit dem Fahrstuhl in die Römerzeit" hinabfuhr. Was suchte man dort bei den römischen Sarkophagen? Das ist nicht ganz leicht verständlich zu machen. Ich werde eine Erklärung zu geben versuchen. Vielleicht wird man sagen: Na ja, die Deutschen — sie sind eben vergangenheitsflüchtiger, weniger zukunftsbereit als etwa die Japaner oder Kalifornier. Nun, mein gegenwärtiges Gastland, die Schweiz, ist nach allen wirtschaftlichen Daten ein hochmodernes Land, und dennoch überbietet es die Deutschen an Museumsseligkeit bei weitem. Wenn die Deutschen so viele Museen haben wollten wie die Schweizer sie bereits haben, so müßten sie, bevölkerungsbezogen, die Zahl ihrer Museen um das Zweieinhalbfache vergrößern. Man kann sagen: je moderner die Zeiten, um so vergangenheitsbezogener sind sie, und es läßt sich plausibel machen, wieso das so ist. Zuvor sei zusammenfassend festgestellt: die kulturelle Bedeutung unserer historischen Kulturwissenschaften wächst ständig. Unsere Historiker schreiben glänzende historiographische Werke, und die Publizisten, die es ihnen gleichtun, können mit Berichten über die Phönizier oder sogar über die alten Germanen Bestsellererfolge erreichen. Erfolgreich sind auch die großen historischen Ausstellungen — das fing an mit den Staufern in Stuttgart, mit den Wittelsbachern in München, es folgten Maria Theresia in Schönbrunn, Josef II. in Melk, gleichzeitig Uraltes wie die Kelten in Hallein und in Steyr. Ich will das nicht weiter schildern. Man erkennt: es handelt sich hier um ein kulturelles Phänomen der allerersten Größenordnung, signifikant speziell für moderne Gesellschaften. Keine frühere ältere Gesellschaft hat sich diese Art der Vergangenheitszugewandtheit verstattet. Was ist der Grund? Man erkennt ihn, wenn man sich klarmacht, daß in dieser Musealisierung nicht nur die kulturellen Schätze der vormodernen Welt einbezogen sind, sondern ebenso auch die Schätze der technischen Zivilisation. Daher gehört zu den großen musealen Attraktionen auch das großartige Deutsche Museum in München — eines der besten Technikmuseen der Welt. Die Amerikaner haben noch größere Sammlungen. Was steckt dahinter? Vielleicht sollte ich noch eine Szene schildern, von der man die Antwort auf diese Frage ableiten kann. Ich hatte einmal in offizieller Rolle ein Waffenmuseum zu eröffnen. Wenn man dann so viele Waffen im Museum sieht, gesichert hinter roten Absperrkordeln unter der strengen Aufsicht von Oberkustoden — dann ist es fast unvermeidlich, daß einem einfällt zu sagen, welch lieblichen Anblick doch Waffen bieten, wenn sie endlich im Museum unschädlich gemacht worden sind. Beim zweiten Blick sieht man, daß dieser Trost sehr schal ist; denn die Waffenmuseen expandieren ersichtlich mit der historisch beispiellosen Innovationsrate auf dem waffentechnischen Sektor außerhalb des Museums. In der Verallgemeinerung heißt das: je moderner die Zeiten, je größer die technische Innovationsrate, um so größer ist zugleich die Rate des Veraltens, um so mehr füllt sich unsere Gegenwart mit Elementen unserer technischen Zivilisation an, über die sich bereits der Hauch des Historischen gelegt hat. Je dynamischer die Entwicklung ist, um so kürzer wird der Abstand der Zeiten, über die zurückzublicken heißt, auf eine partiell bereits veraltete Welt zurückzublicken. Man kann das ja auch als Pkw-Besitzer notieren: Je dynamischer die Pkw-technische Entwicklung verläuft, um so rascher gewinnt das Auto, das man vor zwei, drei Jahren gekauft hat, diesen historischen Glanz des Veraltetseins, den Oldtimer-Look. Ist ein Auto sehr alt, wird es wiederum sehr kostbar.

Ich will noch an einem weiteren, abschließenden Beispiel den Zusammenhang von Zivilisationsdynamik und Vergangenheitsbezogenheit erläutern. Mein Zürcher Kollege, der Städtebauer und Architekt Benedikt Huber, behauptet, daß, wenn unsere Städte und Wohnquartiere, auch unsere Dörfer also, sich in ihrer Bausubstanz pro Jahr um mehr als zwischen 2 und 3% verändern — durch Neubau oder auch durch Ersatzbau — dann verlieren sie für ihre Bewohner schließlich die fürs Lebensgefühl dieser Bewohner so elementar wichtige Anmutungsqualität der Vertrautheit. Das heißt: unsere Wohnquartiere werden buchstäblich vor unseren eigenen Augen zu fremden. Und jetzt sieht man, daß genau auf diese Erfahrung sich die Aktivitäten unserer Denkmalschützer kompensatorisch beziehen. Dem entspricht, daß die Ansätze für den Denkmalschutz in den öffentlichen Haushalten so groß sind wie nie zuvor. Man erkennt den Zusammenhang: je rascher in Abhängigkeit von der wirtschaftlichen und technischen Dynamik unsere Wohnlebenswelt sich verändert, um so mehr sind wir auf kompensatorische Leistungen der Konservierung von zukunftsfähiger Vergangenheitssubstanz angewiesen. Noch vor fünf Jahren standen mir zur Exemplifizierung dessen jüngste Beispiele aus dem Beginn der dreißiger Jahre zur Verfügung, etwa Fabrikbauten aus der damaligen Zeit, die inzwischen unter öffentlich-rechtlichen Denkmalschutz gestellt sind. Heute ist der Abstand der Zeiten, über die zurückzublicken bedeutet, in eine bereits partiell vergangene Zeit zu blicken, so kurz geworden, daß wird schon Bauten aus den fünfziger Jahren unter Denkmalschutz stellen. Für die Rechnungshoffassade in Frankfurt zum Beispiel gilt das. Der generell erklärende Satz lautet: Wir kompensieren durch unsere historisch singulär intensiv gewordene Vergangenheitszuwendung die Belastungsfolgen eines änderungstempobedingten kulturellen Vertrautheitsschwundes. Das ist die bündelnde philosophische Formel. Dazu, zum Schluß, noch ein weiteres Beispiel. Ich verweise auf den Regionalismus — das ist politisierter Historismus. Kontingente Herkunftskulturen werden gegen den Druck der Einheitszivilisation behauptet. Meine Landsleute, die Ostfriesen, haben für ihr Ostfriesentum und für die Behauptung ihrer ostfriesischen Identität niemals soviel Geld ausgegeben wie heute. Dazu gehört, als Randphänomen, auch die Neuauflage alter Kochbücher alt-friesischer Küche — mit künstlichen Fettflecken versehen. Man kann dies daran erkennen, daß sie gegen das Licht gehalten dunkel erscheinen, während echte Fettflecke durchsichtig sind. Was erklärt die fabelhaften Absatzchancen dieser alten Kochbücher? Meine These ist: es handelt sich um ein Komplementärphänomen zum Ausbreitungserfolg von McDonalds. — Soweit die Erscheinungen aktueller Flucht in die Vergangenheit.

2. Wissenschafts- und Technikfeindschaft

Jetzt will ich eine etwas ernsthaftere Erscheinung, die gleichfalls Flucht aus der Gegenwart zu signalisieren scheint, thematisieren. Ich meine die sogenannte Wissenschafts- und Technikfeindschaft. Sie stammt übrigens, wie so vieles andere Neue auch, aus den USA. Ich habe dort bereits Ende der sechziger Jahre als Zeitungschlagzeile lesen können: „Hostility against sciences increases“, die Wissenschaftsfeindschaft nimmt zu. Man hat in den USA dieses kulturelle Phänomen der Wissenschaftsfeindschaft auf großen Wissenschaftskongressen auch längt thematisiert. — Die Demoskopen fragen schon seit mehr als zwanzig Jahren Junge und Alte, ob sie denn, alles in allem, Wissenschaft und Technik für einen Segen oder für einen Fluch halten. Nun, wird man sagen, was ist denn das für eine lockere Frage! Was kann man damit überhaupt Gehaltvolles in Erfahrung bringen? Gewiß, ganz diffuse Binnenbefindlichkeiten werden mit jener Demoskopenfrage angesprochen, aber höchst Reales hängt davon ab. Das Akzeptanzverhalten, das Wählerverhalten, das Verhalten der Stimmbürger in Ländern, wo man, anders als in Deutschland, nicht nur wählt, sondern auch abstimmt, hängt von solchen Binnenbefindlichkeiten, wie diffus sie immer sein mögen, ab. Und insofern sind demoskopisch vermessene Antworten auf solche lockere Frage nach Segen oder Fluch der Technik höchst reale, politisch wirksame Bestände. Also: 1966 erklärten von den Jugendlichen zwischen 16 und 25 83 %, Technik und Wissenschaft seien segensreich. Nur ein Prozent mochte sich damals für die Antwort „ein Fluch“ entschließen. 1980, vor sechs Jahren, hatten sich diese Zahlen folgendermaßen verändert: Statt 83 % waren jetzt bloß noch 38 % vom Segen und von den Lebensvorzügen der Technik überzeugt, während die Anzahl derer, die sich für einen Fluch für die Menschheit erklären wollten, sich um das Neunfache vergrößert hatte. Um das Neunfache vergrößert — das hört sich freilich sehr dramatisch an. Wenn man hingegen sagt: 91 % mögen diese Antwort immer noch nicht geben — dann wirkt das optisch plötzlich ganz anders. Das ist vielleicht ein kleines Beispiel dafür, wie man mit Zahlen auch zaubern kann. So oder so: der Trend ist eindeutig. Die Auswirkungen sind höchst real. In unserem Lande ist das insbesondere in der Kernenergiepolitik der Fall, und es ist ein Vorurteil, daß wir Deutschen diesem antitechnischen Affekt in besonderer Weise nachgäben — mehr als beispielsweise die Franzosen. Die Franzosen betreiben zwar eine rüstigere Kernenergiepolitik als wir das tun. Sie handeln, sozusagen, ungenierter; aber das beruht nicht darauf, daß die französischen Bürger, Erwachsene und Junge, anders eingestellt seien. Es beruht auf einer historisch erklärbaren größeren Handlungskraft, auf einer größeren Autorität der französischen Administration. Unsere Verwaltung ist, neudemokratisch, sehr beflissen; sie hat immer das Ohr an der Meinung des Bürgers, auch wenn sie sie bloß aus Demoskopien kennt; sie ist, im Ganzen, zögerlicher. Die französische Verwaltung ist ungebrochener, etatistischer und tut daher auch gegebenenfalls etwas gegen die Volksstimmung. Darauf beruht der Unterschied. — Es gibt auch ein anderes Vorurteil, welches will, daß der antitechnische Affekt speziell bei der Jugend ausgeprägt sei, bei den Älteren hingegen weniger. Auch das ist ein Vorurteil. Nicht deutlich, aber doch erkennbar sind die Alten der Technik gegenüber sogar reservierter als die Jungen. Daß wir häufig das Gegenteil annehmen, beruht im wesentlichen auf unserer Geprägtheit durch den Medienkonsum, insbesondere durch den Fernsehkonsum. Im Fernsehen werden ja, weil das immer so schön sensationell ist, die großen Massendemonstrationen vor den technischen Großbaustellen, an den Bauzäunen dieser Großbaustellen gezeigt, und unter den Demonstranten dort befinden sich natürlich aus erläuterungsunbedürftigen Gründen Jugendliche in disproportional großer Menge. Das heißt aber nicht, daß die Einstellung gegenüber der technischen Zivilisation bei der Jugend generell negativer sei als bei den Erwachsenen.

Was sind die Gründe dieser Erscheinungen gegenwärtiger Technikfeindschaft? In Beantwortung dieser Frage will ich nicht von den Gründen sprechen, von denen man täglich in der Zeitung lesen kann — von der wachsenden Penetranz der ökologischen Nebenfolgen des technischen Prozesses bis hin zu seinen Auswirkungen auf den Arbeitsmarkt. Ich werde mich vielmehr auf die Analyse von Gründen beschränken, die subtil, aber nichtsdestoweniger tiefgreifend unsere Befindlichkeiten berühren. Drei dieser Gründe will ich nennen. Die Stichworte, die ich kurz erläutern möchte, lauten: 1. Zukunftsgewißheitsschwund, 2. Erfahrungsverluste und 3. erreichte oder bereits überschrittene Grenzen unserer Fähigkeiten, Neuerungen zu verarbeiten. Das sind sehr abstrakte Formulierungen. Ich wiederhole sie zum Schluß noch einmal, nachdem ich sie erläutert habe, und dann wird man sehen, daß es sich um höchst reale Dinge handelt.

3. Zukunftsgewißheitsschwund

Zum ersten Stichwort: Zukunftsgewißheitsschwund. Mit diesem Stichwort ist keinerlei Spenglerei gemeint, keinerlei Auskunft über einen schlimmen Ausgang der Dinge hienieden. Das überlassen wir den Propheten. Gemeint ist der abstrakte Bestand, daß noch nie eine Zivilisationsgenossenschaft von ihrer Zukunft weniger gewußt hat als unsere eigene. Vorhin hatte ich gesagt: noch nie war eine Gegenwart vergangenheitsbezogener als unsere eigene. Aus demselben Grund, wie wir sehen werden, gilt auch, daß noch nie eine Zivilisation von ihrer Zukunft weniger gewußt hat als unsere eigene. Umgekehrt heißt das: jede frühere Zivilisation hatte ein ungleich verläßlicheres, stabileres Bild von ihrer Zukunft als unsere eigene Gegenwart es hat. Warum ist das so? Der Grund ist ganz einfach. Es hängt zusammen mit der Dynamik der Zivilisation, mit der anwachsenden Menge der unsere Lebenssituationen in ihren Strukturen qualitativ verändernden Ereignisse pro Zeiteinheit. Einfacher gesagt: früher war die Wahrscheinlichkeit, daß die Welt in fünf, zehn oder gar in fünfzig Jahren im wesentlichen so aussehen werde wie die Gegenwart, einfach deswegen sehr viel größer, weil pro Zeiteinheit weniger Veränderndes passierte. Die Lebenswelt hatte eine größere Stabilität. Es wäre eine Finesse der Wissenschaftstheorie, im Detail zu zeigen, wie in der Tat in Abhängigkeit von der wachsenden Menge der unsere Lebenssituation qualitativ verändernden Ereignisse pro Zeiteinheit Prognosen immer nötiger und zugleich immer schwieriger werden. Es gibt sogar einen Grund zu sagen, daß wir in einer wissenschaftlich-technischen Zivilisation deren Zukunft prinzipiell nicht voraussagen können. Das ist eine sehr anspruchsvolle Behauptung. In ihrer Kernsubstanz läßt sich diese Behauptung aber leicht begründen. Warum ist das so? Nun, wir mögen ja mit Hilfe der sogenannten Zukunftswissenschaft alles Mögliche über die Zukunft wissen. Eines indessen können wir mit Sicherheit nicht wissen, nämlich was wir künftig wissen werden, denn sonst wüßten wir es ja bereits jetzt. Und je größer nun die faktorielle Bedeutung des wissenschaftspraktisch erzeugten Wissens — über seine technologische Transformation und wirtschaftliche Nutzung — an der Veränderung unserer Lebenswelt ist, um so mehr gilt gerade für eine wissenschaftliche Zivilisation, daß deren Zukunft grundsätzlich nicht vorausgesagt werden kann.

In Abhängigkeit von der Dynamik der Zivilisation wird der Abstand der Jahre, der uns von einer Vergangenheit trennt, über die sich bereits der Glanz des Historischen gelegt hat, immer geringer, und zugleich wird die zeitliche Distanz von der Zukunft, in die wir nicht mehr hineinblicken können, immer kürzer. Das bedeutet: eine schwarze Wand, die uns den Blick in die Zukunft verwehrt, rückt uns immer näher. Das heißt nicht, daß sich dahinter schlimme Ereignisse verbergen müßten. Das, noch einmal, weiß niemand. Es heißt lediglich: wir schauen nicht mehr durch. Und jene schwarze Wand eignet sich natürlich hervorragend als Projektionswand für endogen und exogen erzeugte Ängste. Deswegen ist jede dynamische Zivilisation eo ipso eine mit Ängsten erfüllte Zivilisation, das heißt eine mit größerer Zukunftsungewißheit erfüllte Zivilisation. Soviel zum ersten Stichwort: Zukunftsgewißheitsschwund.

4. Erfahrungsverluste

Das zweite Stichwort lautete: Erfahrungsverluste. Was ist mit Erfahrungsverlusten gemeint? Das macht man sich am besten an einem schlichten Datum der Sozial- und Wirtschaftsgeschichte klar. Vor zweihundert Jahren, das heißt vor dem eigentlichen Take-off der Industrialisierung, waren ungefähr 80 % aller Menschen in der Urproduktion, zumeist in der Landwirtschaft tätig. Es liegt mir vollkommen fern, einen solchen Bestand zu romantisieren. Allein schon der Blick auf die durchschnittliche damalige Lebenserwartung würde das als degoutant erscheinen lassen. Nur in einer Hinsicht bot die agrarisch strukturierte Welt auch Lebensvorzüge. In dieser einfachen, agrarisch strukturierten Welt besaß die übergroße Menge der Menschen eine höchst anschauungsgesättigte und lebenserfahrungsbewährte Beziehung zu den realen Bedingungen ihrer physischen und sozialen Existenz. Man kann das emphatisch ausdrücken und sagen: sie kannten das Leben. Und wenn wir uns nun heute fragen, was wir denn noch von den realen Bedingungen unserer physischen und sozialen Existenz kennen, so wird plötzlich evident, daß noch nie eine Zivilisationsgenossenschaft ihre Lebensbedingungen weniger verstanden hat als unsere eigene. Wohlgemerkt: das gilt aus der Perspektive des einzelnen. Aber der einzelne ist ja für Befindlichkeitsfragen die entscheidende Bezugsgröße. Wir sind zwar alle hochdifferenzierte Fachleute oder werden es werden. Indessen: neben uns sitzt der Fachmann für einen ganz anderen Sektor, und was weiß man von dessen Zuständigkeit? Für das Individuum gilt: nie haben die Zivilisationsgenossen das Insgesamt ihrer zivilisatorischen Lebensbedingungen, von denen sie in ihrer realen Existenz anhängig sind, weniger verstanden als gegenwärtig. Eine solche Zivilisation kann nur leben durch das Medium des Vertrauens. Was ist das für ein Vertrauen? Es ist das Vertrauen in die Solidität der Leistungen des jeweiligen benachbarten Fachmannes. Man kann sich unserer Angewiesenheit auf dieses Vertrauen als einen in komplexen Gesellschaften unentbehrlichen Sozialkitt eindrucksvoll vor Augen rücken, indem man einen einzigen Tag unseres heutigen Lebens durchcheckt und aufschreibt, wie viele Akte des Vertrauens in die Solidität der Leistungen eines Fachmanns über ein Gebiet, das man selber gerade nicht beherrscht, man setzen muß, um überhaupt leben zu können —: vom morgendlichen Einnehmen des ärztlich verordneten Medikaments bis zum abendlichen Besteigen des Flugzeugs nach Kongreßende. Das summiert sich zu Dutzenden und in hektischen Tagen zu Hunderten von Akten des Vertrauens in die Zuverlässigkeit der Leistungen von benachbarten Fachleuten. Jetzt sieht man, welche fabelhafte Leistungsfähigkeit die moderne Industriewelt dadurch erweist, daß dieses Vertrauen sich überwiegend als verläßlich herausstellt. Allerdings muß man erkennen, daß an den Rändern unseres gesellschaftlichen Systems die Fälle häufiger werden, in denen wir beginnen, mit Vertrauensentzug zu arbeiten. Wann ist das der Fall? Es ist besonders dann der Fall, wenn die Fachleute, in die wir vertrauen müssen, sich zu widersprechen beginnen. Das tun sie leider immer häufiger. Zum Beispiel veranstalten in kernenergiepolitischen Fragen unsere Politiker gern Anhörungen, etwa der niedersächsische Ministerpräsident Albrecht betreffend die Eignung der Salzstöcke im niedersächsichen Landkreis Lüchow-Dannenberg als Aufnahmelager für abgebrannte Kernenergieträger. Und wenn es dann passiert, daß die Fachleute des ersten innerakademischen und kulturellen Geltungsranges — in diesem Falle Fachleute der Geologie und der Physik — sich mit Anzeichen der moralischen Erbitterung einander widersprechen und das vor der Fernsehkamera und damit vor dem Wahlvolk — dann ist es eine Normalreaktion und nicht etwa irrationale Technikfeindschaft, daß insoweit der Wahl- und Stimmbüger auf Distanz geht. Das ist eine humane Normalreaktion. Ich nenne diese Normalreaktion das Moratoriums-Nein. Das ist nicht das Nein der begründeten Ablehnung, sondern das Nein der Distanz. In der Schweiz stimmt man bekanntlich in uns Deutschen unvertrauter Häufigkeit ab. Es ist nachgewiesen, daß im Durchschnitt der letzten zwanzig bis fünfundzwanzig Jahre die Anzahl der Nein-Ausgänge in Abstimmungen zu Sachvorlagen ständig zugenommen hat, und das ist ein Vorgang, den man nur durch den eben geschilderten Mechanismus fortschreitender Erfahrungsverluste erklären kann.

5. Grenzen kultureller Innovationsverarbeitung

Unser drittes Stichwort lautete: erreichte oder bereits überschrittene Grenzen unserer individuellen oder auch institutionellen Fähigkeiten zur Innovationsverarbeitung. Was ist damit gemeint? Etwas sehr Einfaches. Ich will es im Bildungsbereich exemplifizieren. Unsere Bildungseinrichtungen stehen heute unter dem strengen Anspruch, daß sie auf allen Stufen von der Hochschule über die Volkshochschule bis zur Primarschule die Fortschritte unseres technischen Könnens und wissenschaftlichen Wissens in dieser oder jener Form zu berücksichtigen haben. In einer sehr dynamischen Gesellschaft steht daher Curriculumreform — Lehrplanreform — dauernd auf der Tagesordnung. Je rascher sich die Zivilisation verändert, um so mehr müssen wir auch mit unseren Ausbildungs- und Lehrangeboten dem nachkommen. Aber man erkennt leicht, daß wir das Tempo der Bildungsinnovation nicht beliebig steigern können. Irgendwann stößt man nämlich auf die Grenzen unserer Fähigkeit zur Innovationsverarbeitung. Diese Grenzen sind sehr harter Natur. Ich will eine solche Grenze nennen. Eine solche Grenze ist dann erreicht, wenn die Eltern in der Schule ihrer Kinder ihre eigene

Schule nicht mehr wiedererkennen können. Dagegen läßt sich kompensatorisch einiges tun. Man kann Kurse einrichten zur Weiterbildung der Eltern, damit diese den Kindern wieder bei ihren Schularbeiten helfen können. Aber man sieht: das kann man nicht beliebig weiterbetreiben. Der Prozeß ist charakterisiert durch einen abnehmenden Grenznutzen. Jenseits ungewisser Grenzen muß es zu Schwierigkeiten im Generationenverhältnis allein schon auf der Bildungsebene kommen. Generell sind Prozesse des Erwachsenwerdens in dynamischen Gesellschaften deutlich erschwert. Generationenkonflikte nehmen zu. Darauf wird oft erwidert: das ist doch ein altes Thema, und einen Generationskonflikt kennen wir alle aus der Bibel, Lukas 8, die Geschichte vom verlorenen Sohn, wo der verlorene Sohn, durch die Scheiternsfolgen seines Aussteigens belehrt, schließlich in die väterliche Welt zurückkehrt. Aber gerade dieser Akt der Rückkehr ist die Bekräftigung der kulturellen Normen, welche die väterliche Welt verfügt. Im 19. Jahrhundert tauchen Romane auf, in denen gleichfalls der Konflikt zwischen Vater und Sohn thematisiert wird, aber wo der Generationskonflikt nun ganz anders gelöst wird. Dort repräsentiert der Sohn die Zukunft und der Vater behält Unrecht. Diese Figur könnnen wir heute bis in Kleinigkeiten hinein beobachten. Es gibt inzwischen eine wachsende Zahl von Fernsehspots, wo nicht mehr, wie das noch in den fünfziger Jahren selbstverständlich war, die Schwiegermutter die Schwiegertochter belehrt, sondern die Belehrung in umgekehrter Richtung erfolgt. Auch das Alter hat also spezifische Belastungsfolgen hoher kultureller Dynamik zu ertragen . Altwerden ist ein Prozeß, der in stabilen Gesellschaften bedeutete, daß die mit zunehmendem Alter zwangsläufig anwachsende physische und partiell auch psychische Schwäche durch einen Zuwachs an Ratgeberkompetenz kompensiert werden konnte. Daher hießen die Einrichtungen, wo entschieden wurde, in der alten Welt „Senate“. Das ist ein Terminus, den wir heute bloß noch historisch erklären können. Wir werden heute in Abhängigkeit von der Dynamik in der Veränderung unserer Arbeitswelt immer rascher urteilslos in bezug auf die Arbeitswelt, die wir mit der Pensionierung verlassen haben. So enden wir in der modernen dynamischen Welt nicht nur physisch, sondern auch lebenserfahrungsmäßig als ein Fall gerontologisch unterstützter Sozialfürsorge. Es gibt für diesen Vorgang sehr feine Signale. Das Wort „Altersheim“ können wir zum Beispiel kaum noch ungeschützt gebrauchen. Schlagen wir einmal den Immobilienteil der Samstag-Zeitung auf: Es sind Plätze in „Seniorenresidenzen“, die dort angeboten werden. An dieser verbalen Präziose können wir erkennen, welcher Bestand eigentlich damit verschleiert wird. In sozialer Hinsicht hat es das Alter heute so gut wie nie zuvor in der Geschichte. Aber es ist schwerer geworden, alt zu werden, weil das Ausscheiden aus den aktiven Lebenszusammenhängen des Berufs rascher und unwiderruflicher und irreversibler erfolgt und damit den Menschen im Alter ganz andere Maße an Fähigkeit, sich selbst zu sinnvollem Tun zu bestimmen, abverlangt werden.

Erreichte oder bereits überschrittene Grenzen unserer Fähigkeit, Innovationen zu verarbeiten — auch das ist ein Thema, das man lange fortsetzen könnte. So oder so: was ich gesagt habe, mag vielleicht schon genügen, um zu erkennen, daß Zivilisationsdynamik belastend wirkt.

6. Arbeitsmoral

Man beklagt gegenwärtig einen gewissen Verfall der Berufs- und Arbeitsmoral. Die demoskopischen Zahlen, auf die man diese sehr harte und unfreundliche These abstützt, will ich hier nicht vorführen. Eine einzige sei genannt — die in der Tat rückläufige Mobilität der Berufstätigen in unserer Arbeitswelt, das heißt ihre rückläufige Neigung, aus Berufs- und Karrieregründen den Wohnort zu wechseln. Vor 25 Jahren waren noch ein Viertel aller Arbeitnehmer bereit, aus Berufs- und Karrieregründen den Wohnort zu wechseln. Heute sind es nur noch 9 %, wie sie es auf demoskopisches Befragen hin erklärten. Was findet hier statt? Ein Verfall der Berufs- und Arbeitsmoral? Meine Interpretation ist eine sehr viel freundlichere. Hierfür verweise ich auf einen Ostfriesen, an dem ich, statt durch lange sozialwissenschaftliche Theorien, plausibel machen will, was hier vor sich geht. Dieser Ostfriese ist keine Kunstfigur. Er ist echt und hoffentlich auch repräsentativ. Es handelt sich um einen überaus erfolgreichen jungen Mann. Er hat also einen weit überdurchschnittlich ausgedehnten Tätigkeits- und Verantwortungskreis, und entsprechend gut verdient er auch. Und nun wird er mit der Chance konfrontiert, auf einen Schlag seinen Tätigkeits- und Verantwortungsbereich noch einmal bedeutend auszudehnen, und sein Einkommen könnte bei dieser Gelegenheit einen Sprung um 60, 70 % machen. Aber er müßte 300 km weit weg von Ostfriesland sich an den Rhein begeben. Er braucht keine 48 Stunden — diese Bedenkzeit hat er sich ausgebeten —, um eine Entscheidung zu treffen. Die Antwort lautet: nein, ich mach das nicht. Das ist natürlich ein gefundenes Fressen für unsere Berufskassandren, die sagen: da sieht man es; die Berufs- und Arbeitsmoral zersetzt sich. In Wirklichkeit ist unser Ostfriese kein Subjekt einer verfrühten Midlifecrisis; er ist vielmehr — wie die Ostfriesen zumeist — ein hart kalkulierender Pragmatiker, und ich will mit den allerwichtigsten Punkten die Lebensbilanz, die man ja in einer Situation solcher bedeutenden Lebensentscheidung aufmacht, vorführen. Was sind die wichtigsten Punkte? Erstens ist unser Ostfriese natürlich, als ein beruflich besonders erfolgreicher Mann, in der Kunst des Lebenshaltungskostenvergleichs geübt, und er weiß, daß man in den Gegenden, die etwas im Schatten der wirtschaftlichen Entwicklung liegen, im Bayerischen Wald oder eben auch in Ostfriesland, je nachdem, wie man den Warenkorb füllt, zwischen 8 und 12 % billiger lebt. Zweitens kennt er den leicht exponentiellen Anstieg der Abzüge bei steigendem Einkommen — Rentenversicherungsabzüge, Steuerversicherungsabzüge etc. Das alles muß ja vom realen

Zugewinn abgezogen werden. Drittens — alle Personalchefs sind mit diesem Mobilitätshindernis aller erster Güte bestens vertraut — ist die Ehefrau unseres Ostfriesen als Lehrerin tätig, und sie würde natürlich, jenseits der Grenzen eines Bundeslandes, bei der gegenwärtigen Lage auf dem Lehrerarbeitsmarkt keine Position wiederzugewinnen hoffen können, und selbst wenn man den Wegfall des Lehrerinnengehalts vom Familieneinkommen vielleicht noch hinnehmen könnte, so hat doch die Sache ihren Selbstverwirklichungsaspekt, und unsere Ostfriesin denkt gar nicht daran, ihren Lehrerberuf aufzugeben. Und nun kommen noch ein paar andere Selbstverwirklichungsaspekte hinzu. Unser Ostfriese hat eine gartenlustadäquat großzügig geschnittene Eigenheimparzelle, 1600 qm, dazu ein partiell in Schwarzarbeit errichtetes Eigenheim von 200 qm Wohnfläche. Selbst bei dem gegenwärtigen Einbruch der Preise auf dem Immobilienmarkt ist ein solches Objekt am Rhein zu kompensieren vollkommen ausgeschlossen. Außerdem: als Marinereservist hat unser Ostfriese ein Boot am Dollart liegen. Und schließlich ist er Mitglied in jenem Komitee, welches den nächsten internationalen Panfriesenkongreß vorzubereiten hat. Kurz: unser Ostfriese bleibt, wo er ist. Und jetzt sieht man, daß hier von einem Arbeitsmoralverfall gar nicht die Rede sein kann. Was hier vor sich geht, wird am besten beschrieben mit der den Ökonomen so wohlvertrauten Kategorie des abnehmenden Grenznutzens. Grenznutzen — das ist auch für den Nichtökonom eine ganz einfache Sache. Wenn wir von guter Gesundheit und von gutem Appetit sind, schmeckt ein Schnitzel immer. Und wenn wir 1,90 groß sind und Sport treiben, vielleicht noch ein zweites. Das dritte wird definitiv zur Qual. Das ist der abnehmende Grenznutzen. Bezogen auf Einkommenssteigerung bedeutet das, daß auf dem Lebensniveau, das wir bereits erreicht haben, eine weitere Steigerung insbesondere in ihren materiellen Aspekten immer weniger wert wird. Das ist hier der abnehmende Grenznutzen. Man kann sich das auch ganz anschaulich kultur- und sozialgeschichtlich vor Augen halten. In den Elendsjahren der späten vierziger Jahre des 19. Jahrhunderts reichte der Vergleich zwischen dem Elend, in dem sich Millionen Europäer befanden, und der Vorstellung von dem besseren Leben, das sich an die Neue Welt verheißungsvoll knüpfte, aus, Tausende von Friesen, Millionen von Europäern, Hunderttausende von Deutschen 6000 km nach Westen über den Ozean zu treiben. Heute ist das Gefälle zwischen der Situation, in der man sich befindet und der noch verbesserten Situation, die man sich bei einiger Gunst der Verhältnisse erwarten darf, so klein geworden, daß dieses Gefälle nicht einmal mehr reicht, einen im eigenen Vaterland um 300 km nach Süden zu bewegen. Das ist der abnehmende Grenznutzen. Ich halte das für einen irreversiblen Prozeß, gegen den anzumoralisieren ganz aussichtslos wäre. Und damit wären wir beim Thema Selbstverwirklichung. Der Kulturkonservative erschrickt leicht, wenn er hört, daß die Menschen heute selbstverwirklichungsambitioniert sind. Das ist deswegen so, weil es in der europäischen Kulturgeschichte immer dafür gegolten hat, daß es dem Menschen zum Unglück gereicht, wenn er sich selbst zum Thema macht. Die antike Theorie, die durch die christliche Überlieferung bestätigt worden ist, will, daß Glück nicht gewollt werden kann, sondern sich als eine nicht direkt intendierbare Nebenfolge sinnvollen Tuns einstellt. Wenn wir tun und erfüllen, was Sachen und Personen, für die wir verantwortlich sind, an Anforderungen an uns stellen, wenn die Erfüllung dieser Anforderungen zugleich noch unsere Kräfte fordert, physisch, moralisch und psychisch, ohne uns durch Überforderung zu zerrütten, dann ist der Blick auf die getane Arbeit verbunden mit einem Anhauch des Glücks. Demgegenüber aber ist es die Struktur der Sucht, daß das Subjekt seine Binnenlagen direkt thematisiert, sie medikamentös, das heißt sie unter Vermeidung des schweißtreibenden Umweges über die Realität, auf angenehme mittlere Erregungspegel treibt, und das ist in der Konsequenz immer verbunden mit Realitätsverlust und in der Konsequenz von Realitätsverlust mit Selbstzerstörung.

7. Selbstverwirklichung

Heute stehen wir objektiv unter Selbstverwirklichungszwang. Der Grund dafür ist sehr einfach. Das hängt damit zusammen, daß wir in der modernen Gesellschaft — das ist eine ihrer produktivsten und schönsten Aspekte — über ein Maß an Freiheit verfügen wie keine Gesellschaft je zuvor. Ich habe dabei speziell die Strukturen der modernen Berufs- und Arbeitswelt, die Strukturen der modernen technischen Zivilisation im Auge. Bei meinem Lehrer Adorno, der freilich nicht mein einziger Lehrer ist, habe ich gelernt, Zeit und Geld seien Maße der Freiheit. Das ist ein Satz, der in neu-demokratischen Ohren leicht zynisch klingt; wir sprechen ja das Wort „Freiheit" bei uns gern mit einiger Emphase aus. Was Adorno meinte, ist klar: Zeit und Geld, Wohlfahrt, Wohlstand, die ja in Geld gemessen und ausgedrückt werden können, sind Dispositionsfreiräume. Und diese haben sich in der modernen Gesellschaft in einem historisch singulären Maße aufgetan, und wir stehen eben deswegen unter dem Zwang, diese Dispositionsfreiräume selbstbestimmt mit sinnvollem Tun auszufüllen. Daß wir diese Dispositionsfreiräume haben, will ich mit Hilfe von Zahlen demonstrieren. Das durchschnittliche Verrentungsalter der zu über 80 % abhängig Beschäftigten in der Bundesrepublik Deutschland liegt gegenwärtig bereits bei 57,8 Jahren. Sind wir einmal so alt geworden, dann haben wir, wie uns die Demographen berichten, noch 18, 19 Jahre — auch als Männer — durchnittlicher Lebenserwartung vor uns. Das hat es in der Kulturgeschichte noch nie gegeben, in der letzten Phase des Lebens so ungeheure Zeiträume vor sich zu haben, in denen nichts geschähe — freigesetzt von den Zwängen der beruflichen Anforderungen —, wenn es nicht selbstbestimmt geschähe. In einer solchen Welt muß Selbstbestimmung und Selbstverwirklichung ein kulturelles Thema der allerersten Größenordnung werden. Analoge Konsequenzen ergeben sich aus der rückläufigen Wochenarbeitsstundenzahl, 18 % in zwanzig Jahren! Auch das hat es nie zuvor gegeben. Auch das muß die Selbstbestimmung zum Thema machen. Es ist nun ein schönes Zeichen für die ungebrochene Vitalität unserer Gegenwartskultur und der Menschen, die in ihr leben, daß dieser Zwang zur Selbstbestimmung auf eine geradezu glückhaft produktive Weise angenommen wird. Es wäre ein abendfüllendes Thema zu schildern, wie in Abhängigkeit von diesem wachsenden Zwang zur Selbstbestimmung die Herausforderungen des Lebens in der modernen Welt angenommen werden. Man könnte das unter den schönen Titel „Blüte der Alltagskultur" stellen. Die Blüte des Vereinslebens gehört zum Beispiel dazu. Die freiwilligen Engagements in der informellen Sozialhilfe, Nachbarschaftshilfen, selbst schlichte Pendlergemeinschaften demonstrieren uns diese gelingenden alltagskulturellen Aktivitäten. Die Jugendabteilungen unserer Feuerwehren können sich vor Beitrittswilligen gar nicht retten. Die Blüte der Hausmusik, von der Adorno sagte, sie werde verschwinden, weil unser Ohr, geschult an der Perfektion der elektronisch reproduzierten Musik, unser eigenes Gefidel nicht mehr ertragen werde. Das Gegenteil ist eingetreten. Nie zuvor haben so viele Menschen sich aktiv an der Musikausübung beteiligt. Adorno hat auch die Prognose gemacht, das Fernsehen werde die Lesekultur vernichten. Auch davon kann nicht im mindesten die Rede sein. Unsere Buchmessen weisen immer noch von Jahr zu Jahr neue Erfolgsrekorde auf. Die Selbstbestimmung zu sinnvollem Tun, damit auch die Restabilisierung verlorengegangener Erfahrung — das ist heute eine große Herausforderung, und sie wird überwiegend glückhaft angenommen. Soviel zum Stichwort: Blüte der Alltagskultur. Indessen: da, was ich geschildert habe, freiwillig und selbstbestimmt geschieht, liegt es in der Natur der Sache, daß wir komplementär zu dieser Blüte der Alltagskultur nun auch die anderen Erscheinungen beobachten können, die uns eher zu belasten scheinen — Fälle der psychosozialen Verelendung, des Alkoholismus, die anwachsende Auffälligkeit des Mißlingens im Herstellen von kommunikativen Beziehungen, die in der modernen Lebens- und Arbeitswelt immer wichtiger werden, und die Belastungen des Individuums durch das Scheitern in diesen Bemühungen. Das ist sozusagen die Kehrseite der Sache. Ich will das noch an einem Bereich der öffentlichen Kultur, auch der privaten Kultur sichtbar machen, in den wir alle einbezogen sind. Ich meine die Kultur von Gesundheit und Krankheit. Die Medizinhistoriker berichten uns, daß noch in der Mitte des 19. Jahrhunderts gegen 80 % aller Menschen an sechs, sieben großen Infektionskrankheiten starben. Die großen Infektionskrankheiten sind durch die Erfolge der Medizin im wesentlichen beseitigt, und das hat das historisch singuläre Ansehen der modernen Medizin begründet. Heute werden wir, allerdings um 25 oder 30 Jahre im Durchschnitt später als im 19. Jahrhundert, wiederum an sechs, sieben großen Krankheiten sterben, die wir alle unter dem Namen der Zivilisationskrankheiten kennen. Und diese Krankheiten haben, wie uns die Mediziner berichten, zumeist die Charakteristik, daß sie in ihr akutes Stadium, wie zum Beispiel die Spätfolgen des Alkoholabusus, erst eintreten auf dem Hintergrund einer jahrzehntelang zurückverfolgbaren Lebensgeschichte, die charakterisiert ist durch eine falsche Art zu leben. Das hat der Heidelberger Medizin-Historiker Schipperges auf ein sehr einfaches mythisches Gleichnis gebracht. Er spricht von den beiden Töchtern des Asklepios, Hygieia und Panakea. Hygieia ist diejenige, die vorbeugend tätig ist; Panakea greift mit den scharfen helfenden Mitteln ein — sagen wir mit den internistischen Mitteln, mit Pharmazeutika. Von diesen beiden Töchtern des Asklepios wird Hygieia immer wichtiger — nicht, weil Panakea mit ihren therapeutischen Mitteln versagt hätte, sondern gerade umgekehrt deswegen, weil, nachdem Panakea im 19. Jahrhundert im Kampf zumal gegen die Infektionskrankheiten so überaus erfolgreich war, uns nunmehr um so mehr bedrängt, was Hygieia vorbeugend ungleich besser abwehren als Panakea im nachhinein heilen kann. Das bedeutet kulturgeschichtlich, daß Gesundheit und Krankheit wie nie zuvor von selbstbestimmungsabhängiger Lebensführung mitbestimmt sind. Gesundheit und Krankheit sind wie nie zuvor zu moralischen Phänomenen geworden. Man sieht, welche enorme Herausforderung das Leben in der modernen Welt an unsere Selbstbestimmungsfähigkeit stellt, und wir müssen daher diese Selbstbestimmungsfähigkeit stärken.

Ich darf mir ganz zum Schluß erlauben, aus einem reichen Katalog von Möglichkeiten, Selbstbestimmungsfähigkeiten der Menschen zu stärken und ihnen zugleich Erfahrung zurückerstatten, zu zitieren. Also: Wie kann man Selbstbestimmungsfähigkeit stärken und unseren Lebenszusammenhang neu mit Erfahrung anreichern? Dafür zwei Beispiele — ein sehr kleines Beispiel und ein Beispiel der großen politischen Dimension. Das kleine Beispiel ist das der versteckten, für den Konsumenten nicht sichtbaren Zuschüsse zu Mensa- und Kantinenessen. Ich plädiere für ihre rigorose Streichung. Da werden freilich alle Sozialpolitiker schreien und sagen: Aber haben wir nicht diejenigen, die auf diese verbilligten Essen angewiesen sind? Die Antwort lautet: Verbessert entsprechend die Stipendien, sonstige Hilfsbezüge, wenn die Subjekte darauf angewiesen sind. Aber betreibt nicht ihre Infantilisierung, indem ihr jungen Bürgern die Gelegenheit vorenthaltet zu erfahren, was bei unserem Lohnniveau die Herstellung eines so schlichten wirtschaftlichen Gutes, wie es ein Mensa-Essen ist, wirklich kostet. Dieses verbilligt anzubieten ist ein Anschlag auf die bürgerliche Urteilskraft junger Menschen. — Es gibt Dutzende analoger Fälle, und das summiert sich zu Hunderten von Fällen, durch die wir in unserem System systematisch die bürgerliche Urteilskraft schwächen. — Soviel zu meinem kleinen Beispiel, und nun das Beispiel der großen Dimensionen. Es gibt zwei Gesellschaften, die ähnlich modern sind wie unsere eigene — eine sehr große und eine sehr kleine. Die sehr große ist die Gesellschaft der USA, und die sehr kleine ist die der Schweiz. In beiden Systemen wird den zu über 80 % abhängig Beschäftigten der volle Lohn steuerabzugsfrei ausbezahlt. Das ist natürlich bei uns nicht durchsetzbar; aber was bedeutet ein solcher Bestand? Er bedeutet, daß die Bürger, die zunächst ihren vollen Lohn ausbezahlt bekommen, für die Dauer eines Jahres diese Steuerabzüge aufbewahren, sogar gewinn- und zinsbringend anlegen müssen. Welche Stärkung ihrer Urteilskraft über das Mittel des Geldes, das insbesondere dann, wenn es knapp ist, eine außerordentlich vernunfttreibende Bedeutung hat! Welche Steigerung der wirtschaftlichen Urteilsfähigkeit! Es bildet sich ein Bruttolohnbewußtsein heraus. Wir dagegen haben ein Nettolohnbewußtsein, und der Lohnstreifen verwandelt ja das Nettolohnbewußtsein nicht in ein Bruttolohnbewußtsein. Leute, die wissen, was es heißt, 20, 25, 30 und gegebenenfalls noch mehr Prozente des Einkommens am Ende des Jahres an das Finanzamt abführen zu müssen, wissen, was der moderne Sozialstaat, den wir, generell gesprochen, ja auch gar nicht missen wollen, sie kostet. Die Bürger, die diese Erfahrung machen, sind politisch kaum mehr bestechbar. Sie wissen, daß etliche Leistungen des modernen Wohlfahrtsstaates nichts anderes sind als Umverteilungen von der einen eigenen Tasche in die andere eigene Tasche — unter Einbehalt der Staatsquote, versteht sich. Das bedeutet, am Beispiel meines schweizerischen Gastlandes, daß der Verwaltungsaufwand, den sich dort der Bürger gefallen lassen muß, um sich verwalten zu lassen, einige zehn Prozent weniger als die Kosten beträgt, die sich entsprechend der Deutsche gefallen lassen muß. Hier sieht man, was bis in die handfesten praktischen Lebensrealitäten hinein es bedeuten kann, wenn wir unsere Phantasie bemühen zur Restabilisierung von bürgerlicher Urteilskraft.

Eine kulturhistorische Betrachtung des technischen Fortschritts

Von Professor Dr. Ortwin Renn

1. Einleitung

„Zweifellos gibt es auf der Erde, ja sogar in allen Ländern noch Platz für einen erheblichen Bevölkerungszuwachs . . . und ein Wachstum der Wirtschaft. Ich muß jedoch gestehen, daß ich keinen Grund sehe, dies zu wünschen, selbst wenn es unschädlich wäre. Es ist . . . nicht sehr befriedigend, wenn man sich die Welt genauer vorstellt, in der nichts mehr der Spontaneität der Natur überlassen ist: . . . und kaum Platz übrig ist, wo ein Busch oder eine Blume wild wachsen könnte, ohne im Namen des landwirtschaftlichen Fortschritts als Unkraut ausgerissen zu werden. Wenn die Erde den großen Teil ihrer Anmut verlieren muß, den sie solchen Dingen verdankt, die bei unbegrenztem Wirtschafts- und Bevölkerungswachstum von ihr verschwinden würde und dies nur zu dem Zwecke, eine größere, nicht aber auch eine bessere und glücklichere Bevölkerung auf ihr zu erhalten, dann kann ich nur der Nachwelt willen hoffen, daß sie mit einem stationären Zustand zufrieden sein wird, ehe er ihr von den Notwendigkeiten aufgezwungen wird."

Dieses Zitat klingt vertraut. Es könnte von Petra Kelly, Robert Jungk oder einem anderen Vordenker der ökologischen Bewegung stammen. Das Interessante an diesem Zitat ist aber nicht so sehr der Inhalt, sondern das Datum der Niederschrift. Es handelt sich nämlich nicht um einen zeitgenössischen Autor, der grün-ökologisches Gedankengut verbreiten will. Vielmehr handelt es sich um den bekannten Ökonomen und Philosophen John Stuart Mill, der diese Zeilen in seinem Buch „The Principles of Political Economy" im Jahre 1843 schrieb — also vor mehr als 140 Jahren. In dieser Zeit hat sich die Bevölkerung in Deutschland wie die in Großbritannien mehr als verdoppelt, das Bruttosozialprodukt pro Kopf hat sich ungefähr um das 12fache gesteigert, die Industrieproduktion erhöhte sich sogar um das 20fache. Dennoch: der Anteil der Waldflächen ist in beiden Ländern größer und nicht kleiner geworden. Mit weniger Grundfläche als damals können heute wesentlich mehr Menschen ernährt werden als Mitte des letzten Jahrhunderts. Trotz aller Eingriffe der Menschen in die Natur kann man auch heute noch oder gerade wieder heute ursprüngliche Landflächen bewundern und erwandern. Wie kommt es aber, daß ein solches Zitat von John Stuart Mill so aktuell, ja geradezu prophetisch wirkt?

Seit Beginn der Industrialisierung ist der Fortschritt verdammt und gefeiert worden. Besonders dann, wenn lange Innovationszyklen ihrem Ende zugehen, treten Untergangspropheten in Scharen auf. Die Inhalte der Botschaft sind dem jeweiligen Zeitgeist angepaßt, dennoch finden sich immer die gleichen Elemente, die unbewußt tiefliegende Ängste schüren: der Frevel wider die Natur, die Hybris des Menschen, sich als Herr über die Schöpfung zu wähnen, und die Sinnlosigkeit der Maschine, die den Menschen eher unterjoche als ihm zu dienen. Schon Friedrich Nietzsche brandmarkte den technischen Fortschritt als evolutionäre Sackgasse:

„Hybris ist heute unsere ganze Stellung zur Natur, unsere Natur-Vergewaltung mit Hilfe der Maschinen und der so unbedenklichen Techniker-Ingenieurempfindsamkeit (Leipzig 1887).“

Die Angst vor der Technik, die Furcht vor der Rache der Natur und die Sorge um die Verselbständigung der technischen Megamaschine in deren Mitte der nicht mehr abstellbare Wachstumsmotor bis zur Endkatastrophe weiterlaufe, das sind die Grundkomponenten der universellen Technik- und Wachstumskritik, wie wir sie seit ca. 150 Jahren in Abständen von etwa 30 bis 50 Jahren immer wieder beobachten können. Um diese Komponenten herum lagern sich die jeweils zeitabhängigen Themen ab. Heute sind dies: Umweltverschmutzung, Grenzen des Wachstums, Profitorientierung, Großtechnologie, Genmanipulation, Bürokratisierung, Konsumüberfluß.

Zweifellos entstammen Mythen aus den Urängsten des Menschen: sie sind Ausdruck der kulturell überformten Todesangst und der Ursehnsucht nach ewigem Leben und individueller Sinnfindung. Mythen gehorchen weder der Logik, noch sind sie aus konsistenten Vorstellungen von Gerechtigkeit und Moral ableitbar. Deshalb lassen sie sich bestenfalls rational unterdrücken, aber niemals auslöschen. Die Manifestation von Mythen, das heißt die zeitlichen Gegenstände oder Probleme, an denen sich mythisches Denken immer wieder neu entzündet, sind dagegen höchst real. Mythische Vorstellungen und ihr Wirken in der Gesellschaft sind auf Krisen und Probleme der rationalen Welt angewiesen. Der Wunderdoktor wird dann gerufen, wenn die traditionelle Medizin versagt oder man ihr nicht mehr vertraut. Die Gesundbeter der industriellen Gesellschaft finden umso mehr Resonanz, je größer die ökonomischen und ökologischen Probleme sind und je weniger Vertrauen die Menschen in die Problemlösungskapazität der dazu berufenen gesellschaftlichen und politischen Institutionen haben.

Konkret übersetzt heißt das: die Umweltbelastung, das Waldsterben, die Erschöpfbarkeit der Rohstoffe, die Erstarrung der Demokratie, die Unüberschaubarkeit der Großtechnik — alles dies sind keine Phantome, sondern wirkliche und erlebbare Defizite unserer heutigen Industriegesellschaft. Die Tatsache, das Defizite ideologisch und mythologisch überfrachtet werden, ändert nichts daran, daß sie bestehen. So notwendig es auch sein mag, eine historische und psychologische Relativierung der heutigen — gern als Krise des Industriesystems bezeichneten — Situation herbeizuführen, so notwendig ist eine kritische Reflektion des technischen Wandels und der dadurch ausgelösten Sekundärerscheinungen für Umwelt, Sozialstruktur und Politik. Vor allem müssen wir uns mit den realen Ursachen der technikkritischen Strömungen auseinandersetzen.

Wenn wir uns also in der folgenden Erörterung mit den Problemen der Technikeinstellung und der Technikkritik befassen, so hat es wenig Sinn, die Vernunft gegen die Emotionen oder Mythen auszuspielen und die Technikkritik in das Reich des Irrationalen abzudrängen. Auch übersteigerte, irrational anmutende Ängste und Proteste wurzeln häufig in subjektiv erlebten Defiziten, die sich als Folge der Technisierung von Berufswelt und Alltag eingestellt haben. Eine Technikentwicklung ohne Gespür für die psychischen Bedürfnisse des Menschen muß zwangsläufig in die Technokratie einmünden.

Unter dieser wohl allgemein akzeptierten Prämisse möchte ich die folgenden Ausführungen in drei Unterabschnitte gliedern: Im ersten Teil werde ich einen historichen Rückblick über die Einstellung zur Technik von der Romantik bis zur Gegenwart geben. Dies kann natürlich nur fragmentarisch erfolgen und dient allein dem Zweck, die Wurzeln der heutigen Strömungen der Technikkritik offenzulegen[1]. Im zweiten Teil werde ich die gegenwärtige Aufnahme der Technik durch die allgemeine Bevölkerung behandeln, wobei es mir in diesem Teil darauf ankommt, der eher skeptischen Haltung der Kulturelite die grundsätzlich positive bis ambivalente Technikeinstellung des „Mannes auf der Straße“ gegenüberzustellen[2]. Im letzten Teil werde ich versuchen, aufgrund der berechtigten Einwände gegen die Technik und der durch Technik ermöglichten Leistungen für die Gesellschaft einige abschließende Thesen zu Rolle und Funktion der Technik in der modernen Industriegesellschaft aufzuzeigen. Damit die Erörterungen nicht zu akademisch werden, möchte ich meine Ausführungen mit einigen konkreten Empfehlungen für die Informationsarbeit der mit Technik beschäftigten Institutionen beschließen[3].

---

1 Dieser Teil basiert zum Teil auf meiner Veröffentlichung „Die alternative Bewegung: Eine historisch-soziologische Analyse des Protestes gegen die Industriegesellschaft“ in der Zeitschrift für Politik (siehe Literaturverzeichnis).

2 Dieser Teil basiert zum Teil auf meiner Veröffentlichung „Akzeptanzforschung: Technik in der gesellschaftlichen Auseinandersetzung“ aus der Zeitschrift „Chemie in unserer Zeit“ (siehe Literaturverzeichnis).

3 Dieser Teil basiert zum Teil auf einem Vortragsmanuskript für den hessischen Ingenieurtag 1986, der nicht veröffentlicht worden ist.

2. Technikkritische Strömungen in der Vergangenheit

Versucht man sich einen Überblick über die verschiedenen Strömungen zu verschaffen, die im Verlauf der letzten beiden Jahrhunderte die Reaktionen der Menschen auf Technik und Industrialisierung bestimmt haben, so lassen sich fünf Entwicklungs-Stadien identifizieren, die zur Beschreibung der vielfältigen historischen Beziehungen zwischen Mensch und Technik dienen können:

— Romantik
— Maschinensturm
— Neoromantik
— Kulturpessimismus
— Ökologiebewegung

Auf diese fünf Strömungen soll im folgenden kurz eingegangen werden:

2.1 Aufklärung und Romantik

Die Romantik versteht sich als Gegenbewegung zur Aufklärung. Ohne die unterschiedlichen Strömungen innerhalb der Aufklärung verwaschen zu wollen, läßt sich die Zentralaussage der Aufklärung auf eine kurze Formel bringen: die natürliche Ordnung und Harmonie, die beide in Natur und Gesellschaft immanent angelegt seien, könnten am besten dadurch zur Geltung gebracht werden, daß das Individuum als elementarer Träger dieser Ordnung und als gleichberechtigtes Gesellschaftsmitglied frei und in eigener Verantwortung agiere dürfe. Die romantische Gegenposition argumentiert dagegen von der Unwiederholbarkeit des Individuellen her und behauptet seine Unreduzierbarkeit auf allgemeine Prinzipien. Die kritische Distanz der romantischen Aufklärung speist sich im wesentlichen aus drei Quellen:

— Aus einer konservativen Grundhaltung gegen die Egalisierung der alten sozialen Unterschiede,
— aus der Sorge um eine Vereinheitlichung der menschlichen Kulturvielfalt zu einer industriellen Einheitskultur, und schließlich
— aus der Beobachtung der negativen Folgen der ersten Industriealisierungswelle.

Die wesentlichen Argumente der Romantiker lassen sich in fünf Kernthesen zusammenfassen. Zum Zwecke der bewußten Gegenüberstellung der Argumente des späten 18. und frühen 19. Jahrhunderts mit den Argumenten und Thesen der gegenwärtigen Protestbewegung sind die fünf Thesen in zeitgemäßer Terminologie abgefaßt worden:

— Durch die zunehmende Industriealisierung wird die Einzigartigkeit des Subjekts, die historisch gewonnene Ordnung und Kultur durch eine Einheitskultur ersetzt. Anstelle der erhofften Vielfalt tritt in Wahrheit die Monotonie.

— Die Grundforderungen der Aufklärung nach Freiheit, Gerechtigkeit und Gleichheit sind im Prinzip antinomisch und führen deshalb zu dauerhaften Konflikten in der Gesellschaft, so daß die angestrebte Harmonie der Vernunft und Toleranz unerreichbar bleiben wird.

— Diese Konflikte werden noch dadurch verstärkt, daß die geweckten Aspirationen der Menschen nach freier Entfaltung und Reichtum mit der Wirklichkeit nicht in Übereinstimmung zu bringen sind. Als Folge dieser Unzufriedenheit werden Revolutionen und Aufstände durch den „Pöbel" entstehen.

— Die Urtugenden des Abendlandes „Glaube und Liebe" werden durch die seelenlosen Erfolgskriterien „Wissen und Haben" ersetzt. Dadurch zersetzt sich das gemeinsame kulturelle Erbe des Volkes. Chaotische Zustände kultureller und sozialer Gesetzlosigkeit werden die Folge dieses Zersetzungsprozesses sein.

— Das Vorgaukeln von Wohlstand und ökonomischer Fülle als Lebensglück, verführt zum einseitigen Materialismus und damit zur Verflachung wahrer Lebensfreude. Denken und Fühlen werden in ähnlicher Weise mechanisiert.

Diese fünf Grundthesen der Aufklärung wirken ausgesprochen zeitgemäß. Vor allem bei der Lektüre konservativer Ökologen, wie beispielsweise Ivan Illic oder von Sozialpsychologen wie Erich Fromm lassen sich deutliche Parallelen aufzeigen. Zwei wesentliche Unterschiede fallen jedoch auf den ersten Blick auf: zum einen ist die Romantik noch vollständig von der Denkweise der ständischen Gesellschaftsordnung geprägt; die Angst vor der Illusion der Gleichheit und der damit verbundenen Beliebigkeit sozialer Positionen führt zu dem Wunsch nach Restauration und nach sozial eindeutig geordneten Beziehungen im Rahmen einer feudalen Hierarchie. Zum zweiten fehlt weitgehend das Motiv der Naturerhaltung als Grundelement der Kritik. Wenn auch die Natur in der Romantik immer wieder als Gegengewicht zur klinischen Rationalität der Aufklärung beschworen wird, so ist zu Beginn der Industriealisierung noch nichts von einer generellen Bedrohung der Natur zu spüren. Lokale Umweltauswirkungen werden eher als dem Landschaftsbild abträgliche ästhetische Schäden wahrgenommen. Dazu ein Zitat aus einem zeitgenössischen Reisebericht über einen Besuch in einer industrialisierten Gegend von England:

Überall zeigt sich eine große Geschäftigkeit; und die Wirksamkeit der so vielfach und so künstlich verbundenen Kräfte, die Vereinigung so mannigfacher Talente und so vieler arbeitsamer Menschenhände geben ein erfreuliches Bild europäischer Kultur. Wer aber dieses von seiner glänzenden Seite ins Auge fassen will, muß den Blick von der traurigen Gestalt abwenden, in welcher hier die Natur erscheint. Ringsherum ist die Gegend mit Kohlenstaub bedeckt; fußhoch liegt dieser auf den Wegen; auch die Bäume und Wiesen haben den Glanz ihres Grüns verloren. Die Häuser in den naheliegenden Dörfern und Städtchen sind ganz schwarz gefärbt und traurige Gruppen blasser, abgezehrter Gestalten verkünden, daß erstaunlich viel Elend in dieser Nähe wohnt. (Aus: C. A. G. Goede: England, Wales, Irland und Schottland. Erinnerungen an Natur und Kunst auf einer Reise 1802—1803, zitiert nach Sieferle).

Ein ähnliches Bild bot sich dem Betrachter auch in der Nähe von Sodafabriken, den ersten chemischen Industrieanlagen. Trotz offenkundiger Schäden an Wasserflora und Vegetation entbrannte ein erbitterter Streit unter den Wissenschaftlern, ob die Herstellung von Soda mit gesundheitlichen Risiken für Belegschaft und Anwohner verbunden sei. Der Streit verebbte nahezu vollständig, als es gelang, den Produktionsprozeß so umzustellen, daß die gefährlichen Reststoffe zurückgehalten und wiederverwertet werden konnten. Dabei spielte übrigens das Motiv der Umwelterhaltung eine wesentlich geringere Rolle als die Möglichkeit der lukrativen Verwertung der ansonst wertlosen Abfallprodukte.

2.2 Frühe Technikkritik und Maschinensturm

In der Frühphase der industriellen Entwicklung kam es über die globale Kritik an den Gedankengängen und Versprechungen der Aufklärung hinaus zu einer politisch und ökonomisch motivierten Protestbewegung gegen neue Technologien und Fabrikationsanlagen. Dies trifft vor allem auf die Textilbranche zu, die in der Wende vom 18. zum 19. Jahrhundert einen innovativen Wandel durchläuft. In Großbritannien kommt es zu den sogenannten luddistischen Ausschreitungen, in Deutschland zu den Aufständen der Weber.

Der Maschinensturm war jedoch weniger gegen Maschinen und Technik allgemein gerichtet; vielmehr protestierten die noch selbständigen Handwerker gegen den drohenden sozialen Abstieg des textilverarbeitenden Handwerks. Nicht nur, daß neue Technologien alteingesessene Handwerksberufe wegrationalisierten und damit soziales Elend schufen, sondern vor allem die Tatsache, daß die im freien Verlagswesen organisierten Weber und Tuchmacher als Arbeiter in die zentralisiert angelegten Fabriken gehen mußten, brachte das Faß zum Überlaufen. So läßt sich der damals eher unartikulierte und theoretisch wenig reflektierte Konflikt als eine Auflehnung gegen den technologischen Wandel als Motor der sozialen Veränderung, der Bedrohung gewachsener ökonomischer Positionen und der Verunsicherung des eigenen sozialen Status verstehen.

Darüber hinaus finden sich Ansätze einer Ablehnung der sich anbahnenden Segmentierung des Lebens in einen Arbeits- und einen Freizeitbereich. Für die Heimarbeit im Verlagswesen war es selbstverständlich, daß quasi in jeder freien Minute die ganze Familie (auch die Kinder) in den Arbeitsprozeß einbezogen wurden. Trotz der Lohnabhängigkeit vom Verlagsherrn vermittelte die freie Verfügbarkeit über Zeit und die Abwesenheit direkter Kontrolle durch den Auftraggeber das Gefühl, über ein Mindestmaß an Freiheit und Selbstbestimmung zu verfügen. Die neue Position des Fabrikarbeiters brachte dagegen eine Trennung von

Familien-, Wohn- und Arbeitsbereich mit sich und führte demzufolge zu einer Segmentierung von Rollen nach Lebensbereichen. So sehr damit auch neue Spielräume für die individuelle Entfaltung eröffnet wurden, so nachhaltig ist dieses Herauslösen aus der Primärgemeinschaft als ein Verlust von Selbstbestimmung und Identität empfunden worden.

Diese Verschiebungen im Produktionsprozeß bereiteten auch den Boden für die zentrale Frage des 19. Jahrhunderts vor: die soziale Frage nach der Kontrolle über die neu entfesselten Produktivkräfte und die Verteilung des damit geschaffenen gesellschaftlichen Reichtums. Industriealisierung und Technik wurden mehr und mehr als neutrale Instrumente verstanden, über deren Verfügungsgewalt sich zu streiten lohnte, nicht aber über Sinn und Zweck der Industriealisierung insgesamt. Die ethische Legitimation dieses Gedankens konnte sowohl aus dem Marxismus mit seinem eschatologischen Geschichtsverständnis als auch aus dem aufkeimenden Sozialdarwinismus entnommen werden.

Grundlegende Auseinandersetzungen über Technologien wurden daher im Verlaufe des 19. Jahrhunderts immer seltener. Die Proteste gegen Eisenbahnen, Dampfschiffahrt und Personenautos waren weitgehend durch Gesichtspunkte der Rentabilität, der Existenzbedrohung alteingesessener Berufsgruppen und Sicherheitsbedenken motiviert. Diese drei eher handfesten Konfliktfelder ließen auch die philosophischen und ethischen Probleme, die in der Romantik des frühen 19. Jahrhunderts zum Ausdruck gebracht worden waren, im Laufe der Zeit verblassen. Ebenso wurde die Bedrohung der Natur kaum als Gefahr wahrgenommen.

Dennoch war mit dem Protest gegen Eisenbahn und andere Großtechnologien der erste Schritt zu einer Symbolstellung der Technik getan. Die Befürworter der Eisenbahn z. B. assozierten mit dem neuen Fortbewegungsmittel die fortschrittliche Innovation schlechthin und sahen die Eisenbahn als Sinnbild eines neuen Maschinenzeitalters. Die Gegner des Eisenbahnbaus bewerteten dagegen das neue Transportmedium als eine widernatürliche und sozial gefährliche Innovation, die nur zur Instabilität der gesamten Gesellschaft beitragen könne. Ähnliche Symbolwirkungen gingen von Innovationen, wie der Dampfschiffahrt und dem Automobil aus. Die dabei auftretenden Widerstände ließen sich nur langsam abbauen. Zum einen sahen Fuhrleute, Gastwirte und andere Berufszweige in den neuen Transportmedien eine Bedrohung ihrer ökonomischen Existenz, zum anderen brachte die Diskussion um die Sicherheit der motorbetriebenen Vehikel eine Verunsicherung der potentiellen Kunden mit sich. In den USA gab es die ersten spektakulären PR-Aktionen: der Besitzer der ersten Dampfschifffahrtslinie auf dem Mississippi nahm demonstrativ seine schwangere Frau mit an Bord, um die Ungefährlichkeit des neuen Transportmediums unter Beweis zu stellen — allerdings mit dem Erfolg, daß die Zeitungen ihn als zynischen Geschäftemacher anprangerten. In Deutschland führte die Sorge um Dampfkesselexplosionen in Fabriken zur Gründung einer freiwilligen Selbstkontrolle der Industrie, des bekannten Technischen Überwachungsvereins (TÜV).

Übertragen auf die heutige Auseinandersetzung um Industriekultur und Technik zeichnen sich demgemäß drei interessante Entwicklungen ab, die bis heute einen bestimmenden Einfluß auf die moderne Industriekritik hinterlassen haben:

— Die Verbindung zwischen Verfügbarkeit über Technik und ökonomischer Macht, ein Gedanke, der vor allem bei H. Marcuse neu aufgegriffen wird;

— der Verlust sozialer Positionen durch technische Innovationen und die Spaltung in Alltags- und Berufsrollen aufgrund des technischen Wandels, ein Gedanke, der in den 50er und 60er Jahren von Gesellschaftsphilosophen wie Gehlen und Schelsky thematisiert wurde und

— die Symbolstellung einzelner Technologien oder Produktionsverfahren für soziale Erneuerungsbewegungen und damit verbunden die Verbindung von politischen oder sozialen Forderungen mit technischen Problemlösungen (hier sei vor allem an die offensichtliche Analogie mit der modernen „Anti-Kernkraftbewegung" erinnert).

2.3 Neoromantik

Gegen Ende des 19. Jahrhunderts war Deutschland zur führenden Industrienation in Europa geworden: der Fortschrittsglaube, die Hoffnung auf weitere Segnungen der Technik und das ungebremste Vertrauen in die Wissenschaft und den Leistungswillen bewirkten eine durchgängig positive Einstellung zu Technik und Industrie. Schon bald zeigten sich aber Risse im Bild der allgemeinen Technikeuphorie: neben ersten ökonomischen Krisenerscheinungen wurden auch die negativen externen Effekte der Industrialisierung zunehmend sichtbar. Eine neoromantische Welle der Industriekritik durchzog das Denken und Fühlen der Menschen um die Jahrhundertwende. Diese Gegenbewegung speiste sich im wesentlichen aus zwei Quellen:

— *Zum einen aus der konservativen Naturschutz- und Heimatschutzbewegung.* Aus der Wahrnehmung der Veränderung von Landschaft und Umwelt leitete die Heimatschutzbewegung ihre Forderung ab, die natürliche Umwelt in ihrer Reinheit zu erhalten und damit Vielfalt, Innigkeit, Lebensfreude und Ursprünglichkeit wiederzubeleben.

— *Zum anderen aus der neuen Jugendbewegung, die als bewußte Auflehnung gegen Steifheit und Leistungsethos der herrschenden Kultur die Botschaft der Natürlichkeit, Einfachheit und Bodenständigkeit setzte.* Die Normiertheit der Fabrikwaren wurde abgelehnt und dafür eine Hinwendung zu natürlichen Materialien und deren handwerklichen oder handarbeitlichen Bearbeitung gefordert.

Der Kampf gegen Egalisierung, Vermassung, Landschaftsveränderungen und Monotonie war allerdings zu fragmentarisch, um zu einer politisch wirksamen Bewegung zu führen. Es fehlten eine allgemein akzeptierte gesellschaftstheoretische Grundlage, ein einheitliches klares Programm und die Einbettung der Industriekritik in ein konsistentes Weltbild mit Sinnvermittlung und Handlungsbezug. Die Beschwörung vergangener Sozialzustände und das trotzige Festhalten an einem Reinheitsideal der Natur gingen angesichts der sozialen Probleme und der wirtschaftlichen Dynamik im politischen sozialen Alltag unter. Allenfalls der Jugendbewegung war der partielle Erfolg vergönnt, daß der von ihr geforderte Lebensstil Mode, Freizeitverhalten und Kulturwelt beeinflußte. Doch nach und nach wurden diese Elemente zu rein kompensatorischen Maßnahmen im Ausgleich von Arbeitsmonotonie und Konsumdenken.

Welches sind nun die konstruktiven Elemente der Neoromantik, die bis auf den heutigen Tag die Argumente und das Gedankengut der technikkritischen Strömungen befruchtet haben? Offensichtlich lassen sich vier Parallelen ziehen:

- Die Jugendbewegung hat mit ihrer radikalen Kritik an gesellschaftlicher Förmlichkeit und der Undurchschaubarkeit der Umwelt die Wurzeln für einen gegenüber der Industriekultur alternativen Lebensstil gelegt. Einfache Lebensweise, Entdifferenzierung der Arbeit, Selbstversorgung, Handarbeit und Beschränkung auf naturgewachsene Materialien sind nur einige der Grundformeln, die sich direkt auf die Ideale der Jugendbewegung zurückführen lassen.
- Technikkritik und die Absage an eine von Industrie und Konsum bestimmte Lebensweise wurden von der jüngeren Generation in den 20er Jahren vorgebracht. Damit wird die Kritik an der Technik — im Gegensatz zum Maschinensturm — weniger aus Angst vor dem Verlust sozio-ökonomischer Positionen begründet, als von der Sorge um die zukünftige Umwelt- und Lebensqualität geprägt.
- Die Verbindung von Naturschutz und Kritik an der kapitalistischen Warenproduktion und der damit verbundenen Vereinheitlichung von Produkten und Lebensstilen kann als Kernstück der neoromantischen Kritik am Industriesystem gewertet werden. Die Symbiose von Naturästhetik und Konsumkritik ist beispielsweise in der heutigen Ökologiebewegung ebenfalls ausgeprägt.
- Erste Aktionsformen, wie die Bildung von Bürgerinitiativen, sind bereits aus der Heimatschutzbewegung zu Anfang des 20. Jahrhunderts hervorgegangen. Die Mobilisierung lokaler Unzufriedenheit mit Planungsvorhaben der „Obrigkeit" können als direkte Lehrbeispiele für die heutigen Proteste gegen Kernenergie oder Flughafenausbau angesehen werden.

2.4 Kulturpessimismus

In der frühen Aufbauphase der 50er Jahre spielte der Naturschutz allenfalls eine periphere Rolle, zumal die Naturschutzbewegung sich zumindest partiell an den Nationalsozialismus angelehnt hatte. Unabhängig vom Naturschutz- oder Heimatschutzgedanken ertönten Ende der 40er und Anfang der 50er Jahre eine Reihe von kritischen Stimmen gegen die weitere Technisierung des Produktions- und Konsumlebens. Der konservative Philosoph Beinhardt schrieb im Jahre 1946:

„Ist Technik, wie sie heute aussieht, nicht in sich selbst Gefahr, daß ihr natürliches Subjekt, der Mensch, ihr Objekt werden muß, an dem sie formt, den sie deformiert und desorganisiert?"

Angst vor dem technischen Fortschritt und die Sorge um die Verselbständigung des technisch-organisatorischen Apparates wurden vor allem durch den Schock der beiden Atombomben-Abwürfe auf Japan genährt. In allen westlichen Staaten wuchs die Angst vor einer unkontrollierbaren technischen Entwicklung, bei der den Menschen die Möglichkeit entgleiten könnte, steuernd oder korrigierend einzugreifen.

Die skeptische Haltung gegenüber der technischen Verselbständigung spiegelt sich auch in einem Teil der Science Fiction Romane der 50iger Jahre wider. Die Eroberung des Weltraums als archetypischer Menschheitstraum einer gottähnlichen Beherrschung des Kosmos (in Analogie zum Turmbau von Babel, der ebenfalls bis zum Himmel reichen sollte) endet in der Entmündigung und Erniedrigung des Menschen zum bloßen Erfüllungsgehilfen der verselbständigten Technik in Form von intelligenten Robotern.

Philosophisch ist dieser Gedanke von F. G. Jünger mehrfach aufgegriffen und reflektiert worden. In seinem Werk „Die Perfektion der Technik" schreibt er 1953:

„Das Mehr an elementarer Kraft, das er (der Mensch, der Verfasser) durch zerstörenden Raubbau an der Natur gewonnen hat, wendet sich damit gegen ihn selbst und bedroht ihn mit Zerstörung. Es ist die Rache der Elementargeister, die er heraufbeschworen hat. . . . Wäre das Universum wirklich von jener leblosen Unterwürfigkeit, die man ihm unterstellt, dann wäre das Unternehmen, die Technik zur Perfektion zu bringen, ein gefahrloses Unterfangen. Aber da überall dort, wo etwas Lebloses sich findet, auch das Belebte ist, da Tod ohne Leben nirgends angetroffen werden kann, weil eines ohne das andere keinen Sinn hat und nicht gedacht werden kann, schneidet alles Mechanische tief in das Leben ein. . . . Weil dem so ist, deshalb verdunkelt die Angst vor der Zerstörung heute den Geist des Menschen. Er spürt sie in seinen Nerven, denn diese sind empfindlicher geworden, ein Umstand, der mit der Perfektion gewisser Bezirke der Technik in engem Zusammenhang steht. Er erschrickt vor jedem Geräusch, er lebt im Vorgefühl der Katastrophe."

Die kulturpessimistische Kritik an der Technik ist vor allem durch vier Grundmerkmale gekennzeichnet:

— Da die geistigen Fähigkeiten des Menschen allenfalls im evolutionären Maßstab wachsen können, sei der Mensch anthropologisch unfähig, mit der sich schnell entwickelnden technischen Entwicklung geistig Schritt zu halten. Der ursprünglich dienende Charakter der Technik werde dadurch umgekehrt: nicht der Mensch beherrsche die Maschine, sondern die Maschine den Menschen.
— Aufgrund der technologischen Sachzwänge und technischen Ausrichtung der Organisationen würden sich die Menschen immer stärker den Zwängen technischer Rationalität unterordnen. Da diese Rationalität unter dem Deckmantel der Zielgerichtetheit oft bestimmte Interessen bevorzuge, komme es den meisten Menschen gar nicht erst in den Sinn, gegen diese Art von subtiler Fremdbestimmung zu opponieren.
— Die alleinige Ausrichtung auf zweckrationales Handeln und technische Mittel-Zweckbeziehungen würden zu einer Entzauberung von Umwelt- und Weltbild führen. Sinn und Zweck des eigenen Daseins würden immer weniger erfahrbar, je mehr sich der einzelne als Rädchen in einem großen sozialen Maschinengetriebe eingebunden fühle.
— Mit der Technisierung der Welt gehe auch eine Technisierung der menschlichen Psyche einher. Materieller Wohlstand diene als Ersatz für Charakterfestigkeit. Opportunismus, schnelle Bedürfnisbefriedigung und demonstrativer Konsum seien die Folgen einer technisierten Gesellschaft.

Viele Elemente des Kulturpessimismus sind in den 60er Jahren in die Studentenrevolte eingemündet. Dennoch ist die Studentenbewegung von einer Ambivalenz zur Technik geprägt: zum einen wird die Technik als „Verdinglichung" kapitalistischer Herrschaft verdammt, zum anderen aber als Notwendigkeit für die vom Marxismus versprochene Endzeitgesellschaft, in der jeder nach seinen Bedürfnissen leben kann, anerkannt.

2.5 Ökologiebewegung

Je näher man an die Gegenwart heranrückt, desto schwieriger wird es, auftretende Zeitströmungen in allgemeingültiger Form zu beschreiben. Noch hat die Geschichte das letzte Urteil über die Ökologiebewegung nicht geschrieben. Viele Richtungen laufen nebeneinander her und manche Einflußfaktoren, die heute als dominant erscheinen, werden im Laufe der Zeit völlig verblassen. Wenn ich dennoch einige allgemeine Kennzeichen der heutigen Ökologiebewegung herausstellen will, so dient es allein dem Zweck, die Wurzeln der heutigen Technikkritik als Spiegelbild verschiedener sozialer Bewegungen zu deuten. Dabei spielt die Ökologiebewegung eine tragende Rolle.

Die Ökologiebewegung ist sicherlich als eine Fortsetzung der Umweltschutzbewegung zu Anfang der 70er Jahre zu verstehen. Beunruhigt über die negativen Folgen der Industrialisierung, verstört über eine Reihe von schwerwiegenden Unfällen, verunsichert durch die Voraussagen des Club of Rome über die Grenzen des Wachstums und konfrontiert mit sinnlich wahrnehmbaren Schäden in der eigenen Umgebung empfanden viele Menschen die Auswirkungen der Industriegesellschaft auf Natur und Gesundheit als so folgenschwer, daß sie nicht mehr durch Verbesserungen des Lebensstandardes oder des Volkseinkommens aufgewogen werden könnten. Großtechnologien, vor allem die Kernenergie, spielten dabei die Rolle der Stellvertreter für die verhaßte Industriekultur, gegen die es zu opponieren und protestieren galt. Dabei spielte es so gut wie keine Rolle, ob diese Technologien wirklich für die Umweltschäden verantwortlich sind, zu deren Beseitigung die protestierenden Gruppen angetreten waren, sondern daß sie als zentrale Elemente einer wirtschaftlichen und technischen Denkrichtung angesehen wurden — darauf angelegt, die bisherigen Entscheidungs-, Macht- und Zielsetzungsstruktur unserer Gesellschaft zu zementieren. Die Hoffnung auf ein naturnahes Leben, das sich im ökologischen Kreislauf der Natur einordnen ließe, motivierte den zunehmenden Protest gegen Technologien. Gerade weil in den 60er Jahren die Kernenergie als Symbol des glücksverheißenden Fortschritts und als Quelle immerwährenden industriellen Wachstums bestaunt worden war, geriet sie in den 70er Jahren in Mißkredit. Denn unter dem Eindruck der apokalyptischen Voraussagen der Zukunftsforscher, vor allem des Club of Rome, mußte dem Traum einer immerwährenden Industriekultur eine radikale Absage gegeben werden.

Versucht man auch hier analog zu den anderen technologiekritischen Strömungen einige besondere Kennzeichen herauszuarbeiten, so fallen fünf Punkte auf:

— Technik wird vor allem als Verdinglichung und Verschleierung von Machtverhältnissen in einer Gesellschaft angesehen. Hinter technologischen Entwicklungen — so die Theorie — steht weniger der Wunsch nach Erfüllung menschlicher Bedürfnisse als die Absicht herrschender Eliten, mit Hilfe technologischer Verfahren ihr eigenes Interesse zu maximieren. Da dies in einer demokratisch-egalitären Gesellschaft nicht offen gezeigt werden kann, bedient man sich der Technik, um unter dem Mantel einer angeblichen technisch-rationalen Neutralität Machtverhältnisse zu verschleiern.

— Als Antwort auf die Umweltkrise und als Gegenentwurf zur herrschenden Großtechnik wurde das Konzept sanfter Technologien entworfen. Unter sanften Technologien werden Instrumente verstanden, die vom Benutzer in ihrer Funktionsweise nachvollzogen und möglichst auch selbst gehandhabt und in Stand gehalten werden können. Sie sollen beim Verbraucher einsatzfähig sein und nur den unmittelbaren Bedarf von Individuen und Kollektiven decken. Sie sollen weder Bedürfnisse wecken oder sogar Überfluß erzeugen, noch partiellen Einzelinteressen auf Kosten von Natur oder anderen Menschen dienen. Negative Begleiterscheinungen für Natur, Mensch und Gesellschaft sollen weitestgehend vermieden werden. Überschaubarkeit, ökologische Anpassung, geringe Kapitalintensität und Einsatzfähigkeit beim Verbraucher sind die zentralen Eigenschaften einer sanften Technik.

— Die durch Wertepluralität und Säkularisierung gekennzeichnete Orientierungslosigkeit moderner Gesellschaften soll durch eine Rückbesinnung auf die Natur überbrückt werden. Da die Natur ein System darstellt, daß über viele Jahrmillionen existiert und damit ein Element der Stabilität in die Schnellebigkeit der modernen Zeit einbringt, sollte sie zum Maßstab der menschlichen Veränderung werden (Dazu Vester: *„Die Natur ist die einzige Firma, die seit vielen Millionen Jahren ohne Konkurs besteht"*). Die Verträglichkeit von Technologien mit der Natur ist daher höher zu bewerten als die potentielle Erhöhung des Mehrwertes menschlicher Produktion. Denn jede Produktion ist von der Funktonsfähigkeit der Natur abhängig.

— Innerhalb einer neuen ökologischen Gesellschaftsordnung sollen ökonomische Vorgänge nicht mehr allein nach Rentabilität und Wirtschaftlichkeitskriterien entschieden werden. Statt dessen sollen ökologische Kriterien die Selektion von Produktionsprozessen sowie die Allokation und Verteilung von Ressourcen, Gütern und Dienstleistungen leiten.

— Die einseitige Konsumorientierung des Menschen und die durch die Arbeitsteilung hervorgerufene Arbeitsmonotonie sollen durch die Vereinigung der Rolle von Konsument und Produzent sowie durch die Entdifferenzierung des Berufslebens aufgelöst werden, wobei interessante handwerkliche und geistige Arbeitsabläufe oder besser noch Kombinationen von beiden verwirklicht werden sollen. Die einseitige Ausrichtung auf den Egoismus als Triebfeder menschlicher Aktivität und die Verformung der menschlichen Arbeit in stumpfsinnige, produktentfremdete Handlungsklischees hätten den Menschen — so die Theorie — zur Sucht des Konsums verführt. Eine Entdifferenzierung von Berufsrollen verbunden mit einer Ausstattung von Maschinen, die allein darauf ausgerichtet sind, physisch schwere Arbeit zu erleichtern, könnten den Menschen zu seinen wahren Werten zurückführen und die Konsumwut eindämmen. Nur so könne langfristig das ökologische Gleichgewicht wieder hergestellt werden.

2.6 Fazit

Seit Anbeginn der Industrialisierung hat es immer technikkritische Strömungen gegeben, die darauf ausgerichtet waren, die technische Entwicklung aufzuhalten oder in andere Bahnen zu lenken. In der Regel haben diese Strömungen geringe Resonanz in der Bevölkerung gefunden. Typisch für Industriegesellschaften ist aber die Existenz eines latenten Protestpotentials, das sich in der Ablehnung eines durchrationalisierten Wirtschaftssystems und eines auf Zweckrationalität berufenden Verwaltungssystems einig ist. Politisch wirksam wird dieses Potential jedoch erst dann, wenn es im Verlauf ökonomischer Zyklen zu strukturellen Krisenerscheinungen kommt (Arbeitslosigkeit, Innovationslähmung, ungleichgewichtige Wirtschaftsentwicklung) und die Defizite in der Bevölkerung als Fehler des politischen Steuerungssystems wahrgenommen werden. Technikkritik bleibt also auf elitäre Kreise beschränkt, sofern das allgemeine Unbehagen an der technischen Entwicklung durch ökonomische Prosperität und Vertrauen in die politische Führung kompensiert werden kann. In dem Moment aber, wo diese beiden system-stabilisierenden Elemente nicht mehr in vollem Umfang greifen, wird das latente Unbehagen an der Technik aktiviert und durch entsprechende Kultureliten in die Öffentlichkeit getragen.

3. Technikrezeption in der Bevölkerung

Wie sieht es nun mit den beiden Voraussetzungen in der heutigen Situation aus? Gibt es strukturelle Krisenerscheinungen, die in der Bevölkerung zu einer negativen Sichtweise der Technik geführt haben? Ist das Vertrauen in die politische und wirtschaftliche Führung schon so weit erschüttert, daß das Unbehagen an Modernität und an technischem Wandel sich freie Bahn verschaffen konnte?

Eine Reihe von Anzeichen deuten in der Tat darauf hin. Man braucht nur an die virulenten Auseinandersetzungen um die Kernenergie, um den Flughafenausbau, um die Ansiedlung neuer Chemieanlagen oder ähnliches mehr zu denken, um den Eindruck zu gewinnen, daß wir wieder in einer Phase zunehmender Technikkritik und Enttäuschung über den Modernisierungsprozeß leben. Der äußere Eindruck trügt jedoch in gewissem Maße. Zwar wird Technik und die technische Entwicklung von den meisten Bürgern in der Bundesrepublik Deutschland mit weitaus größerer Skepsis betrachtet als noch in den 60er Jahren, dennoch ist die überwiegende Mehrheit der Bevölkerung davon überzeugt, daß eine weitere technologische Entwicklung notwendig sei und daß die Lösung künftiger gesellschaftlicher und umweltbezogener Probleme den Einsatz fortgeschrittener Technologien erfordere. Gleichwohl sieht die Bevölkerung in der Technik nicht mehr den ‘Deus ex machina‘, der quasi automatisch die Weltprobleme lösen hilft. Über 70 % aller Bundesbürger sind davon überzeugt, daß die negativen Folgewirkungen der Technik die positiven Errungenschaften durch eben diese Technik zum Teil überdecken. Die Zahl der Personen, die eine solch ambivalente Haltung zur Technologie entwickelt haben, hat sich von etwa 15 % in den 60er Jahren kontinuierlich bis heute auf rund 70 % erhöht.

Diese auf den ersten Blick dramatische Entwicklung muß jedoch auf dem Hintergrund einer geradezu euphorischen Haltung der Bevölkerung gegenüber dem technischen Wandel in den 60er Jahren gesehen werden. Denn damals war der Mythos Technik nahezu ausschließlich positiv besetzt. Umfragen aus der damaligen Zeit signalisieren eine aus heutiger Sicht naive Erwartungshaltung der Bevölkerung gegenüber der Technik. Daß im Jahre 1980 die Lebenserwartung auf über 80 Jahre angestiegen sein würde, niemand in der Welt mehr Hunger leide, der Krebs als Krankheit ausgelöscht und man der kommunistischen Vision der allseitigen Bedürfnisbefriedigung näher gekommen sei, war Allgemeingut der öffentlichen Meinung. Umso härter traf es deshalb die Bevölkerung, als sich Anfang der 70er Jahre mit den Veröffentlichungen des Club of Rome und mit dem Sichtbarwerden der Umweltschäden die euphemistischen Träume der menschlichen Allmacht als reine Illusion erwiesen. Daß auch die 70er Jahre die wirklichen Probleme, wie etwa das der Ressourcenknappheit, aufgrund der Unterbewertung technologischer Innovationszyklen überdramatisierte, änderte nichts an der Tatsache, daß das Erwachen aus einem schönen Traum eine Überreaktion gegenüber technischen Risiken begünstigte.

Die Reaktorkatastrophe von Tschernobyl und die Unfälle und technischen Pannen im Weltraumprogramm der NASA und ESA haben in jüngster Zeit den Trend zur Technikskepsis verstärkt und eine breite Verunsicherung innerhalb der Bevölkerung hervorgerufen. So steigt der Anteil der Gegner der Kernenergie von ca. 35 Prozent vor dem Reaktorunfall auf knapp 70 Prozent nach dem Unfall. Das Institut für Demoskopie in Allensbach ermittelte nach dem Unfall ein Ansteigen der Personengruppe, die den sofortigen Ausstieg aus der Kernenergie befürwortet, von knapp 15 auf über 30 Prozent.

Trotz dieses eindrucksvollen Meinungsumschwungs ist es nicht auszuschließen, daß innerhalb der nächsten Monate eine Angleichung der Einstellungen an die Meinungsstrukturen vor Tschernobyl stattfinden wird. Einen ähnlichen, wenn auch nicht ganz so dramatischen Einbruch erlebten die Demoskopen nach dem Reaktorunfall in Harrisburg, bei dem zwar die Befürworter der Kernenergie weiterhin die Stange hielten, die bis dahin Indifferenten aber ins gegnerische Lager überwechselten. Mit der Iran-Krise änderte sich deren Verhalten wiederum: von einer gemäßigt gegnerischen Haltung zur Kernenergie wechselten sie zum Teil in indifferente Positionen, zum Teil sogar in moderat befürwortende Positionen über. Anfang 1980 war ein größerer Personenkreis für die weitere Nutzung der Kernenergie als vor dem Reaktorunfall in Harrisburg. Ob sich diese Ausgleichsbewegung auch nach Tschernobyl in ähnlicher Weise einstellen wird, ist schwer zu prognostizieren. Auf der einen Seite werden viele Befürworter, die sich jetzt als Skeptiker oder sogar Gegner zu erkennen geben, wieder auf ihre alte Einstellungsstruktur zurückpendeln, sofern ihnen genügend Argumente zur Aufrechterhaltung ihrer alten Meinung geliefert werden. Auf der anderen Seite hat es aber erstmalig bei einem Kernkraftwerksunfall echte Folgen für die Bevölkerung der Bundesrepublik Deutschland gegeben, so daß Verhaltensanpassungen notwendig wurden. Wie wir aus sozialpsychologischen Experimenten wissen, werden einmal verfestigte Einstellungen nur dann geändert, wenn durch äußeren Zwang oder innere Umkehr Verhaltensänderungen notwendig werden. Zumindest ist davon auszugehen, daß indifferente Standpunkte noch weiter zurückgehen und sich die Gesellschaft in Befürworter und Gegner polarisiert.

Tschernobyl wird also mit Sicherheit die Einstellung der Bevölkerung zur Technik beeinflussen, allerdings ist noch nicht klar, in welchem Ausmaß dies geschehen wird. Davon unabhängig ist die allgemeine Volksmeinung kontinuierlich skeptischer gegenüber den technischen Errungenschaften geworden — eine Entwicklung, die mit Beginn der 70iger Jahre einsetzte und noch nicht zur Ruhe gekommen ist. Alle auch vorhandene Begeisterung für High Tech kann nicht darüber hinwegtäuschen, daß Technik nicht mehr selbstverständlich akzeptiert und als sozialer Fortschritt gefeiert wird.

Wie ist es zu dieser Entwicklung gekommen? Bei der Erklärung der Ursachen ist es sinnvoll, zwischen strukturellen Problemen und subjektiven Wahrnehmungsfaktoren zu differenzieren. Zunächst zu den strukturellen Ursachen: acht Gesichtspunkte erscheinen in diesem Zusammenhang von Bedeutung:

— *Sichtbarwerdung von Wachstumsgrenzen:* Der Glaube, das heutige Modernisierungsprogramm könne auf ewig fortbestehen, wurde durch die systemanalytischen Arbeiten des Club of Rome und anderer Studien schwer erschüttert. Immerwährendes Wachstum ist im Rahmen einer natürlichen Umgebung selbstmörderisch. Mit dieser Erkenntnis wurde das herrschende ökonomische und sozialpsychologische Paradigma der Industriegesellschaft in Frage gestellt.

— *Begrenztheit der Rohstoffe:* Die Endlichkeit der Ressourcen, die zur Produktion von Gütern und Dienstleistungen gebraucht werden, kann als zusätzlicher Faktor dafür angesehen werden, daß die Grundmaxime des Industriesystems nach vermehrter Güterproduktion auf natürliche Grenzen stoßen muß.

— *Umweltbelastung:* Wenn auch durch zunehmenden Einsatz der Technik die Belastung der Umwelt reduziert werden kann, so liegt doch klar auf der Hand, daß ohne die modernen Produktionsverfahren die globale Form der Umweltbelastung, wie wir sie heute kennen, nicht aufgetreten wäre. Die negativen Begleiteffekte einer vermehrten Energieumwandlung und Stoffumsetzung haben eine Potenzierung negativer Folgen für ökologische Kreisläufe erst zustande gebracht.

— *Arbeitslosigkeit durch Rationalisierung:* Durch verlangsamtes wirtschaftliches Wachstum verbunden mit einem relativ hohen Lohnniveau ist die Zahl der durch Rationalisierung freigesetzten Arbeitskräfte geringer als die Zahl der neugeschaffenen Arbeitsplätze. Neuinvestitionen sind gegenüber Ersatzinvestitionen in den Hintergrund getreten. Wurde in den frühen 70er Jahren die technische Rationalisierung in den Betrieben als Form der Humanisierung des Arbeitslebens begriffen, so werden die neuen Technologien heute vorwiegend als Bedrohung der eigenen Arbeitsplatzsicherheit angesehen.

— *Materielle Sättigungserscheinungen in höheren Schichten:* Steht in der Aufbauphase eines Landes, wie in der Bundesrepublik Deutschland nach dem 2. Weltkrieg, quantitatives Wachstum an erster Stelle der politischen Prioritätenliste, so treten im Verlauf von Sättigungsprozessen und bei ausreichender Konsumausstattung qualitative Bedürfnisse in den Vordergrund, wie saubere Umwelt, Freizeit und Selbstverwirklichung. Während der Wunsch nach mehr Konsum und mehr Einkommen in direktem Zusammenhang mit technologischer Modernisierung gebracht werden kann, laufen die meisten qualitativen Bedürfnisse der technischen Entwicklung zuwider. Vor allem aber wird es für das politische Steuerungssystem schwieriger, einen Konsens über allgemein verbindliche Werte herzustellen, da unter Lebensqualität jeder etwas anderes versteht. Je diffuser das Meinungsbild über die notwendigen Qualitäten der weiteren technischen, ökonomischen und sozialen Entwicklung sind, desto schwieriger wird es für die Politiker, Konsens über politische Programme herzustellen und ihre Entscheidungen vor der Öffentlichkeit zu rechtfertigen.

— *Finanzielle Grenzen des Sozialstaates:* Das Konzept marktwirtschaftlicher Rationalität ist in der Bundesrepublik Deutschland seit Beginn der 50er Jahre durch Maßnahmen der sozialen Absicherung bis hin zu wohlfahrtsstaatlichen Maßnahmen ergänzt worden. Die Kombination von Marktwirtschaft und Wohlfahrtsstaat ist jedoch nur dann funktionsfähig, wenn die Bürger eine hohe Motivation für Leistung, Privatinitiative und verantwortlichen Umgang mit öffentlichen Dienstleistungen aufbringen. Der Sozialstaat gerät schnell finanziell aus den Fugen, wenn aufgrund sozialer Absicherung ökonomisches Risikoverhalten ausbleibt, die persönliche Leistungsbereitschaft abnimmt und staatliche oder soziale Leistungen — nur weil sie umsonst sind — in Anspruch genommen werden. Da einige der Voraussetzungen für die Synthese beider Systeme nicht mehr in dem Maße vorliegen, wie dies in den 50er und frühen 60er Jahren der Fall war, kreiden viele — vor allem konservative Bürger — die von ihnen empfundene Disharmonie zwischen dem ökonomischen Leistungs- und dem staatlichen Versorgungssystem dem technischen Modernisierungsprozeß als Fehlentwicklung an. In diesen Sog werden auch die neuen Technologien zum Teil mit einbezogen.

— *Professionalisierung der Lebenswelt:* Viele Dienstleistungen, die früher freiwillig im Kreise der Familie oder Nachbarschaft verrichtet wurden, sind zunehmend von berufsmäßigen Leistungsanbietern übernommen worden. So gibt es heute Erziehungsberater, Freizeitanimateure, Beerdigungsinstitute, Einkaufs- und Verbraucherberater usw. Diese Entwicklung ist im Prinzip nicht negativ zu beurteilen, führt jedoch langfristig dazu, daß der einzelne seine eigene Lebenswelt nicht mehr frei gestalten kann, sondern von einem Heer professionalisierter Berater hin und her gerissen wird. Die Komplexität der modernen Welt hat dazu beigetragen, daß selbst alltägliche Handlungen nicht mehr mit Selbstverständlichkeit und gesundem Lebensverstand gemeistert werden können. Dies wird von vielen Menschen als Herabsetzung ihrer eigenen persönlichen Entfaltungsmöglichkeit empfunden.

— *Anonymisierung des Alltages:* Der schnelle technische Wandel und die weitgehende Differenzierung von Arbeitsleistungen bringen es mit sich, daß stabile Sozialbezüge zwischen Berufstätigen, Nachbarn oder sogar Freunden anonymisiert werden. Die funktionale Gliederung der Gesellschaft bedingt eine Aufsplitterung der Persönlichkeit in verschiedene Rollen, in denen man nach Funktionsbereichen spezialisiert Kontakte mit anderen pflegt. Dieses führt, wie Professor Schmidtchen aus Zürich in vielen Untersuchungen gezeigt hat, zu einem Gefühl der Verlorenheit in einer technisierten Welt, in der für persönliche und die ganze Person umfassende Sozialkontakte wenig Raum bleibt. Diese Tendenz zur Anonymisierung mag durch die neuen Kommunikationsmedien sogar noch verstärkt werden.

Mit den letzten drei Punkten der strukturellen Ursachen haben wir bereits einige subjektive Elemente angesprochen, wie Personen auf bestimmte Folgen der Entwicklung zur modernen Industriegesellschaft reagiert haben. Dies soll im folgenden noch etwas systematischer ausgeführt werden. Auch hier möchte ich acht Punkte aufführen, die als subjektive Einflußfaktoren für technikkritische Stimmungen in Frage kommen:

— *Subjektives Krisenempfinden:* Aufgrund ökonomischer Probleme (vor allem Arbeitslosigkeit), der wahrgenommenen Umweltbelastungen und der in den Augen der Bevölkerung wenig effektiven politischen Gegensteuerung dazu können wir, laufenden Umfragen zufolge, ein Krisenbewußtsein in der Bevölkerung feststellen. Vor allem fällt auf, daß die Bevölkerung die Probleme als besonders dringend wahrnimmt, jedoch zur Zeit bei den politischen Parteien keine durchgängigen Lösungsstrategien entdecken kann.

— *Distanziertes Verhältnis zu Wirtschaft und Politik:* Eng verbunden mit dem Krisenempfinden ist ein stärker distanziertes Verhältnis zwischen Bürgern und staatlichen bzw. ökonomischen Entscheidungsträgern. Die Selbstverständlichkeit, politische Entscheidungen als notwendige Kompromißlösung zwischen widerstreitenden Interessen zu akzeptieren, ist in Teilen der Bevölkerung geschwunden. Dabei muß ausdrücklich betont werden, daß nicht das politische Entscheidungssystem als solches unter Legitimationszwang steht, sondern die Art, wie dieses System von den gesellschaftlichen Kräften ausgefüllt wird. Während die breite Mehrheit der Bevölkerung die demokratischen Institutionen und die Form der Prozeßsteuerung vor politischen Entscheidungen als sinnvoll und unterstützungswert betrachtet, wächst der Zweifel an der Neutralität und Kompetenz der personalen Träger dieser Institutionen. Es handelt sich also — in soziologischer Fachsprache ausgedrückt — weniger um eine Legitimationskrise des politischen Systems als um eine Glaubwürdigkeitskrise der politischen Elite.

— *Wunsch nach Erhalt zukünftiger Handlungsfreiheit:* Sofern Personen davon überzeugt sind, daß ihre eigene oder die Handlungsfreiheit der anderen in Zukunft eingeschränkt werden könnte, entwickeln sie starke Gegenkräfte, um die Situation zu ändern. Mit der Anonymisierung von Sozialbeziehungen, der Professionalisierung der Lebenswelt sowie der Anpassung an technologisch vorgegebene Arbeitsabläufe wächst der Eindruck des Verlustes zukünftiger Handlungsmöglichkeiten. Dadurch werden psychologisch tiefliegende Ängste geschürt, nicht mehr Herr der eigenen technischen Entwicklung zu sein.

— *Glaube an die Machbarkeit der Zukunft:* Nahezu antithetisch zur Wahrnehmung geringer Handlungsfreiheit ist der in großen Bevölkerungsteilen verbreitete Glaube, die Zukunft sei mit Hilfe technischer, politischer und ökonomischer Maßnahmen beliebig gestaltbar. Dieser Glaube ist zum Teil als Gegenbewegung zu der eher fatalistischen Technologieeinstellung der 50er und 60er Jahre, die durch die angebliche Notwendigkeit von Sachzwängen geprägt war, zu verstehen. Der Glaube an die Beliebigkeit zukünftiger Ausgestaltung des gesellschaftlichen Lebens impliziert offensichtlich, daß auftretende Fehlentwicklungen, wie Arbeitslosigkeit oder Umweltbelastungen, entweder auf Fehlentscheidungen der Politik oder auf Fehlentwicklungen der Technologie zurückzuführen seien.

— *Überdruß an Konsumgesellschaft:* Mit dem Aufwachsen im relativen Wohlstand sinkt in der Regel die Wertschätzung für Konsum und Einkommen. Je mehr Dinge selbstverständlich werden, desto geringer ist der Grenznutzen. Umso schwieriger ist es deshalb, Zielkonflikte über den Einsatz von Technologien zu verdeutlichen, bei denen eine Erhöhung der wirtschaftlichen Prosperität mit negativen Effekten für Umwelt und Gesundheit verbunden sind.

— *Gefühl der Entfremdung in Arbeit und Lebenswelt:* Anonymisierung, Professionalisierung der Lebenswelt und die Dominanz technologischer Rationalität in Wirtschaft und Verwaltung haben zusammen mit der Arbeitsteilung und Differenzierung von Sozialrollen zu einem Zurückdrängen der Gefühls- und Emotionswelt und einer Orientierungslosigkeit gegenüber menschlichen Grundwerten geführt. Beziehungen zu Umwelt und zum Produkt der eigenen Arbeit werden nicht aufgenommen und können nur unvollständig durch Freizeitaktivitäten kompensiert werden. Das Gefühl der Orientierungslosigkeit, Entfremdung von der Umwelt und das Erleben eigener Sinndefizite werden psychisch oft nicht bewußt verarbeitet, sondern drücken sich in vagabundierenden Ängsten aus, die nach Abwehrreaktionen verlangen. Seit Beginn der Industrialisierung werden als Sündenböcke für empfundene seelische Defizite gerne Technologien herangezogen. Mit ihnen werden alle symbolischen Attribute verknüpft, die man als Bedrohung der eigenen Psyche wahrnimmt.

— *Angst vor Verlust der „Privatheit“:* Alle Technologien, die als Eingriff in das eigene Privatleben wahrgenommen werden, stoßen schnell auf Akzeptanzgrenzen. Dies gilt sowohl für Informationstechnologien als auch für Großtechnologien, bei denen weitreichende staatliche Kontrollen notwendig sind.

— *Verlust von Vertrauen in die Träger von Informationen:* In immer stärkerem Maße ist der Mensch der modernen Industriegesellschaft auf vermittelte Informationen angewiesen. Während früher der Anteil der direkt wahrnehmbaren Erfahrungen 40—60 % des gesamten gespeicherten Wissens ausmachte, besteht unser Wissen heute zu über 90 % aus vermittelten Informationen. Ob es in Nicaragua, China, Afghanistan oder Neuseeland wirklich so aussieht, wie uns die Fernsehkorrespondenten berichten, entzieht sich meist dem persönlichen Erfahrungsschatz. Das gilt auch für die Übermittlung technologischer Informationen. Je geringer die Möglichkeiten sind, durch eigene Erfahrungen Informationen zu überprüfen, desto größer ist der Anreiz für Informanten zur Manipulation von Meinungen und desto leichter ist es, kontroverse Standpunkte bis hin zu absurden Behauptungen in technologische Debatten einzubringen, da man sie vor der Öffentlichkeit nicht nachzuweisen braucht und auch nicht kann. Da der Vertrauensvorschuß der Öffentlichkeit gegenüber professionellen Informanten häufig genug mißbraucht worden ist, hat sich heute eine weitreichende Skepsis gegenüber Informationen aus den Chefetagen von Wirtschaft und Politik breitgemacht. Je komplexer die Materie ist und je weitreichender potentielle Folgen sein können, desto geringer ist der Vertrauensvorschuß der Öffentlichkeit in die technischen, wirtschaftlichen und politischen Entscheidungsträger.

Es lassen sich noch weitere Gründe dafür anführen, daß die Technik verstärkt in den Sog der öffentlichen Kritik geraten ist. Sicherlich spielt auch eine Rolle, wie der Sozialphilosoph H. Lübbe konstatiert, daß durch den schnellen technischen und sozialen Wandel der Zeitraum der Gegenwart immer weiter verkürzt und durch Zukunftsorientierung ersetzt wird. Um personale Kontinuität und Identität zu wahren, ist individuelle Selbstverwirklichung ein notwendiges Korrektiv für die Schnellebigkeit der Zeit. Selbstverwirklichung setzt aber voraus, daß ich mich allen Gefahren freiwillig und unter Beibehaltung persönlicher Kontrollmöglichkeit stelle — oder sie sogar bewußt herbeiführe —, während ich alle kollektiven Risiken weit von mir weise. Alle Technologien, die mit unfreiwilligen Kollektivrisiken verbunden sind, geraten damit in Gegensatz zur Selbstverwirklichungsphilosophie, die diese Situation als Bedrohung der eigenen Lebensplanung bei noch so kleiner Wahrscheinlichkeit ansieht.

Wie nun hat der Durchschnittsbürger auf die Veränderungen der Struktur und den Wandel seines subjektiven Erlebnishorizontes gegenüber der Technik reagiert? Ist der Durchschnittsbürger der Technik überdrüssig geworden?

Es gibt zwar einige Anzeichen für eine technik-kritische Entwicklung auch im Wahrnehmungshorizont der allgemeinen Bevölkerung, von einer generellen Technikfeindlichkeit oder Technikskepsis kann auch nach Tschernobyl nicht die Rede sein. Zunächst einmal ist davon auszugehen, daß die meisten Bürger in der Bundesrepublik Deutschland durch eine Mischung von sogenannten materialistischen und postmaterialistischen Werten charakterisiert werden können. Unter materialistischen Werten verstehen wir Orientierungen, die sich nach herkömmlichen Zielvorstellungen, wie höheres Einkommen, höhere Lebensqualität, Wettbewerbsfähigkeit der Wirtschaft u. a. m. richten. Postmaterialistische Werte verkörpern Ziele wie Familienharmonie, Umweltqualität, Freizeitorientierung u. a. m. Im Gegensatz zur populären Vorstellung, daß die in den 50er und 60er Jahren dominierenden materiellen Werte heute durch postmaterielle Werte abgelöst worden seien, spricht aus der Summe der empirischen Studien zu dieser Frage die Erkenntnis, daß die breite Mehrheit der Bevölkerung eine heterogene Mischung von leistungsbezogenen, konsumbezogenen, naturbezogenen und Lebensqualität-bezogenen Werten entwickelt hat.

Der Berliner Sozialökonom Burkhard Strümpel hat diese Ambivalenz zwischen materiellen und immateriellen Werten einmal mit dem aus der Spieltheorie bekannten Begriff des klassischen „Gefangenen-Dilemmas“ belegt, da das Individuum jede Handlungsalternative mit Wertverletzungen verbindet. Als Folge dieses „Uneins-Seins“ mit sich selbst lassen sich Resignation, virulentes Aufbäumen gegen offizielle Entscheidungsträger oder Rückzug aus der komplexen Welt in rigorose Weltbilder bis hin zu Sekten beobachten.

Dieses zum Teil gebrochene Weltbild drückt sich auch in der Einstellung zur Technik aus. Durchaus den Tatsachen entsprechend wird Technik als ambivalent wahrgenommen, bei der es positive wie negative Auswirkungen gebe. Trotz dieser grundsätzlichen Anerkenntnis der Ambivalenz werden eine Reihe von Technologien nur mit negativen und andere ausschließlich mit positiven Attributen versehen. So erfreuen sich die meisten Konsumtechnologien weiterhin allgemeiner Beliebtheit, während Produktionstechnologien eine starke Ablehnung erfahren. Der Sozialpsychologe Hans-Christian Röglin hat diese Tatsache auf eine griffige Formel gebracht:

„Wir lieben die Produkte der Industriegesellschaft, aber wir hassen die Art, wie sie hergestellt werden.“

Damit verbunden ist die Sorge vor der Unbeherrschbarkeit von Großtechnologien, die einen komplexen Verwaltungs- und Organisationsapparat benötigen und deren Funktions- und Arbeitsweise häufig nicht intuitiv einsichtig sind. Darum ist man gerade bei Großtechnologien auf vertrauenswürdige Informationen angewiesen.

Die Angewiesenheit auf Informationen kollidiert aber offenkundig mit dem verbreiteten Mißtrauen gegenüber Informationsträgern, bei denen man Richtigkeit oder Falschheit der gesendeten Informationen nicht mehr selbst nachprüfen kann. In diesem Dilemma zwischen dem Angewiesensein auf externe Informationen und der Angst, durch falsche Informationen betrogen zu werden, treten zwei psychologische Lösungswege häufig auf, die die zum Teil heftigen Auseinandersetzungen um Großtechnologien verständlicher machen. Diese beiden Lösungsstrategien sind durchaus rationale Vorgehensweisen im Arsenal des gesunden Menschenverstandes. Es handelt sich dabei einerseits um die Verteilung von Glaubwürdigkeit nach vermuteter Interessenlage und um die Moralisierung komplexer Sachprobleme.

Im ersten Fall wird die Glaubwürdigkeit von Informationsträgern nach der vermuteten Interessengebundenheit eingestuft. Je weniger ein Informant durch ökonomische oder politische Interessen an eine bestimmte Sachmeinung gebunden ist, desto eher wird ihm Glauben geschenkt. Dieser Mechanismus führt natürlich zwangsweise dazu, daß Institutionen, bei denen eine offensichtliche Interessengebundenheit vorliegt, im öffentlichen Wettstreit der Meinungen eine schlechtere Ausgangsposition einnehmen als die Institutionen, bei denen nur latente Bindungen an Interessen oder Wertgruppen vorliegen.

Im zweiten Falle der Moralisierung komplexer Sachprobleme wird die Komplexität der technologischen Funktionsweise dadurch reduziert, daß man einzelne Aspekte der Technik mit moralischen Argumenten verknüpft. In dem Moment, wo bestimmte technische, ökonomische oder politische Sachfragen zu Fragen der Moral erhoben werden, spielt Detailwissen keine Rolle mehr und stört meist sogar. In einem moralisierten Streit werden Punkte in der öffentlichen Dabatte durch Appelle, Schuldzuweisungen, echte oder gespielte Betroffenheit sowie moralische Entrüstung gesammelt. Grundsätzlich ist natürlich gegen eine moralische Bewertung technologischer Folgen nichts einzuwenden; tritt jedoch die moralische Argumentation als Ersatz für technischen Sachverstand auf, so werden Interessenkoflikte nicht mehr durch Konsens lösbar, da es zwischen „gut" und „böse" keine Kompromisse geben kann und darf.

Fazit: Je stärker ein individueller Nutzen mit bestimmten Technologien verknüpft ist, wie beispielsweise bei Konsumtechnologien, desto eher ist mit einer allgemeinen Akzeptanz zu rechnen. Je weniger jedoch dieser Nutzen spürbar und je komplexer und größer die Technologie gestaltet ist, desto stärker wächst das Unbehagen. Akzeptanzentzug bis hin zu aktiven Protesten kann die Folge sein.

An dieser Stelle ist es interessant, anzumerken, daß die neue technologische Entwicklung mit ihrer Tendenz zur Dezentralisierung, der Installierung von kleinen

Netzen und der Hinwendung zum personalen Benutzer genau dieser Sorge Rechnung trägt. Allerdings sollte man sich vor der Illusion hüten, diese Kleintechnologien, die auf den Entwicklungen der Halbleiterelektronik und der Kommunikationstechnologien beruhen, könnten die alten Großtechnologien ablösen. Sofern man am Effizienzkriterium ökonomischer Produktion festhalten will — und dafür sprechen eine Reihe von Argumenten — werden wir auch in Zukunft mit einer Mischung von Klein- und Großtechnologien leben. Sicherlich wird aber das Pendel der künftigen Entwicklung zugunsten der kleineren verbrauchernahen Technologien ausschlagen.

4. Technik und Gesellschaft: Eine Synthese

Mit der Frage nach dem Gestaltungsrahmen für die zukünftige technische Entwicklung ist bereits der Grundgedanke dieses Kapitels angerissen, nämlich was wir aus der historischen und der gegenwärtigen Technikdebatte lernen und auf das Verhältnis von Technik und Gesellschaft übertragen können. Die folgenden Ausführungen stellen natürlich subjektive Überlegungen zu diesem Thema dar. Der besseren Griffigkeit wegen sind die Überlegungen in Form von Thesen abgefaßt.

— Die Auswirkungen von Technologien sind „naturgemäß" ambivalent.
Es gibt so gut wie keine menschliche Maßnahme, die unter der Voraussetzung, daß mehr als eine Person betroffen ist, nur positive oder nur negative Auswirkungen hat. Das Paradies auf Erden ist unerreichbar, da jeder Eingriff zum besseren auch Nebenwirkungen zum Schlechteren einschließt. Dieser allgemeine Grundsatz gilt natürlich in gleichem Maße für den Einsatz von Technik. Die Ambivalenz der technologischen Entwicklung ist auf mehreren Ebenen zu betrachten: zum ersten kann ein bestimmter Nutzen, etwa Erhöhung des Wohlstandes, direkt mit einem Nachteil verbunden sein, etwa mit höherem Ressourcenverbrauch, höherer Umweltbelastung oder psychischer Abstumpfung. Zum zweiten können die Wirkungen interpersonell unterschiedlich ausfallen: die eine Gruppe mag großen Nutzen empfinden, die andere dagegen einen absoluten oder relativen Schaden erleiden. Schließlich muß die Zeitkomponente mit einbezogen werden: was zunächst als Nutzen wahrgenommen wird, kann sich im Laufe der Zeit als Schaden herausstellen. So wenig man auf allen drei Ebenen Nutzen und Schaden genau übersehen kann, so wichtig ist es heute, aufgrund der zunehmenden Tragweite der Folgen von Technologien eine möglichst genaue Abschätzung dieser Folgen vorzunehmen, um zu einer nach bestem Wissen geleiteten Entscheidung zu gelangen. Eine solche Entscheidung darf nur in Ausnahmefällen Technologien verbieten, da damit die Chance des Lernens, mit der Technologie umzugehen, verlorengeht. Vielmehr sollten Technologien von Anfang an so ge-

staltet werden, daß abschätzbare und offensichtlich negative Nebenwirkungen soweit wie möglich ausgeschaltet oder abgemildert werden.

— Technik ist nicht „zielneutral", aber zielvariabel.

Technik hat seit Beginn der Menschheitsgeschichte in die gesellschaftlichen Strukturen eingegriffen und Verhaltensweisen der Menschen gesteuert. Es ist deshalb verfehlt anzunehmen, Technik sei an sich neutral und nur ihre Handhabe und Kontrolle seien durch gesellschaftliche Verhältnisse bestimmt. Allein schon das Vorhandensein bestimmter Technologien bedingt sozialer Strukturen, etwa in Betriebssystemen oder im Verkehrssektor. Die richtige Erkenntnis der Technikphilosophen, der Einsatz der Technik beeinflusse gesellschaftliche Prozesse und Entwicklungen, ist jedoch in der Rezeption der Frankfurter Schule auf den Dualismus zwischen einer angeblich autoritären und demokratischen Technik verengt worden. Jede Technologie engt zwar die Möglichkeit von alternativ vorhandenen Zielvorstellungen ein, umfaßt aber einen breiten Fächer von Anwendungsmöglichkeiten und unterschiedlichen Zwecken. Bestes Beispiel dafür ist etwa der Elektromotor, der bereits zu Anfang des 20. Jahrhunderts von Behrendt als universelles Instrument der Gestaltung unserer Umwelt gepriesen worden ist. Die Bandbreite technologischer Einsatzbereiche kann durch den Willen der technologischen Gestalter auf gesellschaftlich wünschenswerte Ziele ausgerichtet werden. Einen Determininismus der technischen Entwicklung zu bestimmen, etwa hierarchischen gesellschaftlichen Strukturen, ist weder aus der technischen Logik zwingend, noch in der Realität gegeben.

— Der Einsatz der Technik ist antropologische Notwendigkeit für menschliches Überleben:

Es gibt keine Gesellschaft, selbst die sogenannten primitiven Völker in Australien oder Südamerika nicht, die keine Technologien als Instrumente zur Befriedigung ihrer physischen und psychischen Bedürfnisse entwickelt haben. Die Überlebensfähigkeit des Menschen ist an seine Fähigkeit, Technik zu entwickeln, gebunden. Die Ausstattung des Menschen als Mangelwesen macht es unabdingbar, die Defizite bei den sensorischen Fähigkeiten und bei krafterfordernden Tätigkeiten durch Maschinen zu ersetzen bzw. zu überbrücken. Diese Grundtatsache wird von den meisten Technikkritikern auch nicht in Frage gestellt. Vielmehr wird häufig von einem Sündenfall ausgegangen, von dem ab Technik kontraproduktiv geworden sei. Ein solcher Sündenfall ist jedoch eine willkürliche Setzung. Es gibt kein rational zugängliches Kriterium, nach dem ab eine technologische Entwicklung grundsätzlich als negativ einzustufen ist. Vielmehr muß für jede Einzeltechnologie getrennt entschieden werden, inwieweit der Nutzen den potentiellen Schaden überwiegt.

— Materielle und psychische Bedürfnisbefriedigung ist unabdingbar mit dem Einsatz von Technik verbunden (vor allem bei dichter Besiedlung).
Der evolutionäre Erfolg der Gattung Mensch ist weitgehend darauf zurückzuführen, daß er sich künstliche Biotope geschaffen hat, in denen die biotischen und abiotischen Gefahren weitgehend gemeistert werden konnten. Diese künstlichen Biotope halfen dem Menschen, sich vor Gefahren zu schützen, in gemeinsamer Arbeitsteilung materielle Bedürfnisse zu befriedigen und kulturelle Identität zu finden. Künstliche Biotope sind aber ohne den Einsatz der Technik ausgeschlossen. Alle Siedlungsstrukturen zeugen vom Einsatz der Technik und von ihrer anthropologischen Notwendigkeit in der biologischen wie kulturellen Evolution der Menschheit.

— Technik ist eine notwendige Voraussetzung für Chancengleichheit.
Die Selektionskriterien der natürlichen Evolution beruhen weitgehend auf dem Zufallsverfahren. Wer zuerst geboren ist, hat in der Regel eine größere Chance zu überleben als der Spätergeborene. Kinder werden eher gefressen als Erwachsene. Bildet der Mensch, aus welchen Gründen auch immer, die ethisch begründete Zielvorstellungen aus, jedem Individuum die gleichen Lebens- und Befriedigungschancen in der Gesellschaft einzuräumen, dann bewegt er sich zwangsweise im Gegensatz zu den Prinzipien der natürlichen Evolution. Wenn der Mensch als Individuum ein Recht auf Leben hat, gleichgültig, ob er alt, schwach oder stark ist oder ob er rein zufällig einer natürlichen Gefahrenquelle entkommt oder nicht, dann ist er gezwungen, Krankheitserreger zu bekämpfen, Freßfeinde zu vertreiben, Nahrungskonkurrenten auszuschalten, Boden und Natur intensiv zu nutzen und sich in künstliche Biotope einzuschließen. Das fundamentale Recht, jedem Menschen die gleiche Chance auf ein erfülltes Leben einzuräumen, ist also auf den Einsatz von Technologie bei der Produktion von Nahrungsmitteln und Gütern sowie bei der Abwendung von naturgegebenen Gefahren (Hunger, Kälte, Blitzschlag, Infektionskrankheiten, klimatische Veränderungen, Mißernten und Bedrohung durch andere Lebewesen) angewiesen. Ohne Technik macht das Ziel der Chancengleichheit überhaupt keinen Sinn.

— Der Einsatz der Technik ist Motor der industriellen Arbeitsteilung und der Differenzierung von Lebensstilen.
Ohne Zweifel hat die Auffächerung der Arbeitstätigkeiten nach Funktionsbereichen mit dazu geführt, daß Menschen nicht nur ihre rein physischen Bedürfnisse befriedigen, sondern sich auch weiterreichende kulturelle und soziale Wünsche erfüllen können. Dieser hohe Grad des Versorgungsniveaus ist sogar bei einer um das 10—20fache höheren Bevölkerungsdichte als es der natürlichen Lebensweise entspricht, gewährleistet. Eng verbunden mit der Arbeitsteilung ist die Differenzierung von Lebensstilen: mußten früher rd. 90 % der Bevölkerung in der Landwirtschaft tätig sein, um sich selbst und die restlichen 10 % zu ernähren, so stehen heute dem modernen Menschen eine Reihe von Berufsmöglichkei-

ten und Entfaltungschancen zur Verfügung, unter denen er relativ frei auswählen kann.

Wenn auch diese Freiheit längst nicht so weit geht, wie sich dies viele Menschen wünschen, so ist die heute erreichte Verfügungsgewalt über die Gestaltung des eigenen Lebensstils im Vergleich zum vorindustriellen Zeitalter gewaltig. Arbeitsabläufe, Arbeitsinhalte und Lebensweisen waren damals weitestgehend durch Geburt vorgegeben. Nur für einen geringen Prozentsatz der Bevölkerung war eine Mobilität aus dem Bauernstand, etwa durch Aufstieg in den Klerus, in das Militär oder bei Frauen durch Heirat in nächsthöhere Schichten möglich. Die Zielvariabilität des technologischen Einsatzes und die technologischen Vorbedingungen für eine differenzierte Arbeitsteilung haben erst die Möglichkeiten einer ausgedehnten Mobilität der Bevölkerung geschaffen und alte Klassenschranken abgebaut.

— Technik schafft erst die Zeit für die individuelle Ausgestaltung von Alltag und Lebenswelt.
So sehr Technisierung und Ökonomisierung des Alltages auch eine Bedrohung lebensweltlicher Umgangsformen bedeuten, so sehr muß betont werden, daß erst durch den Einsatz der Technik im Haushalt und in der Ökonomie Freizeit geschaffen wurde, in der lebensweltliche Umgangsformen gepflegt werden können. Natürlich haben auch unsere Vorfahren in der vorindustriellen Zeit nicht Tag und Nacht gearbeitet. Aber selbst in den Winterzeiten, in denen relativ viel Muße zur Verfügung stand, waren die meisten Sozialkontakte auf den Kreis der Familie beschränkt. Die freie Zeit wurde durch produktive Tätigkeiten ausgefüllt (Reparatur von Gegenständen, Möbelerstellung, Nähen usw.). Die Herausbildung einer Freizeitkategorie als einer disponiblen Zeit, in der man seinen Neigungen und Interessen nachgehen kann, ist erst mit der Industrialisierung und Technisierung der Umwelt entstanden. Möglicherweise haben die Menschen in vorindustrieller Zeit diese Form des Zeiterlebens als Freizeit nicht vermißt. das ist aber auch nicht der entscheidende Punkt; die besondere Wertschätzung der Freizeit in der heutigen Zeit beweist augenscheinlich, wie sehr diese frei disponible Zeit als Inbegriff sozialer Lebensqualität geschätzt wird. Ohne Einsatz von Technik hätte man den Weg zur Freizeitgesellschaft nicht beschreiten können.

— Technik schafft keine Arbeitslosigkeit, sie ist jedoch Mittel im internationalen Wettbewerb um Produktivitätsfortschritte.
Die besondere Bedrohung der Technik als Job-Killer gewinnt immer dann an Gewicht, wenn die durch Rationalisierung freigesetzten Arbeitskräfte nicht mehr in andere Wirtschaftsbereiche integriert werden können, weil die Nachfrage nach Gütern und Dienstleistungen insgesamt stagniert bzw. nicht schnell genug anwächst. Dabei ist durchaus fragwürdig, ob man in dieser Problemlage versuchen soll, mit allen Mitteln das Wirtschaftswachstum anzukurbeln. Denn gerade weiteres quantitatives Wirtschaftswachstum wird viele Probleme verschärfen, unter

denen wir bereits heute leiden. Umweltverschmutzung, Verbrauch wertvoller Rohstoffe, demonstrativer Konsum und die Förderung einer Wegwerfmentalität sind wahrscheinliche Begleiterscheinungen eines auf Konsumwachstum orientierten Wirtschaftsstils. Vielmehr muß es m. E. darauf ankommen, den durch technische Rationalisierung erwirtschafteteten Mehrwert in mehr Freizeit umzusetzen und in stärkerem Maße für kollektive Aufgaben zu benutzen.

Die Beseitigung von Umweltschäden, die Stadterneuerung, verbesserte kulturelle und soziale Freizeitangebote und viele andere Dienstleistungen sind potentielle Wachstumsbranchen, in denen neue Arbeitskräfte dringend gebraucht werden, sofern das dafür notwendige Kapital zur Verfügung steht. Wegen des kollektiven Charakters dieser Güter und Dienstleistungen müssen diese Angebote durch die öffentliche Hand oder zumindest mit ihrer Hilfe realisiert werden. Dies setzt natürlich voraus, daß der mehr erwirtschaftete gesellschaftliche Reichtum nicht anteilmäßig auf die privaten Einkommen übertragen, sondern kollektiv für öffentliche Güter verwendet wird. Mit einem solchen, hier nur sehr grob skizzierten Programm könnten auf der einen Seite die negativen Auswirkungen eines rein quantitativen Wirtschaftswachstums vermieden und gleichzeitig die notwendigen qualitativen Verbesserungen in unserer Umwelt finanziert werden.

Die Alternative dazu, nämlich auf den technischen Fortschritt zu verzichten und die heutige Technostruktur in den Betrieben einzufrieren, würde nicht nur unsere Wettbewerbsposition im internationalen Handel dramatisch schwächen, sondern uns auch des gesellschaftlichen Mehrwertes durch technische Rationalisierung berauben, den wir für die oben skizzierten kollektiven Aufgaben dringend benötigen.

— *Negative Technikfolgen können durch den Einsatz anderer Techniken zumindest abgemildert werden (variable Zielsetzung).*

Da der Einsatz von Technik in sich ambivalent ist, wird kein Weg daran vorbeiführen, daß auch bei bestmöglicher Abwägung zwischen Nutzen und Risiko Technologien mit Gefahren und mit konkreten Schädigungen für Umwelt und Gesellschaft verbunden sind. Diese konkreten Schädigungen, etwa auf die Umwelt oder auf bestimmte Arbeitsstrukturen, lassen sich allerdings durch den Einsatz anderer Techniken zumindest abmildern, in einigen Fällen sogar ausschalten. Die häufig geäußerte Kritik, daß mit einer solchen Maßnahme nur den Symptomen, aber nicht den Ursachen der Probleme zu Leibe gerückt werde, ist selbstverständlich korrekt, verfehlt aber ihre Wirkung. Die ursprüngliche Technologie ist nämlich aufgrund ihres positiven Kosten-Nutzen-Verhältnisses eingesetzt worden, so daß eine Beseitigung der Ursachen auch den Fortfall des Nutzens mit sich bringen würde. In einem solchen Falle ist es rationaler, die Symptome zu bekämpfen anstatt die Ursachen zu beseitigen.

— *Umweltschutz- und Rohstoffkrisen der Menschheit sind stets durch Wandel der Technik, niemals durch freiwillige Selbstbescheidung überwunden worden.*
Unter evolutionstheoretischen Gesichtspunkten können wir einen deutlichen Selektions- und Adaptionsprozeß bei der wirtschaftlichen und technologischen Entwicklung ausmachen. Zunächst verlagern sich die Schwergewichte wirtschaftlicher Entfaltung von der Bodennutzung zur Materialnutzung, von dort zur Energienutzung bis hin zum heutigen Umbruch zur Informationsnutzung. Immer dann, wenn die elementaren Nutzungsformen einer Periode knapp zu werden drohten, bereitete sich der Übergang zur nächsten Stufe vor. Diese nächste Stufe bedeutet aber gleichzeitig, daß der eigentliche Auslöser — nämlich die Knappheit des bis dahin dominanten Nutzungspotentials — durch Transferbeiträge aus der neuen Stufe unwirksam wurde. Die Industrialisierung machte beispielsweise den durch Bevölkerungswachstum bis dahin zyklisch auftretenden Hungersnöten ein Ende und schuf gleichzeitig die Voraussetzung dafür, daß eine erhöhte Nahrungsmittelproduktion mit wesentlich weniger Bodenfläche verwirklicht werden konnte. Der zunehmende Energieverbrauch, vor allem die steigende Nachfrage nach Elektrizität, brachte eine stetige Verringerung des Materialaufwandes für Güter mit sich, obwohl sich das Gesamtvolumen an Gütern steigerte. Die moderne Informationstechnologie wird — sofern die bisherige Erfahrung einem allgemeinen Trend entspricht — den Primärenergieverbrauch kräftig drosseln, ohne das Ausmaß an Energiedienstleistungen zu verringern. Technischer Wandel hat also Knappheitskrisen überwinden helfen, ökonomische Selbstbescheidung ist bislang nie notwendig gewesen.

— *Technik kann und muß dem menschlichen Steuerungs- und Verarbeitungsvermögen angepaßt werden.*
Der Einsatz von Technik macht nur dort Sinn, wo ein für ein Individuum oder ein Kollektiv angestrebtes Ziel unter Ausnutzung natürlicher Gesetzmäßigkeiten zweckrational befriedigt werden kann. Technik ist weder Selbstzweck noch eine von menschlichen Zwecken und Zielen autonome Größe. Aus diesem Grunde ist es notwendig, daß mit jeder neuen technischen Einrichtung auch das angestrebte Ziel verdeutlicht wird und der Zusammenhang zwischen dem zu befriedigenden Bedürfnis und dem Einsatz des Instrumentes offenkundig wird. Der dienende Charakter der Technik für menschliche Zwecke und Ziele wird dann in Frage gestellt, wenn die Technologie als System sich verselbständigt oder dem menschlichen Steuerungs- oder Verarbeitunsvermögen nicht mehr angemessen ist.

Die Forderung nach angepaßter Technologie ist oft dahingehend mißverstanden worden, als ob Technik einfach, leicht durchschaubar und auf physische Arbeitsleistung beschränkt sein soll. Komplexität und menschliche Beherrschbarkeit der Technik sind jedoch weitgehend unabhängig voneinander. Niemand fürchtet sich vor einer hochkomplexen Hifi-Anlage, selbst wenn er deren Technik nicht versteht. Vielmehr kommt es darauf an, daß er diese Anlage nach seinem Gutdünken und nach seinen Bedürfnissen steuern kann. Ähnliches gilt für moderne Produktionsmaschinen: je benutzerfreundlicher und übersichtlicher sie ergonomisch gestaltet sind, desto weniger gehen von ihnen Akzeptanzprobleme aus. Gerade durch die Einführung von Mikroprozessoren und der Einbindung komplexer Expertenprogramme in computerisierte Arbeitsabläufe können individuelle Arbeitsstile verwirklicht und eine flexible Anpassung an variable Mensch-Maschine-Verhältnisse erzielt werden. Zur Zeit wird diesem Gestaltungsauftrag der Technik noch nicht die notwendige Beachtung geschenkt.

— *Wissenschaft und Technik sind kein Ersatz für Sinndefizite in säkularisierten Gesellschaften.*

Wissenschaft und Technik haben die Welt entzaubert. Wir kennen heute zum großen Teil die chemische Zusammensetzung der Gestirne, wir können naturwissenschaftlich Blitz und Donner erklären und können selbst unsere Denkprozesse und Emotionen als elektrische Signale im Gehirn lokalisieren und zum Teil messen. Dieses Mehrwissen hat uns viele neue Wege eröffnet, um Wünsche und Bedürfnisse der Menschen in verstärktem Maß zu erfüllen und unsere Lebenschancen auf der Erde zu verbessern. Gleichzeitig hat der wissenschaftlich-technische Fortschritt uns aber auch die Möglichkeit zur völligen Ausschaltung der menschlichen Rasse an die Hand gegeben. Damit wächst die ethische Verantwortung der Menschheit — schon deshalb, weil die potentielle Kraft der Mittel, die Welt zum Guten oder zum Bösen zu verändern, so enorm angewachsen ist.

Angewandte Naturwissenschaft und Technik sind somit in sich nicht wertneutral, aus ihnen lassen sich aber keine Wertorientierungen oder Sinnbezüge ableiten. Wie der große deutsche Soziologe Max Weber treffend analysiert hat, hat der wissenschaftliche Fortschritt maßgeblich dazu beigetragen, mythische Vorstellungen zu zertrümmern, die Säkularisierung von Religionen in der Gesellschaft voranzutreiben und die Relativität menschlicher Wertvorstellungen in den Köpfen der Menschen zu verankern. Wissenschaft kann aber aus sich selbst keine neuen Werte schaffen. Auch der Wert der Wahrheitsliebe wird nicht durch Wissenschaft geschaffen, sondern ist die Voraussetzung für wissenschaftliches Arbeiten. Wird der Glaube an Wissenschaft und Technik, wie zum Teil in den 60er Jahren geschehen, zum Surrogat für Religion und Lebenssinn, dann ist die Enttäuschung vorprogrammiert und eine Gegenbewegung hin zu Wissenschaftsskepsis und Technikfeindlichkeit wahrscheinlich. Die Entwicklung einer zeitgemäßen Wertorientierung, die Suche nach kultureller Identität und persönlichem Lebenssinn sowie der ethisch-verantwortliche Umgang mit Technik müssen weiterhin Bildungsideale im Erziehungs- und Schulsystem moderner Gesellschaften bleiben, um den psychischen und sozialen Bedürfnissen des Menschen Rechnung zu tragen und den Einsatz der Technik verantwortungsvoll zu steuern.

Gerade in Zeiten schnellen technischen Wandels ist die Rückbesinnung auf geisteswissenschaftliche Traditionen unabdingbar. Die Sorge vieler Geisteswissenschaftlicher, daß aus allzu oberflächlichem Kosten-Nutzen-Denken die philosophischen Fakultäten gestutzt und die naturwissenschaftlichen gefördert werden, ist deshalb nur zu berechtigt. Die Technik ist sicherlich integraler Bestandteil unserer Kultur. Wenn sich Kultur aber auf Technik reduziert, dann verkümmert die Gesellschaft zu einer seelenlosen Megamaschine, die immer mehr und größer produziert, ohne zu wissen, warum.

5. Empfehlungen für die Informationstätigkeit

Aus den 12 Thesen über das Verhältnis von Technik und Gesellschaft läßt sich die zentrale Erkenntnis ableiten, daß Technik ein unabdingbarer Bestandteil des menschlichen Zivilisationsprozesses gewesen ist und weiter bleiben wird. Dennoch müssen wir uns auch der Grenzen von Technik bewußt sein: weder darf die Technik unsere persönliche Lebenswelt überwuchern, noch kann sie uns Antworten auf die existenziellen Fragen nach dem Sinn und Zweck unseres Lebens beantworten. Über die Ziele des technischen Einsatzes müssen wir nach außertechnischen Kriterien entscheiden.

Was also können diejenigen tun, die von den Vorzügen des technischen Wandels überzeugt sind, jedoch in gleichem Maße die Begrenztheit der Technik und ihre ambivalenten Wirkungen kennen? Gerade für die Bundesrepublik Deutschland ist die Gefahr einer übersteigerten Technikeuphorie oder -phobie besonders ausgeprägt, weil unser wirtschaftliches Wohlergehen auf fortgeschrittenes Know-how und technische Überlegenheit aufgebaut ist, gleichzeitg aber das kulturelle Erbe eines weit verbreiteten Unbehagens an der technischen Entwicklung tief verwurzelt ist. Vor allem die Ingenieure und Techniker sind deshalb angesprochen, ihr Fachwissen und ihre Erfahrungswelt wirksamer als bisher der Öffentlichkeit zu vermitteln. Wichtigstes Ziel der Informationsarbeit dieser Berufsgruppe muß es sein, die Unverzichtbarkeit und die antropologische Notwendigkeit des Technikeinsatzes in der Gesellschaft zu verdeutlichen, aber gleichzeitig den dienenden und zielvariablen Charakter von Technologien als Instrumente herauszustreichen. Zu diesem Zweck erscheinen mir fünf Programmpunkte besonders wichtig:

— Sinn und Zweck neuer technischer Entwicklungen müssen vor dem Einsatz in der Öffentlichkeit klargelegt und verdeutlicht werden.

In der Öffentlichkeit wird häufig der Eindruck erweckt, als ob die technische Entwicklung autonom sei und quasi naturwüchsig über die Gesellschaft hereinbräche. Dieser Eindruck verführt zu den bekannten Ohnmachtsgefühlen, die sich häufig in aggressiven Verhaltensweisen entladen. Die heute immer wieder erhobene Forderung, nicht alles technisch zu machen, was man kann, ist ein augenscheinlicher Indikator für das Mißverständnis über das Verhältnis von Technik und Gesellschaft. Seit eh und je wird nur ein Bruchteil der Technologien entwickelt und eingesetzt, die aufgrund von naturwissenschaftlich erkannten Zusammenhängen möglich wären. Die Selektion, welche Technologie eingeführt wird und welche nicht, geschieht in unserem Gesellschaftssystem über den Markt. Dabei wirkt der Markt als Knappheitsindikator für die eingesetzten Produktionsfaktoren Arbeit, Kapital und — wenn auch unvollständig — natürliche Ressourcen. Von 100 möglichen Techniken bestehen bestenfalls zwei den Überlebenstest am Markt. Es wird also keineswegs alles gemacht, was man kann. Wir sind uns jedoch heute bewußt, daß der Markt bei allen Vorzügen für die Allokation der Produktionsfaktoren Korrekturen durch den Staat oder freiwilligen Körperschaften des privaten oder öffentlichen Rechts benötigt.

Stand vor allem die Frage der Verteilung des gesellschaftlichen Reichtums im Vordergrund der staatlichen Einflußnahme auf die Marktwirtschaft (Idee der sozialen Marktwirtschaft), so hat sich heute das Spektrum der als notwendig angesehenen Regulierungsmaßnahmen verbreitert. Die Erhaltung des Wettbewerbs, die Förderung klein- und mittelständischer Firmen, die Verbesserung der Arbeitsqualität, die Verringerung von Umweltbelastung und die bessere Erfüllung sozialer Aufgaben sind nur die wichtigsten Beispiele für kollektive Zielvorstellungen, die nicht allein durch den Marktmechanismus realisiert werden können. Bei der Information über neue Technologien sollte daher Wert darauf gelegt werden, den Sinn des Marktselektionsprozesses darzulegen und die Notwendigkeit von Technologien herauszustellen, die sparsamer mit den knappen Produktionsmitteln umgehen. Daneben müssen aber auch die durch kollektive Übereinkunft gewonnenen Zielvorstellungen, wie beispielsweise die Erhaltung unserer Umwelt, als Orientierungsgröße für die Entwicklung neuer Technologien verdeutlicht werden. Ohne den Einsatz neuentwickelter Technologien werden nämlich auch diese kollektiven Ziele nicht adäquat verwirklicht werden können, es sei denn auf Kosten der ökonomischen Stabilität.

— Bei der Information der Öffentlichkeit sollten die Zielkonflikte beim Einsatz neuer Technologien offengelegt und die möglichen Negativfolgen nicht verschwiegen werden.

Die bisherige Öffentlichkeitsarbeit verstand sich häufig als „Werbung mit anderen Mitteln“. Technische Produkte wurden als wahre Wunderwerke beschrieben und alle fünf Jahre findet sich angeblich ein neues Waschmittel, das selbst das vorangegangene schon als weltbestes gepriesene Waschmittel noch um Größenordnungen übertrifft. Die Maßlosigkeit, mit der ein häufig vermeindlicher Nutzen beschrieben worden ist, hat sicherlich zu den skeptischeren Haltung gegenüber Industrie und Technik in der Öffentlichkeit beigetragen. Stattdessen ist es jetzt an der Zeit, neben der Erweiterung des Wissens um technische Funktionen den Prozeß der Entscheidungsfindung über Technologien stärker in den Vordergrund der Informationsarbeit zu rücken.

Man sollte offen über die erwartbaren Vor- und Nachteile einer neuen technologischen Linie berichten und dann verdeutlichen, warum nach Abwägung aller Argumente man zum Einsatz oder auch Nichteinsatz der jeweiligen Technologie entschlossen ist. Diese Auffassung von Öffentlichkeitsarbeit macht die Chancen und Grenzen der Technologien deutlich und verhilft zu einer realistischeren Einstellung gegenüber den Möglichkeiten der Technik. Gleichzeitig ist es von Vorteil, für die unvermeidbaren Negativfolgen von Technologien Lösungsmöglichkeiten aufzuzeigen und die verfügbaren Gegenmaßnahmen zu beschreiben. Auf diese Weise lassen sich auch schwierige Entscheidungssituationen von Betriebsleitern und Managern verdeutlichen. Das Bild des technischen Managers als profitsüchtigen Zynikers, wie er leider allzu oft in der öffentlichen und veröffentlichten Meinung auftritt, könnte durch eine solche Informationsstrategie effektiv überwunden werden.

— Bei der Informationsarbeit sollten technische Erfolge, die für die Verwirklichung allgemein als erstrebenswürdig angesehener Ziele in unserer Gesellschaft einen Beitrag geleistet haben, wirkungsvoller als bisher betont werden.

Ohne Zweifel haben viele technologische Entwicklungen Anteil an der Verschmutzung der Umwelt und der Entfremdung des Menschen vom Produkt seiner Arbeit. Umgekehrt helfen uns aber gerade die Technologien, diese Nebenwirkungen von zum Teil unverzichtbaren Technologien wieder in den Griff zu bekommen. Auf den ersten Blick lassen sich hunderte von neuen Entwicklungen aufzählen, die im Bereich Umweltschutz angesiedelt sind. Auch für andere kollektive Güter sind inzwischen neue Techniken entwickelt worden, die maßgeblich die Verwirklichung wichtiger gesellschaftlicher Zielsetzung vorangetrieben haben. In der Gesundheitsvorsorge, in der Altenbetreuung, bei der Eingliederung von Behinderten in das normale Leben, bei der Rehabilitation von Kranken, bei der Ermöglichung von Kommunikation mit nicht mehr mobilen Personen, bei der Katastrophenhilfe, bei der effektiven Planung von Sozialdiensten und karitativen Dienstleistungen sind moderne Technologien heute nicht mehr wegzudenken. Ob diese Hilfen in Zukunft auch wirklich effektiv eingesetzt werden, ist eine Frage des gesellschaftlichen Willensbildungsprozesses. Aber die technischen Voraussetzungen sind dafür geschaffen. Ähnliche Überlegungen lassen sich auch für andere, aktuelle Themen, wie beispielsweise Datenschutz oder Abfallbeseitigung anstellen. In beiden Fällen liegen technische, zum Teil biotechnische Entwicklungen vor, die der berechtigten Sorge des Bürgers vor ungehindertem Zugriff in seine Privatsphäre bzw. vor einer Vergiftung der Umwelt durch Abfälle entgegenwirken.

— Bei aller Notwendigkeit der verbalen Kommunikation zwischen Technikern und Öffentlichkeit eröffnet erst der direkte Umgang der Bevölkerung mit Technik einen auch emotional und affektiv nachvollziehbaren Zugang zum Sinn technischer Systeme.

Die meisten Menschen haben bereits Erfahrung mit Technik im Bereich der Konsumtechnologien. Insofern ist auch nicht erstaunlich, daß nahezu alle Konsumtechnologien akzeptiert, zum Teil sogar geliebt werden. Außerdem erweist sich in diesem Bereich der Marktprozeß als sinnvoller Selektionsmechanismus, nach dem die Güterproduktion sich den Präferenzen der potentiellen Käufer unterordnet. Etwas anders sieht es mit Produktionstechnologien aus. Hier fehlt oft der unmittelbare Zugang zur Technik und der Nutzen dieser Produktionsanlage kommt dem Einzelnen selten direkt zugute. Wie lassen sich auch diese Technologien dem breiteren Publikum nahebringen? Folgende Maßnahmen erscheinen mir in diesem Zusammenhang sinnvoll:

- Gezielte Führungen mit Demonstrationen von technischen Funktionszusammenhängen.
- Einrichtung technischer Museen oder Ausstellungen, in denen die Besucher mit bestimmten Techniken „spielen" können.
- Entwurf und Erarbeitung von Modellen für Jugend- und Erwachsenenbildung.
- Dosierte Teilnahme am technischen Kontrollprozeß durch besorgte Bürger (etwa öffentlich zugängliche Meßstationen für Umweltbelastungen).
- Lehr- und Lernangebote für Ausbildung und Weiterbildung.
- Erarbeitung von Software-Paketen für Schule und Freizeit zu technologischen Entscheidungsproblemen (etwa Verdeutlichung von Zielkonflikten).

Diese Aufzählung ließe sich sicherlich noch fortsetzen. Wichtig ist dabei, daß Technologien nicht nur besichtigt, sondern im wahrsten Sinne des Wortes be-griffen werden können. Erst im spielerischen Umgang mit Technik wird der Mensch das Gefühl gewinnen können, auch komplexe Maschinen beherrschen und zu seinen Zwecken steuern zu können. Daß dies auch psychologisch ein emotionales Glücksgefühl auslösen kann, wird jeder, der beruflich mit Techniksteuerung zu tun hat, sicherlich bestätigen können.

— Die Ingenieure und Techniker sollten auch in Zukunft offensiv und offen an der gesellschaftlichen Technikdiskussion teilnehmen.

So wenig Technik und Technikentwicklung für sich alleine das kulturelle Erbe einer Gesellschaft bestimmen, so wenig können sich Ingenieure und Techniker allein auf die Entwicklung von Techniken beschränken. Vielmehr ist es gerade ihre Aufgabe, aus ihrer Erfahrung mit Technik heraus eine soziale und kulturelle Standortbeschreibung der Technik in der modernen Gesellschaft vorzunehmen. Dabei kommt es weniger auf philosophisch-verbale Brillianz an, als auf den ehrlichen Versuch, die eigene Tätigkeit kritisch zu reflektieren und den Gebrauchswert der Technik für soziale und kulturelle Ziele zu verdeutlichen. Nicht Rhetorik ist gefragt, sondern die persönliche Erfahrung des Ingenieurs mit Technik und Menschen. Mit besonderen Veranstaltungen zur Frage der Technik und ihre Einbettung in der Gesellschaft, durch Beiträge in den Massenmedien, durch besondere Bildungs- und Weiterbildungsprogramme sowie durch die aktive Teilnahme an der Technikdiskussion in der Gesellschaft können die Ingenieure und Techniker einen wesentlichen Beitrag zu einem rationalen Technikverständnis in der Bevölkerung leisten. Darüber hinaus — dies sei noch einmal betont — muß es das Anliegen gerade von Naturwissenschaftlern sein, die Kultur- und Geisteswissenschaften zu fördern, sich selbst auf diesen Gebieten weiterzubilden und den kritischen Dialog mit den Geisteswissenschaftlern zu suchen.

6. Schlußgedanken

Keine noch so ausgefeilte Informationstätigkeit oder Öffentlichkeitsarbeit wird allerdings ihr Ziel erreichen können, wenn nicht gleichzeitig die Erfolge der Technik für ihren Einsatz sprechen. Ob man es beispielsweise als technischen Fortschritt feiern soll, wenn ein menschliches Ei außerhalb des weiblichen Körpers befruchtet, in einer Leihmutter ausgetragen und das entstandene Kind an bislang kinderlose Eltern „gegen Gebühren weitergereicht“ wird, dürfte wohl zu Recht fragwürdig sein. Daß Technik immer ein Janusgesicht hat, jede technische Entwicklung also positive und negative Konsequenzen zeitigt, bleibt eine Grundtatsache, die durch keine Technikbewertung oder gesellschaftliche Kontrolle der Technik außer Kraft gesetzt werden kann. Dennoch verbleibt ein breiter Spielraum für die Ausgestaltung der Technologien nach den Zielen und Wünschen einer modernen Gesellschaft. Je mehr wir es schaffen, diesen Gestaltungsraum für eine humane Entwicklung der Gesellschaft auszunutzen und dies auch der Bevölkerung transparent zu machen, desto eher wird das latente Protestpotential der Industriegesellschaft gegen die Technik wieder verstummen und durch ein positives, aber kritisch-reflektiertes Technikverhältnis abgelöst. Ein solches Technikverständnis ist in unserer Gesellschaft deshalb so dringend geboten, da die Bundesrepublik Deutschland als dicht bevölkertes und rohstoffarmes Land ihren Wohlstand nur durch Spitzenleistungen in Technik und Wissenschaft sowie durch technologisch orientiertes Fachpersonal wird erhalten können. Ein verantwortlicher Umgang mit Technik, Transparenz über gesellschaftliche und wirtschaftliche Ziele, die mit Hilfe der Technik erreicht werden können und besondere Anstrengungen, mit Hilfe der Technik die gegenwärtigen Probleme unserer Gesellschaft lösen zu helfen — das sind die drei wichtigsten Aufgaben für Techniker und Ingenieure in Gegenwart und Zukunft. Wenn es gelingt, technische Entwicklung und kulturelle Tradition langfristig miteinander zu versöhnen, dann können wir mit Zuversicht der Zukunft entgegensehen.

Literatur

Einschlägige Veröffentlichungen des Autors

Renn, O.: Die sanfte Revolution. Zukunft ohne Zwang, Essen und München 1980. (auch als Taschenbuch unter dem Titel: „Verheißung und Illusion“ erhältlich.

Münch, E., Renn, O., Roser, T.: Technik auf dem Prüfstand. Methoden und Maßstäbe der Technologiebewertung. Essen und München (1982).

Renn, O.: Risikowahrnehmung der Kernenergie. Frankfurt/New York (1984).

Renn, O., Albrecht, G., Kotte, U., Peters, H. P., Stegelmann, H. U.: Sozialverträgliche Energiepolitik. Ein Gutachten für die Bundesregierung, München (1985).

Renn, O.: Die alternative Bewegung: eine historisch-soziologische Analyse des Protestes gegen die Industriegesellschaft. In: Zeitschrift für Politik. Heft 2, Juni, S. 153—194 (1985).

Renn, O.: Akzeptanzforschung: Technik in der gesellschaftlichen Auseinandersetzung. In: Chemie in unserer Zeit. 20. Jahrg., Heft 2, April, S. 44—52 (1986).

Literatur zum Thema Technik und Gesellschaft

Arbeitsgruppe für Angepaßte Technologie (Hrg.): Technik für Menschen. Neue Perspektiven für sozial- und umweltverträgliche Technologien. Frankfurt/M (1982).

Bechmann, G., Frederichs, G., Paschen, H.: Risikoakzeptanz und Wertwandel. In: Zeitschrift für angewandte Systemanalyse. Heft 2, April, S. 199 ff. (1981).

Bell, D.: Die nachindustrielle Gesellschaft. Frankfurt/New York (1975).

Berger, P. C., Berger, B., Kellner, H.: Das Unbehagen in der Modernität. Frankfurt/New York (1973).

Bundesministerium für Forschung und Technologie (Hrg.): Politik, Wertwandel, Technologie. Ansatzpunkte für eine Theorie der sozialen Entwicklung. Band 6, Düsseldorf/Wien (1982).

Büchel, W.: Gesellschaftliche Bedingungen der Naturwissenschaft. München (1975).

Duve, F. (Hrg.): Technologie und Politik. Das Magazin zur Wachstumskrise. Band 16, Demokratische und autoritäre Technik. Beiträge zu einer anderen Technikgeschichte. Reinbek/b. Hamburg (1980).

Freyer, H.: Die Technik als Lebensmacht, Denkform und Wissenschaft. Mainz (1970).

Fromm, E.: Haben oder Sein. Die seelischen Grundlagen einer neuen Gesellschaft. Stuttgart (1977).

Gehlen, A.: Die Seele im technischen Zeitalter. Sozialpsychologische Probleme in der industriellen Gesellschaft. Hamburg (1957).

Hillmann, K.-H.: Umweltkrise und Wertwandel. Die Umwertung der Werte als Strategie des Überlebens. Europäische Hochschulschriften, Band 51. Frankfurt/M./Bern (1981).

Huber, J.: Die verlorene Unschuld der Ökologie. Frankfurt/M. (1982).

Illich, I.: Selbstbegrenzung — Eine politische Kritik der Technik. Reinbek/b.Hamburg (1975).

Jokisch, R. (Hrg.): Techniksoziologie. Frankfurt/M. (1982).

Jonas, H.: Das Prinzip Verantwortung. Versuch einer Ethik für die technologische Zivilisation. Frankfurt/M. (1979).

Jungermann, H.: Zur Wahrnehmung und Akzeptierung des Risikos von Großtechnologien. In: Psychologische Rundschau, Heft 23, S. 217 ff. (1982).

Jünger, F. G.: Die Perfektion der Technik. Frankfurt/M. (1968) (ursprünglich 1949).

Klages, H.: Wertorientierung im Wandel. Frankfurt/New York (1984).

Marcuse, H.: Der eindimensionale Mensch. Studien zur Ideologie der fortgeschrittenen Industriegesellschaft. Neuwied und Berlin (1967).

Meyer-Abich, K. M. (Hrg.): Frieden mit der Natur. Freiburg/Basel/Wien (1979).
Mumford, L.: Mythos der Maschine, Kultur, Technik und Macht. Frankfurt/M. (1978).
Rammert, W.: Technik und Gesellschaft. Ein Überblick über die öffentliche und sozialwissenschaftliche Technikdiskussion. In: Technik und Gesellschaft, Jahrbuch 1, *Bechmann, G., Nowotny, H., Rammert, W., Ullrich, O., Vahrenkamp, R.* Frankfurt/New York S. 13 ff. (1982).
Schlaffke, W., Vogel, O. (Hrg.): Industriegesellschaft und technologische Herausforderung. Köln (1981).
Schlösser, F.-J., Teckentrup, P. (Hrg.): Technik zwischen Macht und Mangel. Düsseldorf (1978).
Sieferle, R. P.: Fortschrittsfeinde? Opposition gegen Technik und Industrie von der Romantik bis zur Gegenwart. München (1985).
Steinbuch, K. (Hrg.): Diese verdammte Technik. Tatsachen gegen Demagogie. München/Berlin (1980).
Touraine, A., u. a.: Die antinukleare Prophetie. Zukunftsentwürfe einer sozialen Bewegung. Frankfurt/New York (1982).
Ullrich, O.: Technik und Herrschaft. Vom Handwerk zur verdinglichen Blockstruktur industrieller Produktion. Frankfurt/M. (1977).
Wagner, F.: Weg und Abweg der Naturwissenschaft. München (1970).
Wünschmann, A.: Unbewußt dagegen? Die Kontroverse um Atomkraft und Technik. 3. Aufl. Bonn (1984).
Zimmerli, W. Ch. (Hrg.): Technik oder: Wissen wir was wir tun? Basel/Stuttgart (1976).

Innovation und Qualifikation — neue Anforderungen an die berufliche Weiterbildung

Von Professor Dr. Dr. Erich Staudt

1. Das qualitative Potential neuer Techniken

Betrachtet man den heute verbreiteten „Produktionstyp“ in Industrie, Dienstleistung und Verwaltung, so wird deutlich, daß sich die meisten Arbeitsorganisationen um zentrale Produkt- und Verfahrenstechniken ranken. Die im Betrieb installierten Organisationsstrukturen sind im wesentlichen technisch determiniert. Ähnlich wie der Industriebetrieb der Gründerzeit, als sich die gesamte Produktion um Mühlrad oder Dampfmaschine ordnete und der einzelne Arbeitsplatz über Transmissionsriemen an zentrale Antriebswellen gekoppelt war, findet man gerade in jüngster Zeit auch im Dienstleistungs- und Verwaltungssektor ähnliche Verhältnisse (vgl. *Abb. 1a/1b*). Die Transmissionsriemen sind in diesen computerisierten Bereichen lediglich durch Standleitungen ersetzt. Auch hier wird zunehmend deutlich, daß sich insbesondere durch den Groß-DV-Einsatz die restliche Organisation um eine zentrale Technologie rankt. Die zentrale Technologie

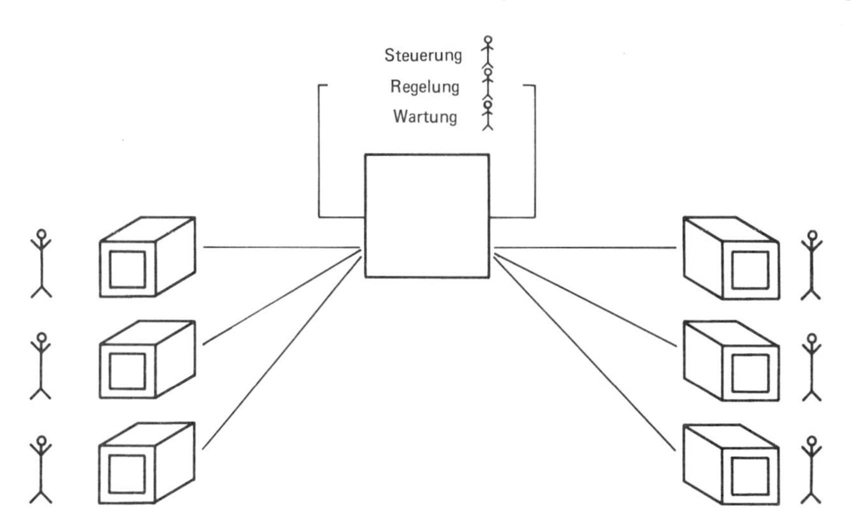

Abbildung 1a: Dienstleistungsproduktion in der Versicherungswirtschaft

bestimmt Aufbau- und Ablauforganisation und führte gerade in den letzten Jahrzehnten im Verbund mit Überlegungen zur wissenschaftlichen Betriebsführung auf ein historisches Suboptimum, das den weiteren technischen Wandel erschwert.

Gerade in hocharbeitsteiligen Organisationen, wie sie in den vergangenen Jahrzehnten durch „wissenschaftliche Betriebsführung" entstanden sind und durch den unbeschränkten Zuzug von Gastarbeitern und den Kampf um Leichtlohngruppen sehr stark verfestigt wurden, fehlt sehr häufig eine mittlere Qualifikationsebene, wie man sie im klassischen Facharbeiterbetrieb kennt. Aufgrund des hohen fachlichen Potentials war man in der Lage, neue Technologien effektiv zu integrieren.

Neben der Personalqualifikation als Engpaßfaktor im technischen Wandel stellt sich deshalb als zweites großes Hindernis die historische Optimierung derartiger Organisationsstrukturen heraus, die, orientiert an vergangenen technischen Entwicklungsniveaus, die Integration neuer Techniken zunehmend erschwert und verzögert.

Abbildung 1b: Industriebetrieb in der Gründerzeit

1.1 Die konventionelle Rolle des Personals in technisierten Betriebsprozessen

Die konventionelle Rolle der Personalwirtschaft konzentriert sich traditionell auf eine Ausführungsfunktion. Sie ist eine Art Erfüllungshilfe für Produkt- und

Verfahrensinnovation. Das klassische Planungsschema sieht in etwa so aus, wie in *Abb. 2* skizziert. Ausgehend von bestimmten Marktsituationen — man könnte das auch gleichsetzen mit Produkten oder Produktinnovationen — ist eine entsprechende Fertigung aufzubauen. Dabei bestimmt die jeweils historisch verfügbare zentrale Fertigungstechnologie Aufbau- und Ablauforganisation. Die Technik ist der Fixpunkt. Aus ihr leiten sich Personalbedarf und Personalqualifikation ab. Die Problemlösung der Ablauforganisation erfolgt also in den Schritten:

— Investitionen in Spezialmaschinen

— Abstimmung von Teilprozessen entsprechend der technisch-funktionalen Reihenfolge,

— Abstimmung der Teilprozesse, quantitativ und

— Zuordnung von Personal.

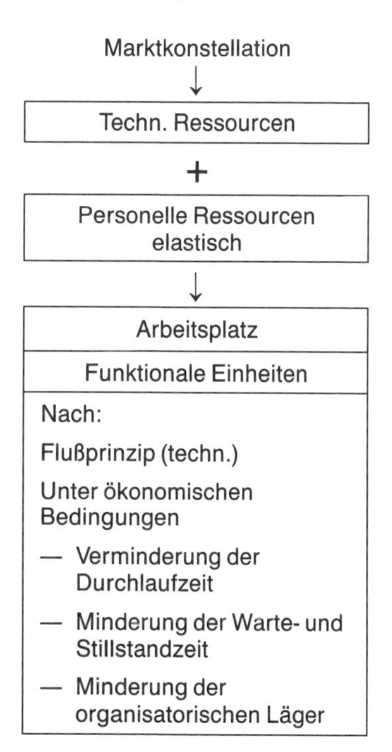

Abbildung 2: Die Integration der Personalwirtschaft in das Planungsschema

Damit kommt es schließlich zu einer optimal ausgelasteten Produktion, die aber auch kaum noch Kapazitätsreserven oder Entwicklungsreserven hat.

Dynamische Anpassungsfunktionen werden aus dem System selbst ausgelagert auf irgendwelche Stabs- oder Verwaltungspositionen, die sich nun sehr intelligent mit dem technischen Wandel beschäftigen und in einem sehr aufwendigen Prozeß die jeweilige Veränderung vorbereiten, dabei aber in der Durchführung jeweils all das, was nicht vorhersehbar und anpaßbar ist und in Organisationen an Widerständen entsteht, in einem aufwendigen Zusatzprozeß zu überwinden haben.

Personalplanung bei diesem historisch verfestigten technischen Entwicklungsstand ist einfach. Sie hat ihre Fixpunkte in der Produkttechnik, in der Fertigungs- und Verfahrenstechnik und ordnet Personalquantitäten und -qualitäten in einer einfachen monokausalen Logik zu. Die dem arbeitenden Menschen in derartigen Organisationen verbleibenden Funktionen finden sich 1. in der Steuerung/Regelung und 2. in der Handhabung/Bedienung (vgl. *Abb. 3*) der im Verlauf der technischen Entwicklung installierten technischen Aggregate. Die damit sichtbar werdenden Abhängigkeiten im Mensch-Maschine-System, die zu den wesentlichen Determinanten der Arbeitsgesellschaft wurden, resultieren aus der qualitativen Charakteristik bisher verfügbarer Automationstechniken. Weil diese Techniken oft nur als Insellösungen in Teilbereichen von Betriebsprozessen einsetzbar sind, wirken ihre harten Begrenzungen auf die im Arbeitsprozeß abhängigen Personen restriktiv[1].

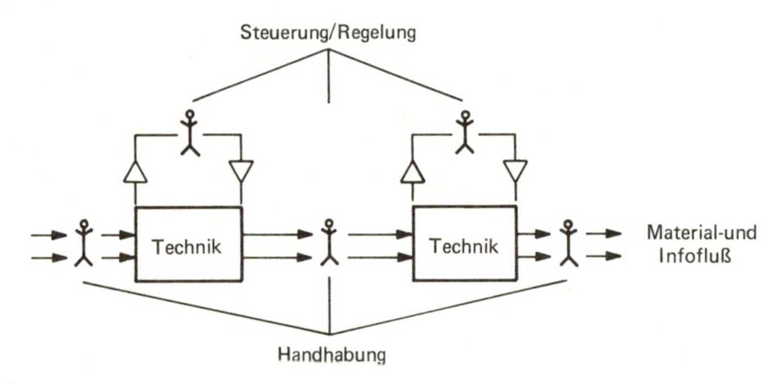

Abbildung 3: Konventionelle Einbindung des Menschen in Material- bzw. Infofluß in den Restfunktionen Steuerung/Regelung und Handhabung

1 Vgl. *Staudt, E.:* Die Führungsrolle der Personalplanung im technischen Wandel. In: Zeitschrift Führung + Organisation ZFO, 53. Jg., 7/1984, S. 395—405.

Soweit die Anpassung dieser Techniken an den Menschen mißlingt, wird meistens der Mensch, weil wesentlich elastischer, an die harten Schnittstellen der Technik angepaßt. Dem Menschen obliegen die verbleibenden Regelungs-, Steuerungs- und Handhabungsfunktionen. Er wird räumlich und zeitlich durch die Technik gebunden. Arbeitsinhalte und damit auch Qualifikationsbedarf resultieren aus den verbleibenden Restfunktionen und ihrem jeweiligen Zuschnitt auf einzelne Arbeitsstellen. Arbeitsort und Arbeitszeit werden durch den Standort der installierten Technik und ihre Laufzeit determiniert. Die Elastizität des Personals kompensiert die Inelastizität der Technik und begrenzt den Einsatz weiterer Techniken.

Diese Arbeitsteilung zwischen Mensch und Maschine und die zeitliche und räumliche Einbindung des Menschen ist die historische Ausgangssituation der Industriegesellschaft — sicher hier in groben Zügen vereinfacht aber doch die wesentlichen Elemente charakterisierend —. Die Grenzen der Weiterentwicklung werden aus der Qualität der jeweiligen Technikstufe deutlich. Die durch die Technik, ihre Nutzung und ihre Verwertungsüberlegungen installierenden Sachzwänge sind wesentlicher Definitionsbestandteil von Arbeit und Arbeitsorganisation und damit zugleich auch Leitlinie einer Personal- und Sozialentwicklung, die auf den jeweiligen technischen Wandel nur reagiert.

In Phasen relativ ruhiger technischer Entwicklung, in der sich ganze Berufsbilder an einzelnen Maschinen orientieren können, mag diese Ausrichtung machbar sein, auch wenn an ihren Symptomen dann humanisierend herumkorrigiert wird.

Was aber, so fragt man sich, geschieht in Phasen technischer Wandlungsprozesse? — Phasen, wie wir sie aktuell in weiten Bereichen von Industrie, Dienstleistung und Verwaltung krisenhaft erleben? Was geschieht, wenn in diesem Prozeß des technischen Wandels Techniken einer neuen Qualität und insbesondere höheren Elastizität zur Anwendung drängen?

Mit solchen neuen Qualitäten an Technik sind dann auch die alten Muster der personellen und sozialen Reaktion zu überprüfen. Insbesondere bei den heute als Schlüsseltechnologien angesehenen Bereichen wie Mikroelektronik, Informations- und Kommunikationstechnik ist deshalb zu erwarten, daß sie aufgrund der in ihnen enthaltenen neuen Qualitäten durchaus auch Wegbereiter sozialer Innovationen sein können.

1.2 Mikroelektronik

Betrachtet man das Eignungsprofil von Mikroprozessoren, die es nicht nur erlauben, digitale Daten zu verarbeiten, sondern neben diesen konventionellen Funktionen mit Hilfe entsprechender Sensoren auch direkt physikalische Größen, wie Druck, Schwingungen (also auch Schall, in Zukunft sicher auch Sprache), Wärme, Magnetfelder, Strahlung, chemische Zustände etc. zu erfassen, umzuwandeln, auszuwerten, zu speichern und zu verarbeiten, so wird deutlich, daß diese miniaturisierten Großrechenanlagen ein fast unendliches Anwendungspotential haben, und daß man durch die Anwendung dieser neuen Techniken in einen Bereich eindringt, der bisher menschlicher Arbeitskraft vorbehalten war. Ein derart gewaltiges technisches und ökonomisches Potential, verstärkt um weitere Vorteile, wie geringerer Energiebedarf, höhere Zuverlässigkeit, höhere Lebensdauer, Miniaturisierbarkeit und Integrierbarkeit, drängt zur Anwendung. Seine Diffusion fordert Veränderungen im Produktspektrum und in der Gestaltung von Fertigungs- und Dienstleistungsprozessen geradezu heraus, führt zur

— Substitution von Produkten, Produktions- und Dienstleistungsprozessen sowie zur
— Rationalisierung durch Automation in Industrie und Dienstleistung und ist
— Grundlage für zahlreiche Innovationen.

Das organisatorische Potential dieser Substitutions-, Rationalisierungs- und Innovationsvorgänge resultiert aus der neugewonnenen Möglichkeit, gerade die Funktionsbereiche von Produktion, Dienstleistung und Verwaltung, in denen Einsatz von Personal aus Gründen der betrieblichen Elastizität bisher als unvermeidlich galt, nunmehr automatisieren zu können[2].

Es ist also anzunehmen,

— daß überall dort in der industriellen Produktion, im Dienstleistungs- und Verwaltungsbereich, wo bisher Menschen einfache Regelungsfunktionen wahrnehmen, diese Funktionen in Zukunft wesentlich billiger von Automaten erfüllt werden (vgl. *Abb. 4*)

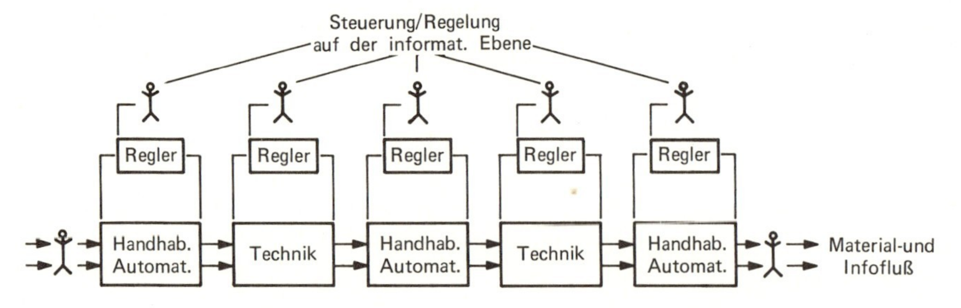

Abbildung 4: Funktionelle Entkopplung des Menschen und des Material- und Infoflusses durch Material- und Informationshandhabungsautomation und dezentrale Regelungsintelligenz

2 Vgl. *Biethahn, J., Staudt, E. u. a.:* Automation in Industrie und Verwaltung. Ökonomische Bedingungen und soziale Bewältigung. Ursachen und Einflußfaktoren des Einsatzes neuer Automationstechnologien in Industrie und Verwaltung. Berlin 1981

— und auch in den bisher noch verbliebenen Funktionen der Handhabung von Material, Papier und Information wird es durch die Kombination der neuen Steuerungs- und Regelungstechniken mit konventionellen Automationsfunktionen verstärkt möglich, den Menschen von stupider Maschinenbedienung und monotonen Montage-, Bestückungs-, Informationsbe- und Verarbeitungsaufgaben zu entlasten.

Mit der fortschreitenden Automatisierung bisher an den Material- und Informationsfluß gebundener menschlicher Tätigkeit im Bereich der Regelung und Handhabung nimmt auch die aus ökonomischen Überlegungen resultierenden Abhängigkeit von Maschine und Mensch in der Führer- und Bedienerrolle ab. Da die eingesetzten Handhabungstechniken aber neben den selbstgeregelten Funktionsausführungen einer Regelung auf höherer Ebene bedürfen, kommt es auch im Handhabungsbereich zu einer vertikalen Arbeitsteilung aufgrund der Trennung von Regelung und Ausführung. Auf Grund dieses mit zunehmender Automation sichtbar werdenden Übergangs der Abhängigkeit des Personals vom Material, Papier- und Informationsfluß hin zu einer stärkeren Abhängigkeit des Personals vom Informationsfluß auf der Regelungs- und Steuerungsebene kommt dem organisatorischen Potential neuer Informations- und Kommunikationstechniken entscheidende Bedeutung für die weitere Organisationsentwicklung zu.

1.3 Informations- und Kommunikationstechniken

Die Miniaturisierung und Verbilligung elektronischer Bauelemente und das Vordringen der Digitaltechnik in die Bereiche der Informations- und Kommunikationstechnik führt zu einer fortschreitenden Verbesserung der technischen Hilfsmittel bis hin zur Automation von: Aufnahme, Verarbeitung, Speicherung, Übertragung und Ausgabe von Informationen. Mentale Informationsprozesse, die der Mensch mit eigenen geistigen Hilfsmitteln vollzieht, werden zunehmend technisch durch den Einsatz von Rechengeräten, Daten-, Text- und Bildverarbeitungssystemen unterstützt.

Damit sind technische Potentiale genau an den Stellen verfügbar, wo bisher Rationalisierungsgrenzen bestanden. Diese Grenzen waren durch die Abhängigkeit vom Informationsstrom und die Kopplung der Steuerungs-/Regelungs- mit der Ausführungsebene bedingt. Die Potentiale der neuen Informations- und Kommunikationstechniken drängen hier genauso wie die Mikroelektronik aufgrund der technischen Verfeinerung, zunehmender Verbilligung und hoher Elastizität zur Anwendung.

Für den arbeitsorganisatorischen Spielraum[3] bedeutet dies,

— daß insbesondere Kopplungen im Mensch-Mensch- und Mensch-Maschine-System, sowie auf den Austausch von Daten, Text, Sprache und Bildern reduzierbar, in einer ersten Stufe durch Telekommunikationstechnologien räumlich zu entkoppeln sind (vgl. *Abb. 5*).

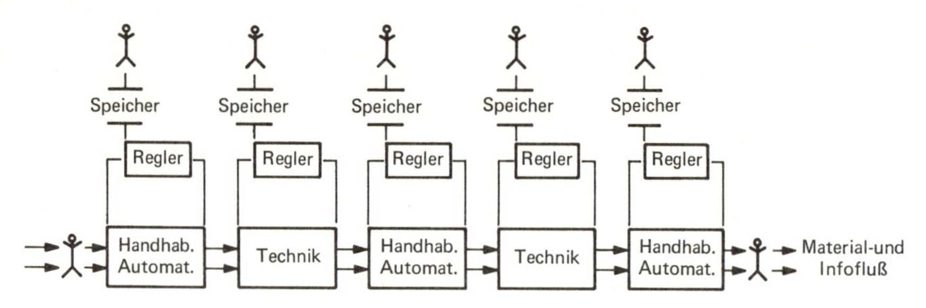

Abbildung 5: Räumliche und zeitliche Entkopplung der Menschen durch Telekommunikation

— Soweit die auszutauschenden Informationen speicherbar sind und aufgrund von Selbstregulationseinrichtungen zumindest partielle Autonomie bzw. Automation besteht, sind sie in einer zweiten Stufe auch zeitlich entkoppelbar.

Damit fallen aber zugleich die letzten Kopplungsgrenzen, die konventionelle Arbeitsstrukturen determinierten und Ursache der heute praktizierten starren Orts- und Zeitreglementierung sind. Das Entkopplungspotential neuer Techniken läßt Weiterungen zu, hebt traditionelle Zwänge auf und eröffnet Optionen für flexible Arbeitsverhältnisse und die Individualisierung von Arbeitsstrukturen in einem Umfang, der bisher nicht vorstellbar war.

2. Wirkungen auf die Qualität von Arbeitsplätzen und Arbeitsorganisationen

Die skizzierten Entwicklungstrends von Mikroelektronik, Informations- und Kommunikationstechnik haben in der Summe drei Wirkungsbereiche:

— zunehmende Substitution des Menschen im Bereich niederer organischer Intelligenz und aus der Kombination konventioneller technischer Ausführungsfunktion mit diesen technischen Intelligenzleistungen zunehmende Substitution im Handhabungsbereich,

3 Vgl. *Meyer-Abich, K., Steger, U.:* Mikroelektronik und Dezentralisierung. Berlin 1982

— zunehmende Entkopplung des Menschen vom Papier-, Material- und Informationsfluß, verbunden mit zunehmender Abhängigkeit vom Informationsfluß auf der Steuerungs- und Regelungsebene, und kommunikative Vernetzung zwischen Personen und zwischen Personen und technischen Aggregaten,
— zunehmende Technisierung der informatorischen und kommunikativen Tätigkeit.

Diese drei Wirkungen verschieben die traditionellen Rationalisierungsgrenzen und haben vor allem aufgrund der Korrekturen der Wirtschaftlichkeitsvergleichsrechnungen erhebliche Folgen für die Organisationsgestaltung. Sie legen damit die Grundlage für einen qualitativen Wandel der Arbeitsgesellschaft, dessen Richtung damit freilich noch nicht absehbar ist (vgl. *Abb. 6*).

In der Produktion bedeutet der Einsatz der neuen Techniken, daß die Schnittstelle zwischen dem Menschen in der Bedienerrolle und der Technik nach außen wandert. Die Lückenbüßerrolle des Menschen innerhalb teilautomatisierter Fertigungsprozesse kann also streckenweise von Handhabungsautomaten ausgefüllt werden. Sie bedienen und verbinden dann Maschinen. Eingriffe des Menschen in den Materialfluß verlagern sich auf die Peripherie solcher vollautomatisierter Produktionszonen. Und ähnliche Strukturen finden sich auch im Bereich der Informationsbe- und -verarbeitung in Dienstleistung und Verwaltung.

Die Möglichkeit zur Kooperation auch über größere Entfernungen und der Rückgriff auf Arbeitsunterlagen, die nun in zentralen Datenbanken und über Telekommunikation zugänglich sind, reduzieren das alte Präsenzproblem auf das technische Problem der Verfügbarkeit von Bildschirm-, Terminal- und Telekommunikationsanschluß am Arbeitsplatz. Damit ist zwar die Arbeitsgesellschaft nicht am Ende, es stellt sich aber die Frage nach dem richtigen Arbeitsplatz völlig neu. Die industriellen Ordnungsmuster des neunzehnten Jahrhunderts werden zumindest in Teilbereichen aufhebbar. Ob z. B. die Arbeitsplätze im Hochhaus der Hauptverwaltung weiter in der Rushhour (eine Folge der notwendigen gleichzeitigen Präsenz) besetzt bzw. verlassen werden müssen, bedarf einer Überprüfung, wenn die gleiche Arbeitsaufgabe auch familiennah am heimischen Arbeitsplatz ausgeübt werden kann.

Die wichtigste Weiterung des Einsatzes neuer Techniken resultiert aber aus der Möglichkeit einer neuen Funktionsverteilung zwischen Mensch und Maschine. Da die technischen Einrichtungen aufgrund der neuen Qualität der Mikroprozessortechnik in der Lage sein werden, einfache Regelungs- und Steuerungsfunktionen selbst zu übernehmen, kommt es zu einer Umverteilung der Funktionen, die wegen der starken Verbilligung der Technik weder durch konventionelle Wirtschaftlichkeitsüberlegungen gebremst, noch aufgrund der zunehmenden Elastizität durch herkömmliche Substitutionsgrenzen verhindert wird.

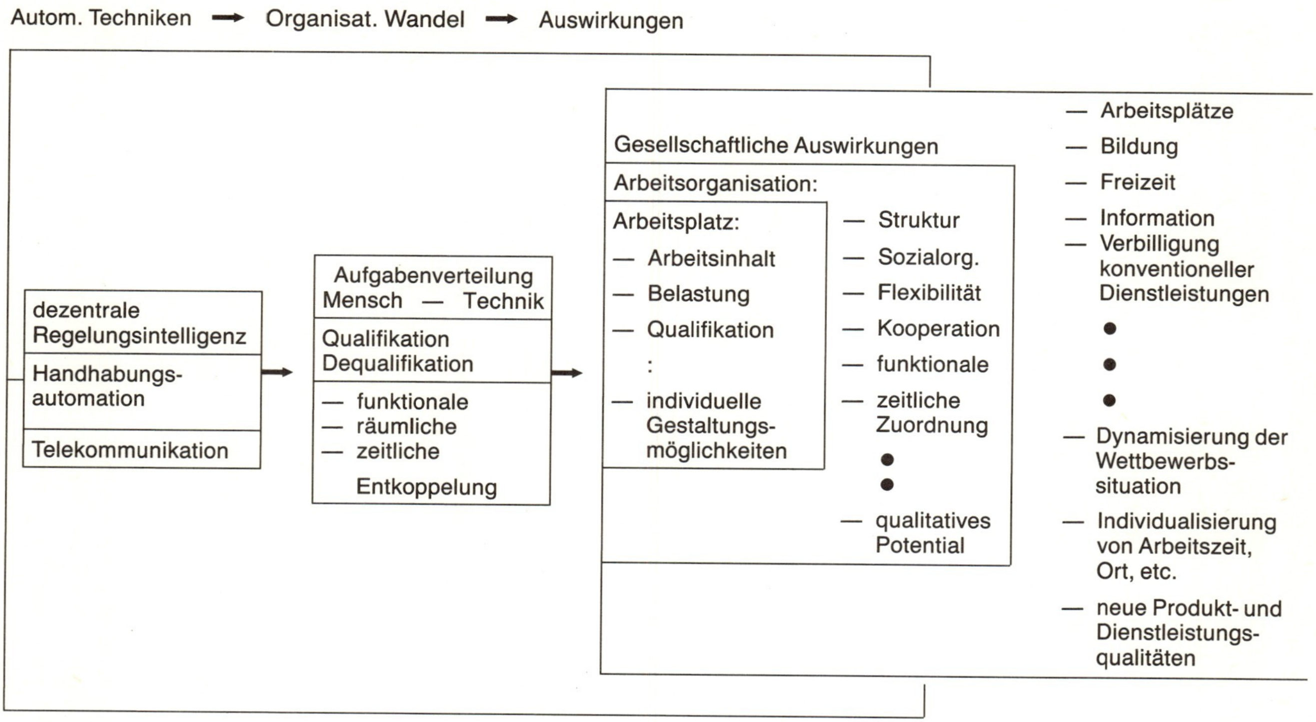

Autom. Techniken → Organisat. Wandel → Auswirkungen

dezentrale Regelungsintelligenz
Handhabungs-automation
Telekommunikation

→

Aufgabenverteilung Mensch — Technik
Qualifikation Dequalifikation
— funktionale
— räumliche
— zeitliche
Entkoppelung

→

Gesellschaftliche Auswirkungen

Arbeitsorganisation:

Arbeitsplatz:
— Arbeitsinhalt
— Belastung
— Qualifikation
:
— individuelle Gestaltungsmöglichkeiten

— Struktur
— Sozialorg.
— Flexibilität
— Kooperation
— funktionale
— zeitliche Zuordnung
●
●
— qualitatives Potential

— Arbeitsplätze
— Bildung
— Freizeit
— Information
— Verbilligung konventioneller Dienstleistungen
●
●
●
— Dynamisierung der Wettbewerbssituation
— Individualisierung von Arbeitszeit, Ort, etc.
— neue Produkt- und Dienstleistungsqualitäten

Abbildung 6: Der Einsatz neuer Technologien

Es wäre jedoch falsch, diese zukünftige Technik in Kategorien gerade heute modischer Technikangebote zu drängen. Die derzeit verfügbaren und als besonders aktuell erachteten Techniken, z. B. im bürowirtschaftlichen Bereich aber auch im Handhabungssektor unter dem Stichwort Industrieroboter, sind lediglich transitorische Techniken, oder anders ausgedrückt, es handelt sich dabei vorwiegend um „notwendige Fehlentwicklungen". Indikator für die transitorische Position ist die Hektik der technischen Entwicklung, die schnelle Generationenfolge und die Tatsache, daß diese Neuentwicklungen sich notwendigerweise noch sehr stark als Verlängerung der Techniken von gestern darstellen, die etwas schneller, etwas billiger und etwas besser fungieren. Wichtig ist jedoch die zunehmende Flexibilität. Wenn diese neuen Techniken aber wirklich so flexibel sind, wie sie von allen Experten in der Zukunft erwartet werden, dann können sie nicht nur flexibel gedacht werden in Richtung eines vielfältigeren Produktionsprogrammes, sondern dann entfalten sie aufgrund ihrer Optionen im organisatorischen Bereich auch erhebliche Flexibilitäten an der Schnittstelle zum arbeitenden Menschen hin. Sie werden es also in der Zukunft in erheblich größerem Umfange als bisher erlauben, soziale und technische Organisationen entsprechend den persönlichen sozialen Bedürfnissen aufeinander abzustimmen, unter Beibehaltung ihrer Vorteile, hin zu einer Erhöhung des qualitativen Potentials von Organisationen.

Vor diesem Hintergrund wird aus dem heute vordergründig belastendem Akzeptanzproblem im Sinne einer Anpassung von Menschen, Arbeitsplätzen, Organisationen an vorgegebene technische Bedingungen nunmehr ein Gestaltungsproblem. Da aus dem Verkäufermarkt entsprechender Automations- und Bürotechniken ein Käufermarkt wird, wird es zunehmend möglich und notwendig, die Erfordernisse der jeweiligen Anwenderorganisationen in Anforderungen an die Technik bzw. technische Entwicklung umzusetzen: anstatt sich, wie bisher, bei Arbeitsplatzgestaltung und Qualifikationsentwicklung dem Sachzwang zu beugen, ist die Akzeptabilität der eingesetzten bzw. zu entwickelnden Techniken zu erhöhen.

Damit eröffnet sich der Entwicklungsspielraum hin zu einer präventiven Technikgestaltung. Damit wird aber auch die vielkritisierte harte Konfrontation zwischen Mensch und Maschine abhebbar, denn die neuen Techniken machen die Grenze fließend und enthalten damit Optionen zur Gestaltung einer aus der Sicht der Betroffenen ‚weicher' zu gestaltenden Technik. Die Maschine ist nicht mehr der Engpaßfaktor, an dem sich die Arbeitsorganisation orientieren muß. Sie ist vielmehr kostengünstig verfügbare Elastizitätsreserve und funktioniert weitgehend entkoppelt vom humanen Bereich.

Die damit erreichbare Automation mittels Techniken höherer Elastizität befreit von der Bindung der Produktion an die starren Arbeitszeitregelungen von Tarifverträgen, Arbeitszeitverordnungen, Geschäftszeiten. Damit können auf dieser

Automationsstufe ohne Personalengpässe Betriebsmittel im Drei-Schicht-Betrieb genutzt, die Gleitzeit selbst im Produktionsbetrieb oder bisher zeitgebundenen Dienstleistungsbetrieb eingeführt und Dienstleistungen auch außerhalb der Geschäftszeiten erbracht werden. Der naive, aus der Präsenz am zentralisierten Arbeitsplatz abgeleitete Arbeits- und Arbeitszeitbegriff wird unter diesen Umständen reformbedürftig. Kontroll- und Überwachungssysteme, konventionelle Führungssysteme, aber auch die Reaktionsmuster der Gewerkschaften hierauf werden obsolet, oder aber, sie verhindern diesen Entwicklungssprung, weil sie den technischen Entwicklungsstand festschreiben, vor dessen Hintergrund sie entstanden sind.

Hier wird der große Widerspruch bei der Betrachtung der Optionen neuer Techniken deutlich. Mit dieser technischen Entwicklung gehen nämlich beliebte technische und ökonomische Sachzwangargumente, die sich in der Vergangenheit zur Begründung der jeweils eigenen Position bewährt haben, kaputt. Die ambivalente Nutzbarkeit der Optionen neuer Techniken läßt daher Spekulationen über zwei Zukunftsvisionen zu, eine negative, mehr substituierend und eine positive, stärker innovierend gedachte (vgl. *Abb. 7*).

2.1 Substitutionen durch neue Techniken

Die Potentiale von Innovationen erzeugen wie alles Neue und Unbekannte auch Angst:

— Angst vor dem Verlust von Besitzständen, wie Arbeitsplätzen, Marktanteilen, Qualifikationen und Know-how,

— Angst vor den nicht vorhersehbaren Folgen der noch unüberschaubaren Technik,

— Angst vor neuen Entwicklungsaufgaben für Technik, Management und Arbeitnehmerqualifikationen.

Die Verunsicherung ist in Zeiten des Wandels ganz natürlich und menschlich verständlich. Sie ist charakteristisch für echte Innovationsbereiche, die aufgrund der naturgemäß verbleibenden Ungewißheit technokratischen Patentlösungen unzugänglich sind. Dennoch diskutiert man Fluch und Segen der neuen Techniken in einer Diskussion des ‚entweder' ‚oder' über neue Techniken, deren weitere Entwicklung selbst die Experten noch nicht genau übersehen und deren Anwendungsfelder deshalb weitgehend im Dunkeln liegen. Man tut dies anhand von Folgeabschätzungen von etwas Unbekanntem in nur vermuteten Anwendungsbereichen oder wissenschaftlich etikettiert durch die rein substituierende Betrachtung, Ersatz von menschlichen Arbeitsfunktionen durch Automaten, aber auch durch eine Projektion vergangener Führungs- und Reaktionsmuster in die Zukunft und plakatiert deshalb schon jetzt

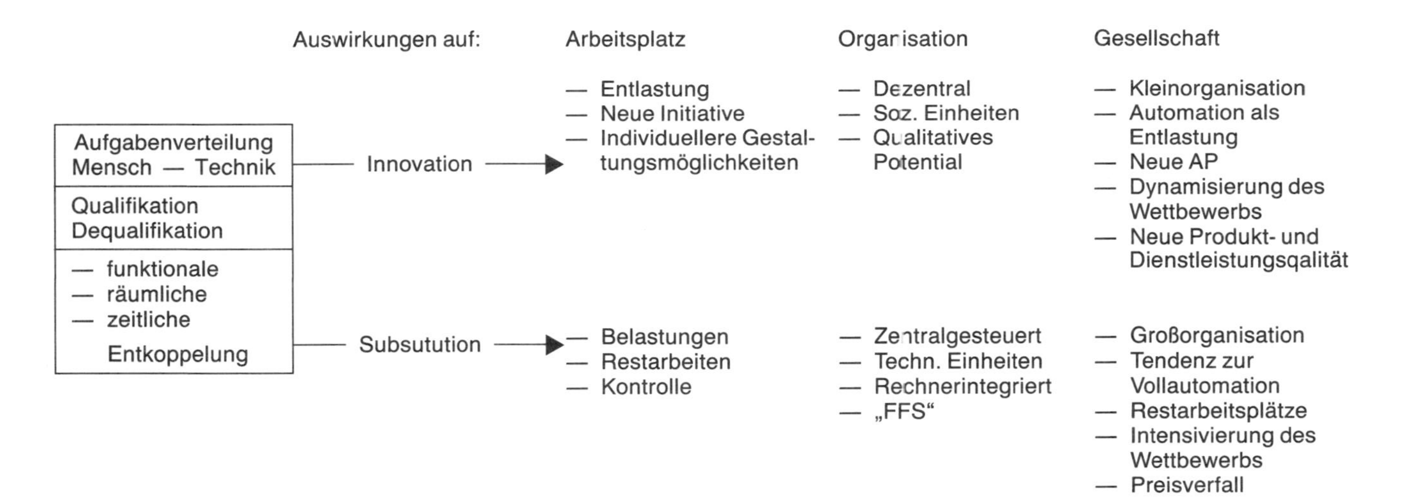

Abbildung 7: Ambivalente Nutzbarkeit neuer Techniken

— z. B. Mikroelektronik als Job-Killer, als Grund von Substitutionsbetrachtungen und Trendberechnungen,

— Informationstechniken als neue zentralistische Herrschaftsinstrumente, die nur einer qualifizierten Elite zugänglich sind,

— Tele- und Breitbandkommunikation als Mittel der Volksverdummung, weil dem mündigen Bürger diese Selektionsfähigkeit abgesprochen wird.

Dies trifft sich dann mit dem technokratischen Traum vieler Ingenieure von der rechnerintegrierten, automatisierten Fabrik, die als direkte Verlängerung konventioneller Organisationsmuster unter Abbau von deren Schwächen verstanden wird. Aus der technokratischen Verknüpfung von Energie, Material und Informationen entsteht die Fiktion eines „maschinellen Organismus“, zusammengehalten von den Computern der 5. Generation.

Kein Wunder, wenn bei einer derartigen Dominanz technischer Einheiten im Sinne sogenannter flexibler Fertigungssysteme der Arbeitnehmervertreter ernüchtert vor den Restarbeitsplätzen steht, neue Belastungen aus neuen Schnittstellen zur Technik befürwortet und die durch die Zentralsteuerung möglich werdende Kontrolle in schwärzesten Farben ausmalt.

Wenn er dann im Traum von der vollautomatischen Fabrik erkennt, daß seine alte Parole: „Wenn der Arbeiter es will, stehen alle Räder still“ nicht mehr greift, ist es kein Wunder,

— wenn der Arbeitnehmervertreter auf defensive Besitzstandswahrungstechniken ausweicht,

— während sein Kontrahent in der Unternehmensführung dem intensiver werdenden Wettbewerb und steigenden Lohnkosten durch weiteren Ausbau technischer Einheiten begegnet,

— und wenn die neue Technik die eigene Entwicklungs- und Finanzierungsfähigkeit übersteigt, wird die Lösung in neuen großorganisatorischen (evtl. auch Ländergrenzen überschreitenden) Kooperationsformen gesehen,

— ist man angesichts eines phantasielosen internationalen Wettbewerbs ohne echte Innovationen bzw. mit Innovationen nur auf überbesetzten Marktfeldern zu immer weiteren Rationalisierungen gezwungen und

— kann aufgrund der wachsenden Überkapazitäten doch dem Preisverfall seiner Produkte nicht entgehen.

2.2 Innovation durch neue Techniken[4]

Die Entlastung von monotonen, kaum zumutbaren Maschinenbedienungsaufgaben und die räumliche und zeitliche Entkopplung von Standort und Laufzeit technischer Aggregate kann aber auch in einem positiven Sinne interpretiert werden, wenn es gelingt, nicht nur die Fortschrittsprobleme der technischen Entwicklung, sondern auch das Verteilungsproblem der Fortschrittsgewinne zu lösen.

Dann wird es durchaus möglich, über neue, sinnvoll kombinierte Arbeitsinhalte nachzudenken, die weniger durch Restfunktionen von Maschinen, als durch individuelle und soziale Bedürfnisse gestaltet sind. Man kann dezentrale Organisationsmuster anstreben, die die neue Qualität von Techniken, verbunden mit geeigneten Kooperationsformen, umsetzen in ein gewaltiges qualitatives Potential für völlig neue, individuell gestaltbare Produkte und Dienstleistungen. Dies bedeutet zugleich einen gewaltigen ökonomischen Druck auf die einzelnen Unternehmungen, hin zu einer offensiveren Personalentwicklung, verbunden mit neuen Qualifikationsinhalten und neuen Arbeitsplätzen und macht eine Überprüfung der Wettbewerbssituation erforderlich.

Derartige Entwicklungen lassen es nämlich unsinnig erscheinen, gesellschaftliche Auswirkungen neuer Techniken nur unter rein quantitativ substituierenden Aspekten zu diskutieren. Die konstruktive Nutzung der Optionen neuer Techniken, verbunden mit den entsprechenden Personalentwicklungen führen vielmehr zu Organisationen hoher Elastizität, deren große qualitative Gesamtkapazität auf einem völlig neuen Niveau zur Anwendung drängt, was neben einem häufigen Produktwechsel vor allem auch zu einer Dynamisierung der Wettbewerbssituation führt, zu einer Individualisierung und Weiterentwicklung der Güterangebote genutzt werden kann.

In letzter Konsequenz kann dies bedeuten, daß auch die Wirtschaftsstruktur selbst zur Diskussion steht. Es handelt sich um einen analogen qualitativen Sprung, wie der Übergang von der zentralen Antriebseinheit Mühlrad oder Dampfmaschine der Gründerzeit zu dezentral einsetzbaren Elektromotoren in der industriellen Fertigung. Diese Innovation hatte nicht nur eine völlige Neuorganisation der Altbetriebe zur Folge, sondern war zugleich Basis für Neugründungen und die extensive Entwicklung von klein- und mittelständischen Unternehmen.

Bisher — davon waren wir ausgegangen — war es notwendig, Arbeitsplätze orientiert an technischen und ökonomischen Sachzwängen zu gestalten. Die zentrale Technik bestimmt in Fertigung und Dienstleistung die Organisationsform.

---

4 Vgl. *Staudt, E.* (Hrsg.): Das Management von Innovationen, Frankfurt 1986.

Die personellen Ressourcen stellten das elastische Potential dar, das der technischen Konfiguration anzupassen war. Die funktionalen Einheiten wurden dann entsprechend den technischen und ökonomischen Bedingungen bei der Erstellung von Produkten und Dienstleistungen nach dem Fließprinzip organisiert und die Kapazitäten entsprechend optimiert (vgl. *Abb. 8*). Aufgrund der in Zukunft verfügbaren Elastizitätsspielräume im technischen Bereich wird diese Reihenfolge umkehrbar. Es wird möglich, ausgehend von personellen und sozialen Einheiten, günstige technische Elastizitätspotentiale gleichsam als Entlastung zuzuordnen. Sie erlauben es in erheblich größerem Umfang als bisher, soziale und techni-

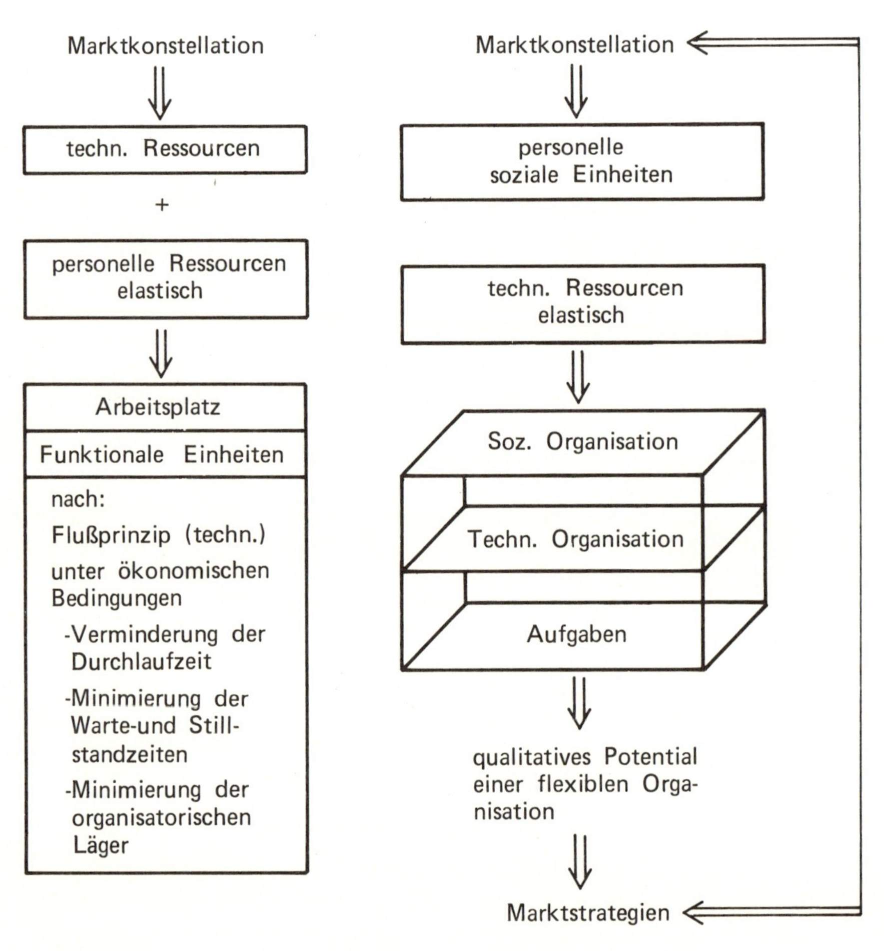

Abbildung 8: Neuorientierung der Aufgabenstellungen der Personalwirtschaft

sche Organisationen entsprechend den persönlichen und sozialen Bedürfnissen aufeinander abzustimmen, bei gleichzeitiger Erhöhung des qualitativen Potentials in der Aufgabenerfüllung.

Die Optionen der neuen Techniken lassen damit erstmals einen Widerspruch lösbar erscheinen: Den Widerspruch zwischen dem hohen Maß an Selbstbestimmung in Privatleben und Freizeit, den die Arbeitnehmer in den letzten Jahrzehnten erreicht haben und den zahlreichen Restriktionen am Arbeitsplatz in der Betriebspraxis, die aus den Sachzwängen des neunzehnten Jahrhunderts resultieren. Zugleich wird deutlich, daß technisch ökonomisches Potential zur individuelleren Arbeitsgestaltung und betriebliche Praxis zunehmend auseinanderklaffen.

3. Flexibilität durch Qualifikation

3.1 Individualisierung der Arbeitsgestaltung

Im Vergleich zu der wünschenswerten, technisch und ökonomisch machbaren breiten und abwägenden Gestaltung der Arbeitsverhältnisse waren die Tarifverhandlungen der vergangenen Jahre inhaltlich eng begrenzt, wenig differenziert und phantasielos. Es ging im Schwerpunkt um Lohnzuwachsraten, pauschale Arbeitszeitverkürzungen und Verbesserung der Arbeitsbedingungen. Es wurde verpaßt, den möglichen qualitativen Wandel einzuleiten. Und auch der „Flexibilisierungstarifvertrag“ vom letzten Jahr war lediglich ein Fehlschlag in die richtige Richtung, weil er zu spät eingeleitet wurde, von den Gewerkschaften unterlaufen und von vielen Unternehmen nicht durchgesetzt wird.

Inwieweit die technischen Möglichkeiten zu einem breiteren Gestaltungsspektrum der Arbeitsverhältnisse ausgebaut werden können, hängt also vor allem vom Selbstverständnis der Tarifparteien und von ihrer Fähigkeit ab, erstarrte Denkgewohnheiten und veraltete institutionelle Regelungsmuster zu überwinden, da die Tabuisierung der Flexibilität Gewerkschaften ins Abseits bringt. Da auf Dauer die Unterlasser an Wettbewerbsfähigkeit verlieren und ausscheiden werden, zeichnet sich ein Wendepunkt in der Arbeitswelt ab. In der neuen Situation wird eine Individualisierung der Arbeitsverhältnisse möglich. Dies bedeutet von den Inhalten her eine Offensive in zwei Richtungen:

— die Auflösung traditioneller, technischer und ökonomischer Sachzwänge ermöglicht erstens die Eröffnung von Wahlmöglichkeiten hinsichtlich des Arbeits- und Leistungsumfangs sowie hinsichtlich der Termingestaltung, der örtlichen Arbeitsbedingungen und weiterer Umstände des Arbeitsvollzugs.

— Neue Bedürfnisse, der hohe Grad an Saturiertheit und die breite Vermögensstreuung in Teilen der Bevölkerung erlauben dann zweitens den Übergang zu einer Mehrdimensionalität in der Leistungsbewertung, in den Arbeitsentgelten sowie in den übrigen Leistungsanreizen.

Beides, die Individualisierung der Arbeitsgestaltung, wie auch die Individualisierung der Belohnung setzt freilich erheblich mehr an Kostenbewußtsein und Eigenverantwortlichkeit voraus, als heute allgemein vorhanden ist. Die Abkehr vom Normarbeitsplatz, Normarbeiter, Normlohn und von der Normarbeitszeit ist eine Herausforderung an Unternehmen, Gewerkschaften und Gesetzgeber.

Beim Übergang zu neuen Strukturen gewinnen neben der Fähigkeit der Unternehmen zur planerischen Bewältigung von mehr Flexibilität Engpässe im Hinblick auf spezifische Personalqualifikationen, insbesondere auf der Facharbeiter- und unteren Führungsebene, an Gewicht.

Man sollte diese Engpässe nun nicht weiter durch zu strenge und zu pauschale Regelungen verschärfen. Es sind vielmehr Entwicklungen möglich und nötig, die eine Entlastung an solchen Engpaßstellen erlauben. Dabei ist zunächst an die Auflösung fixer Arbeitszeitvorschriften und die Möglichkeit des flexiblen Aushandelns entsprechend dem Wunsch der jeweiligen Arbeitnehmer und den Erfordernissen des jeweiligen Betriebes denkbar. Dies freilich unter der Beachtung gewisser Obergrenzen und entsprechender Beratung und Unterstützung der betroffenen Arbeitnehmer durch ihre Vertreter, denen in diesem Zusammenhang völlig neue Aufgabenstellungen zuwachsen.

Eine vordringliche tarifpolitische Aufgabe wäre es, darüber hinaus neben der defensiven Arbeitszeitverkürzung und der nur modifizierenden Differenzierung in einer offensiven Tarifpolitik einen Teil des Zeitertrages zu reinvestieren. Die Analogie zum Kapital liegt dabei klar auf der Hand. Das Kapital für den Innovations- und Rationalisierungsfortschritt, aufgrund dessen letztlich Arbeitszeitverkürzung möglich wird, resultiert ursprünglich aus Ersparnissen. Analog sollte man also auch Arbeitnehmer dazu anhalten, ihre Ersparnisse in Form von Lohn und Zeit zu reinvestieren. Da — wie gezeigt — auf der nächsten Automationsstufe, menschliche Arbeitskraft in ihrer heute verbreiteten Qualifikationsform gegenüber dem Betriebsmittel und damit dem Kapital ins Hintertreffen gerät, ist zur Erhaltung des Gleichgewichts oder gar zu einer aktiven Beteiligung die Investition der eingesparten Zeit in Weiter-, Höher- und Umqualifikation der Arbeitnehmer und ihrer Vertreter unumgänglich. D. h., zu der quantitativen Flexibilität muß unbedingt eine qualitative Dimension der Flexibilität treten, die eine Anpassung an zukünftige Entwicklungen erlaubt.

3.2 Qualitative Flexibilität durch lebenslanges Lernen

Da aus der Struktur der Arbeitslosigkeit in der Bundesrepublik einsichtig wird, daß gerade Defizite in der beruflichen Qualifikation Neueinstellungen und Innovationen behindern, die Ursache von Frühverrentung sind und die Wiedereingliederung von Arbeitslosen in das Berufsleben erschweren, hört man allerorts die Forderung nach lebenslangem Lernen, und man bezieht die Forderung vor allem auf die berufliche Aus- und Weiterbildung.

Sicher gibt es schon in einzelnen Fällen ein intensives persönliches Bemühen um lebenslange Lern- und Anpassungsprozesse, doch dürfte dies eher die Ausnahme sein. Das Verlangen nach „lebenslangem Lernen" überfordert die meisten Arbeitnehmer, für sie ist Lernen mit Schule, Streß, vermindertem Einkommen und ähnlichem verbunden. Da auch ihre gewerkschaftlichen Vertreter in der Vergangenheit Arbeitszeitverkürzung und Freizeit vorzogen, bleibt innerhalb der verdichteten Restarbeitszeit wenig Raum für lebenslanges Lernen im betrieblichen Alltag. Da die öffentliche Hand mit ihren bescheidenen Mitteln nur sehr begrenzt zu einer Qualifizierungsoffensive in der Lage ist und diese dann auch vornehmlich an den Arbeitslosen ausrichtet, sind die im Strukturwandel auftretenden Qualifikationsdefizite vor allem eine Gefährdung der Arbeitsplatzbesitzenden. Solange sie und die Tarifvertragsparteien lediglich defensive Besitzstandswahrung für eine Stammgruppe betreiben und eine Qualifikationsoffensive den Arbeitslosen und der öffentlichen Hand überlassen, tragen sie nicht zu mehr Beschäftigung und qualitativem Wachstum, sondern zur Erstarrung und in der Folge zur weiteren Freisetzung nicht mehr richtig qualifizierter Arbeitnehmer bei.

Welche Gründe sprechen nun für eine stärkere Berücksichtigung von Lernen und Weiterbildung im Berufsleben?

An erster Stelle steht heute der technische Wandel. Mit der Einführung neuer Techniken kommt es zu einer Veränderung der Arbeitsinhalte. Aus veränderten Inhalten folgen schließlich neue Anforderungen an die berufliche Qualifikation von Arbeitnehmern. Zum einen gehen alte Qualifikationsinhalte verloren, weil bestimmte Aufgabenstellungen mit neuen Techniken besser, einfacher und billiger auszuführen sind als durch Arbeitnehmer. Auf der anderen Seite kommen neue Anforderungen hinzu. Aus der einfachen Addition von alten und neuen Anforderungen folgt, daß die Anforderungen an die berufliche Qualifikation von Arbeitnehmern mit der Einführung neuer Techniken steigen werden. Doch dürfte dies in dieser schlichten Form nicht eintreffen, weil viele der Eingangsprobleme im Verlaufe der Integration neuer Techniken gelöst werden und sich dann die Arbeitswelt auf einem neuen Niveau stabilisieren wird, so daß davon auszugehen ist, daß ein Teil der Qualifikationen über die Zeit ausgetauscht werden muß.

Gleichzeitig hat sich die deutsche Wirtschaft einem dynamischen internationalen Rationalisierungs-Innovationswettbewerb zu stellen. Sie tut dies heute nicht nur mit einem zum Teil veralteten Maschinenpark, sondern auch mit einem Humankapital auf der Basis veralteter Berufsbilder und eines alten Musters der Arbeitsteilung. Beim Versuch, nun mit dieser internationalen Wettbewerbsdynamik Schritt zu halten, stößt man auf Engpässe, nicht so sehr bei neuen Techniken, sondern vor allem im Bereich der beruflichen Qualifikation zur Bewältigung dieser Techniken. Vergleicht man z. B. unsere Produktionsverhältnisse mit den japanischen, so zeigt sich, daß es den vielbeschworenen technologischen Abstand gar nicht gibt, aber doch erhebliche Unterschiede in der Fähigkeit des Personals im Umgang mit diesen Techniken bestehen und sich gerade aus diesen Personalqualifikationen erhebliche Wettbewerbsvorteile für die Konkurrenten ergeben.

Als dritter Grund für eine stärkere Berücksichtigung von Lernen und Weiterbildung im Berufsleben kommt hinzu, daß bei vielen Jugendlichen, die in den letzten Jahren mit Mühe und Not einen Arbeitsplatz gefunden haben, die Erstausbildung nicht gerade die Ausbildung ihrer ersten Wahl war. Man wird also davon ausgehen müssen, daß die damit erreichte berufliche Qualifikation für viele Arbeitnehmer nicht voll ihren Neigungen und Fähigkeiten entspricht, so daß auch aus diesem Grund in der Zukunft erhebliche Um- und Weiterbildungsaufgaben anfallen.

Weiter wird man davon auszugehen haben, daß mit dem gestiegenen Erstausbildungsniveau in der Bundesrepublik in Zukunft auch der Weiterbildungsbedarf steigt. In der Vergangenheit hat sich gezeigt, daß, je höher der Erstausbildungsabschluß, umso größer auch die Bereitschaft und der Bedarf nach zusätzlichen Weiterbildungsaktivitäten ist.

Als letzter Grund kommt hinzu, daß die Lebenserwartung der Bevölkerung doch erheblich gestiegen ist. Verknüpft man dieses Ergebnis mit der demographischen Entwicklung in der Bundesrepublik, dann zeigt sich, daß nach dem Eintritt der geburtenstarken Jahrgänge in das Berufsleben der sogenannte Pillenknick spätestens um das Jahr 2000 herum zu einer starken Verschiebung im Altersaufbau unserer Bevölkerung führt und ein immer breiterer Überbau von Älteren von einer immer schmaler werdenden Säule von Jugendlichen getragen werden muß. Das gilt dann auch für die Personalstruktur der Betriebe. Aus diesem Verbund von verschobener demographischer Entwicklung, zunehmender Lebenserwartung und, wie zu vermuten ist, bei sinkendem Renteneinkommen auch zunehmender Bereitschaft, über die heutigen Pensionierungsgrenzen hinaus noch beruflich tätig zu sein, erwächst sicher das Bedürfnis, Arbeitnehmer während des Berufslebens so weiterzubilden, daß sie auch noch in der zweiten Lebenshälfte in ihrer beruflichen Qualifikation wirklich up to date sind. Da die Pensionäre des Jahres 2020 heute aber schon 30 Jahre alt sind, wird es höchste Zeit, mit dieser Weiterbildung zu beginnen.

Diese Gründe: technischer Wandel, internationaler Wettbewerbsdruck, falsche Erstausbildung, höheres Ausbildungsniveau und das Bestreben, auch noch im Alter ausreichend qualifiziert zu sein, sprechen also für eine stärkere Berücksichtigung von Lernen und Weiterbildung im Berufsleben. Betrachtet man nun die aktuellen Entwicklungstendenzen in der Bundesrepublik und die allgemein anerkannten Notwendigkeiten zum lebenslangen Lernen, dann zeigt sich ein erheblicher Widerspruch.

Was nützt es, wenn man zur Modernisierung einer Volkswirtschaft wie in der Vergangenheit vor allem in neue Techniken investiert, aber die Personalqualifikation nicht mitentwickelt. Wenn Unternehmen die Erneuerung des Qualifikationsprofils dann bevorzugt über einen aussortierten Arbeitsmarkt versuchen und Arbeitnehmervertreter sich weigern, berufliche Weiterbildung an den Anforderungen innovatorischer Betriebsentwicklungen zu orientieren, dann fehlen die für Innovationen benötigten Qualifikationen und damit die qualitative Flexibilität. Man kommt schließlich zu dem fatalen Ergebnis, daß gerade die Unternehmen, die sich innovatorisch bemühen, einen Mangel an qualifizierten Arbeitskräften beklagen und gleichzeitig die Zahl der aus dem Arbeitsleben Aussortierten zunimmt.

Vor dem Hintergrund einer nie dagewesenen Bildungsexpansion in der Bundesrepublik mit steigenden Facharbeiterzahlen und einem wachsenden akademischen Proletariat klaffen also angebotene und nachgefragte Qualifikationen zunehmend auseinander.

Im Ergebnis führt das zu der heute sattsam bekannten Differenz zwischen Lohn und Qualifikation. Eine Differenz, die nicht daraus folgt, daß das Qualifikationsniveau insgesamt zu niedrig ist, sondern vor allem dadurch wirksam wird, daß die Qualifikationsinhalte in der Vergangenheit nicht rechtzeitig und kontinuierlich weiterentwickelt wurden. Der Streit nun über das Patentrezept, unter diesen Umständen das Lohniveau der nicht vorhandenen Qualifikationen anzupassen, um die Aussortierten wieder ins Arbeitsleben zu integrieren, lenkt aber vom eigentlichen Problem ab. Denn ein abgesenkter Lohn, der der nicht vorhandenen Qualifikation von Arbeitslosen entspricht, hätte fatale Folgen für das gesamtwirtschaftliche Ergebnis, weil sich auch die Wettbewerbsfähigkeit einer sich derart nach unten nivellierenden Volkswirtschaft erheblich vermindern würde.

3.3 Reinvestition von eingesparter Zeit in berufliche Weiterbildung

Angesichts wachsender Freizeit und Arbeitslosigkeit auf der einen und zunehmenden Qualifikationsengpässen auf der anderen Seite gibt es aber neben dieser Lösung, Absenkung des Lohnniveaus, noch eine zweite, eine offensive Lösung:

Man kann schließlich auch das Qualifikationsniveau dem Lohnniveau anpassen. Das ist dann freilich keine einmalige, sondern, unter den Umständen einer dynamischen Wirtschaft, eine Daueraufgabe, die das gesamte Berufsleben begleiten müßte. Damit kommt man wieder auf das aktuelle Schlagwort vom lebenslangen Lernen. Ein Schlagwort, das inzwischen fast jeder Sonntagsredner kennt, bei dem sich aber keiner festlegt, wann und unter welchen Umständen dieses lebenslange Lernen stattfinden soll.

Wir wissen nur soviel, daß der berufliche Alltag, wie ihn die Tarifparteien heute gestaltet haben, dafür kaum Raum läßt. Gelernt wird in der Regel nur im Ausnahmezustand:

— als Schüler ohne Einkommen,
— als Lehrling mit niedrigem Status,

— als Arbeitsloser unter dem Makel der Sozialhilfe und
— als Frührentner schließlich zur Beschäftigungstherapie.

Auch die gutgemeinte und längst überfällige Qualifizierungsoffensive der öffentlichen Hand greift erst für den, der aus dem Beschäftigungssystem herausgefallen ist. Die dafür freigestellten Mittel der Arbeitslosenversicherung sind nicht nur mit schwierigen Steuerungsentscheidungen, wer mit welcher richtigen Weiterbildung versorgt werden soll, verbunden, sondern reichen, und das ist noch viel wichtiger, für das anstehende Problem nicht aus.

Daß hier und heute viel mehr möglich ist, demonstrieren einige Betriebe beispielhaft, freilich in der Regel nur, solange man sich das leisten kann. Denn die innerbetrieblichen Etats für solche personellen Weiterbildungsmaßnahmen sind am anfälligsten für Kürzungen in Krisenzeiten, weil die negativen Folgen solcher Einsparungen meist erst sehr viel später offensichtlich werden.

Im Berufsleben selbst findet man daher Weiterbildung lediglich in Musterbetrieben für Führungskräfte, als betriebliches Belohnungsinstrument, oft auch reaktiv an den Engpässen der Betriebsentwicklung, wo gerade für die Einführung neuer Organisationen oder Techniken bestimmte Qualifikationen gebraucht werden.

Lebenslanges Lernen findet aber gerade für die Masse der Berufstätigen in der Regel nicht statt. Schon die Forderung erscheint unrealistisch, denn die Tarifparteien haben es im Kampf um Besitzstände versäumt, etwas für die soziale Beherrschung von Wandlungsprozessen zu tun. Die Nutzung der Tarifautonomie zur Verteilung der Reste verstärkte den Trend zur weiteren Verkürzung der Lebensarbeitszeit eines schrumpfenden Beschäftigtenanteils. Rationalisierungs- und Produktivitätszuwachs werden also umgesetzt in Freizeit und Arbeitslosigkeit. Kurzsichtige, tariftaktische Optimierungen halten den Lohn und das daran gekoppelte Qualifikationsniveau so niedrig wie möglich.

Für die Berufstätigen gibt es weder ein Recht auf kontinuierliche Weiterbildung im Beruf noch eine Verpflichtung, durch Weiterbildung zur eigenen Zukunftsvorsorge beizutragen.

Wenn nun aber die Klagen der Betriebe über den Mangel an qualifizierten Arbeitskräften und der Wunsch der Gewerkschaften nach qualifizierten Arbeitsplätzen wirklich ernst sind, dann fragt man sich, warum sich die Tarifpartner heute im Resteverteilen erschöpfen und nicht gemeinsam die freigesetzte Arbeitszeit als Chance begreifen, an einer dynamischen Entwicklung mitzuwirken.

Würde man also z. B. statt über eine Verkürzung der Wochenarbeitszeit von 40 auf 35 Stunden in den nächsten Tarifrunden über 5 Stunden berufliche Weiterbildung verhandeln, dann wären die Tarifpartner wieder glaubhafter. 5 Stunden berufliche Weiterbildung wäre die qualitative Dimension einer Flexibilisierungspolitik. Und das eigentliche Ergebnis wäre ein starker Schub in Richtung höherer

Wettbewerbsfähigkeit und eines verbesserten und aktualisierten Qualifikationsniveaus der Erwerbsbevölkerung, der weit über das Jahr 2000 hinausreicht, und dessen Arbeitsmarktwirkungen daher gar nicht abzuschätzen sind.

Mit 5 Stunden Weiterbildungszeit pro Woche könnten überlange Erstausbildungen verkürzt und Wartezeiten für ausgebildete Jugendliche abgebaut werden. 5 Stunden Weiterbildungszeit müßten nicht unbedingt in jeder Woche zugeteilt werden, sie könnten auch angespart und phasen- oder gruppenspezifisch verausgabt werden. Sie wirkten dann für den einzelnen Arbeitnehmer wie eine Versicherung, um der Arbeitslosigkeit und der Frühverrentung vorzubeugen. Wenn man derartige Ansprüche rechtzeitig zur Umschulung und Weiterbildung nutzt, besteht die begründete Chance, daß man auch noch in der zweiten Lebenshälfte beruflich up do date ist.

Eine derartige Investition in das Humankapital, wie sie durch 5 Stunden Weiterbildungszeit pro Woche einträte, wäre größer als jedes staatlich finanzierbare Beschäftigungsprogramm und käme Arbeitnehmern, Arbeitgebern und Arbeitslosen zugute.

Eine solche Weiterbildungsoffensive garantiert eine längere sinnvolle Berufstätigkeit mit geringerer Anfälligkeit für Arbeitslosigkeit. Sie ist Voraussetzung für die Einheit von Ausbildung, Weiterbildung, Berufstätigkeit und Weitergabe dieser Erfahrungen im Beruf.

Mit 5 Stunden Weiterbildungszeit und der zusätzlichen Beschäftigung von mindestens 1 Million Arbeitslosen würde das brachliegende Arbeitsvolumen sinnvoll genutzt und man könnte zugleich dazu beitragen, daß in den neunziger Jahren, wenn die angekündigten Arbeitskraftüberhänge verschwinden, das Erwerbspersonenpotential fällt und eine kleiner werdende Beschäftigtenzahl unseren Wohlstand sichern muß, die deutsche Volkswirtschaft sich auf einem hochentwickelten Technikstand befindet und zugleich über adäquat qualifiziertes Personal verfügt.

Warum wollen also Unternehmer der schwerfälligen öffentlichen Hand die Qualifizierungsoffensive überlassen, wo es doch ihr ureigenstes Interesse sein müßte, über qualifizierte Mitarbeiter die Wettbewerbsfähigkeit zu sichern?

Warum können Arbeitnehmer und Gewerkschaften nicht analog den Unternehmen, die ja Gewinne in Modernisierung technischer Ausrüstung investieren, die Investition von eingesparter Zeit in Qualifikationen betreiben, anstatt in Freizeit zu verpulvern, um den Besitzstand ihrer Klientel, der Arbeitnehmer, auch in dynamischen Zeiten wirklich zu sichern?

Natürlich paßt eine solche Investition von eingesparter Zeit in Qualifikation nicht in das Verteilungsritual einer phantasielosen quantitativen Tarifpolitik. Man wird deshalb nun wieder, wie üblich, Argumente sammeln, warum dies nicht geht oder nur sehr schwer geht. Man könnte aber auch diesen Spielraum ausloten und flexible Lösungsansätze zur wöchentlichen, jährlichen und auch Weiterbildung in größeren Abständen suchen:

- Lösungen, die die Weiterbildung von den demotivierenden negativen Begleitumständen außerbetrieblicher Anpassungsmaßnahmen befreien,
- Lösungen, in denen Aus- und Weiterbildung nicht Ausnahmezustand, sondern natürlicher Bestandteil des betrieblichen Alltags sind.

Erst wenn dies gelingt, ist lebenslanges Lernen wirklich praktizierbar.

Arbeitgeber und Gewerkschaften sind hier gefordert. Da sie über Volumina entscheiden, die in keinem öffentlichen Programm zur Verfügung stehen, sollten sie endlich die für den technischen Wandel erforderliche Flexibilität schaffen, die berufliche Qualifikation und Weiterbildung zurück an den Arbeitsplatz bringen, den Staat auf seine subsidiäre Funktion verweisen und damit einen Dynamisierungsschub auslösen, der über die Jahrhundertwende hinausreicht.

Produktionstechnik im Wandel — Auswirkungen technischer, ökonomischer und sozialer Art

Von Professor Dr.-Ing. Hans-Jürgen Warnecke

1. Die Situation

Gegenwärtig befinden wir uns in der 3. Industriellen Revolution — oder besser gesagt: Evolution, denn wir sprechen über einen Zeitraum von 20 bis 30 Jahren.

Die 1. industrielle Revolution fand gegen Ende des 18. Jahrhunderts statt und war charakterisiert durch die Einführung der Dampfmaschine, die Mechanisierung des Webstuhles sowie die Mechanisierung des Verkehrswesens zu Lande und zu Wasser. Aber auch diese Revolution wurde bereits begleitet durch soziale Spannungen, wie sie uns allen mit den Weber-Aufständen bekannt sind. Die 2. Industrielle Revolution gegen Ende des 19. Jahrhunderts ist gekennzeichnet durch die Entwicklung des Elektromotores sowie der Brennkraftmaschinen, wodurch eine sehr starke Dezentralisierung der Energieversorgung ermöglicht wurde. In der Produktionstechnik ist diese Zeit gekennzeichnet durch die Wandlung handwerklicher zu industriellen Strukturen, durch die Arbeiten von Taylor zur Arbeitsteilung und die Einführung des Fließbandes bei Ford. Auch dadurch ergaben sich soziale Spannungen und in diese Zeit fällt die Bildung der Gewerkschaften und erste soziale Gesetzgebungsmaßnahmen sind erforderlich. Die heutige, die 3. industrielle Revolution zum Ende des 20. Jahrhunderts ist gekennzeichnet durch den Übergang von der Industrie- in die Informations- und Dienstleistungsgesellschaft, da der leistungsfähige Mikroprozessor es ermöglicht, Informationen dezentral aktuell zu niedrigen Kosten bereitzustellen. Für die Güterproduktion sind immer weniger Arbeitskräfte erforderlich. Damit haben wir auch jetzt Probleme, die sich z. B. in Rationalisierungsschutzabkommen, in weiterer Kürzung der Wochenarbeitszeit sowie einen Stellenstrukturwandel bei den Berufsinhalten bemerkbar machen. Die Probleme werden noch verstärkt dadurch, daß eine drastische Änderung in der internationalen Arbeitsteilung stattfindet, vor allem gekennzeichnet durch die wirtschaftliche Entwicklung des pazifischen Raumes sowie durch Sättigungserscheinungen für bestimmte Produkte und Märkte einerseits und Kaufkraftschwäche vieler Volkswirtschaften andererseits.

1.1 Weltwirtschaft im Wandel

Der Anteil der Bundesrepublik Deutschland am Weltexport mit 9,7 % (1984) ist immer noch erfreulich hoch, aber seit 1973 (12,6 %) kontinuierlich zurückgegangen. Der Anteil der USA ist in den vergangenen 20 Jahren von 20,5 % auf 12,4 % zurückgegangen, Japan hat seinen Anteil von 1,7 % auf 9,5 % gesteigert. Damit sind erhebliche Verschiebungen in der internationalen Arbeitsteilung, teilweise zu Lasten deutscher Produkte und Produktionen verbunden gewesen. Der nordatlantische Raum mit den Wirtschaftsräumen Westeuropa und Ostküste USA hat an Bedeutung eingebüßt, der pazifische Raum, besonders Südostasien, hat gewonnen.

Diese Verschiebungen wirken sich auf exportorientierte Unternehmen aus, die sich in nachfrageschwachen Käufermärkten gegen den internationalen Wettbewerb behaupten müssen.

Dazu bieten sich zwei Strategien an:

— Die angebotenen Leistungen bzw. Produkte beinhalten soviel Wissen und Können, daß Wettbewerber entweder durch Schutzrechte und damit erforderliche Lizenzzahlungen oder aber durch hohe notwendige Forschungs- und Entwicklungsaufwendungen ferngehalten werden. Dieses Vorgehen kann man immer wieder bei Marktführern oder auch bei Unternehmen beobachten, die Marktnischen abdecken.

— Einfache und billige Produkte lassen sich auch jetzt und in Zukunft wettbewerbsfähig in der Bundesrepublik Deutschland herstellen, wenn viel Wissen und Können in der Leistungserstellung, also der Produktion, vorhanden sind. Durch Nutzen der Möglichkeiten zur flexiblen Produktion kann mit Ideen und Kapitaleinsatz eine Produktion gestaltet werden, die es ebenfalls für den Wettbewerber schwer macht, mitzuhalten.

Erwähnt sei, daß der Know-how-Vorsprung in der Regel umso größer sein muß, je weiter entfernt die Märkte vom Produktionsstandort sind. Das bedingt in weltweit tätigen, großen Unternehmen eine immer wiederkehrende Überprüfung des Standortes.

1.2 Arbeitsmarkt im Wandel

In der EG sind von 1981—83 (3 Jahre) 3 Mio Arbeitsplätze verlorengegangen, bei 118,9 Mio Erwerbstätigen gibt es 11,3 Mio Arbeitslose.

1,6 Mio Arbeitsplätze sind allein in Großbritannien, 1,1 Mio in der BR Deutschland verlorengegangen, dagegen sind in Japan 1,1 Mio, in USA 1,3 Mio neue Arbeitsplätze geschaffen worden. Vor allem strukturelle Arbeitslosigkeit (ältere Arbeitnehmer, Frauen) sowie der Einfluß starker Geburtsjahrgänge (Jugendliche) ist erkennbar, die Arbeitslosenunterstützung in der OECD betrug 1970 1 %, 1980 2,5 % der öffentlichen Gesamtausgaben.

In der EG waren 1983 Beschäftigte in

Dienstleistungen	63 Mio (59 %)	(+ 23 %)
Industrie	37 Mio (35 %)	(– 17 %)
Landwirtschaft	7 Mio (6 %)	(– 33 %)

Die letzte Spalte gibt die Änderungen von 1970 bis 1983 an, die in Japan und USA noch stärker waren. In den USA sind zum Vergleich nur noch 3,5 Mio in der Landwirtschaft tätig.

Der Anteil der Erwerbstätigen im industriellen Bereich wird in den nächsten 20 Jahren weiter stark zurückgehen, voraussichtlich auf zwei Drittel. Dienstleistungen jeder Art werden eine zunehmende Bedeutung für den Arbeitsmarkt haben.

Die Frage nach dem Einfluß neuer Technologien auf die Arbeitsplätze wird häufig sehr unterschiedlich — meist beeinflußt durch die Interessenlage — beantwortet. Sicher kann aber gesagt werden, daß grundsätzlich neue Technologien immer nur dann angewendet werden, wenn sie Einsparungen bei den Produktionsfaktoren und damit eine wettbewerbsfähigere Leistungserstellung gestatten. Es findet also ein Abbau von Arbeitsplätzen statt. Demgegenüber ist aber zu sagen, daß neue Technologien auch neue Möglichkeiten für neue Produkte eröffnen und damit häufig Bedürfnisse besser befriedigt werden oder aber neue Bedürfnisse entstehen. Das Spektrum der Bedürfnisse des Menschen kann als unendlich angesehen werden. Damit eröffnen sich neue Märkte und neue Produktionen mit neuen Arbeitplätzen. Damit ist die Aussage, daß neue Technologien Arbeitsplätze schaffen, ebenfalls richtig. Es muß aber festgehalten werden, daß in der Regel die positiven Auswirkungen erst mit einer Phasenverschiebung zum Tragen kommen und selbstverständlich nicht eine Ausgeglichenheit der positiven und negativen Einflüsse auf den Arbeitsmarkt gegeben sein muß. Weiterhin sind häufig neue Berufe oder zumindest Berufsinhalte mit entsprechenden Anforderungen in der Aus- und Weiterbildung erforderlich.

Eine Studie im Bereich der Montage von Produkten, vom Fraunhofer-Institut für Produktionstechnik und Automatisierung (IPA) mit Förderung des BMFT durchgeführt, hat gezeigt:

Es sind etwa 1,2 Mio Erwerbstätige in der BR Deutschland mit Montagearbeiten beschäftigt, davon etwa die Hälfte im Außendienst auf Baustellen. Ihre Zahl könnte nur durch montagefreundlichere Produktgestaltung gesenkt werden. Die andere Hälfte wird zusätzlich durch Automatisierung z. B. mittels Industrieroboter beeinflußt, unterschiedlich in verschiedenen Branchen. Das geschätzte „Automatisierungs"-potential bis 1992 beträfe 120000 Arbeitsplätze, also 10 %.

Wenn man die Entwicklung, die in der Landwirtschaft eingetreten ist, nämlich, daß vor 100 Jahren noch die Arbeit von 300 Menschen erforderlich war in der

Landwirtschaft, um 1000 Menschen zu ernähren, während es heute nur noch etwa 30 sind, so ist auch in der Industrie abzusehen, daß wir in erhebliche Produktionsüberkapazitäten hineinlaufen. Dieses zeichnet sich auch immer wieder in einzelnen Branchen ab, als Beispiel sei nur in der gegenwärtigen Situation der Schiffbau genannt. Subventionen, wie wir sie in der Landwirtschaft aus verschiedenen Gründen leisten, sind für schwer verkäufliche Industriegüter nicht vorstellbar, sicher auch sehr schnell unbezahlbar. Deshalb werden die Produktionskapazitäten, die technisch und wirtschaftlich relativ am schlechtesten arbeiten, sicher abgebaut werden müssen. Hier gilt das Sprichwort: Den Letzten beißen die Hunde.

1.3 Produktionstechnik im Wandel

Das Preis-Leistungsverhältnis von Rechnern (Daten verarbeiten und speichern) wird auch in der Zukunft noch weiter stark verbessert werden — durch immer feinere Strukturen und Packungsdichte mikroelektronischer Schaltungen (Chips). Derzeit ist man bei Strukturen von 2,5 μm Dicke; man glaubt bis auf 0,3 μm (Lichtwellenlänge!) herunterkommen zu können.

Die schnelle Übertragung großer Datenmengen über große Entfernungen wird möglich (Nachrichtensatelliten, Breitbandkabel) und damit eine enge Informationsverknüpfung von Arbeitsstandorten, z. B. von Zulieferant und Abnehmer. Eine große Datenfülle kann auch Informationsmangel bedeuten. Bei richtiger Nutzung ist „Information“ ein entscheidender Produktionsfaktor. Information als Voraussetzung für das Entscheiden und Ausführen kann an jedem Arbeitsplatz bereitgestellt werden. Entscheidungen können also dort gefällt werden, wo das Problem anfällt. Dezentrale, kurze und schnelle Regelkreise sind möglich. Im Produktionsbereich kann Denken und Handeln wieder teilweise in einer Person oder einer Gruppe — darin wieder gewisse Arbeitsteilung und gemischte Strukturen — zusammengeführt werden, Entscheidungen werden in die Werkstatt zurückverlegt werden, die Hierarchiestruktur kann weniger Ebenen haben. Auch Produzenten und Konsumenten können direkt über Rechnernetze in Zukunft kommunizieren.

Der Weg zur rechnerintegrierten Fertigung (CIM) vollzieht sich in Teilschritten und langsamer als allgemein angenommen. Wir können von Zeiträumen von 15 . . . 20 Jahren ausgehen. Teilschritte sind z. B. rechnerunterstütztes Konstruieren und Planen (CAD/CAP) zur Programmerstellung für rechnergesteuerte Produktionsmaschinen, rechnergesteuerter Betrieb von mehreren Maschinen (Fertigungssystemen), Integration von Produktionsplanung und Steuerung (PPS-Systemen) mit der Entwicklung und Konstruktion sowie der Fertigung.

CIM soll die traditionelle Trennung von technischer, organisatorischer und kommerzieller Datenverarbeitung aufheben und auch nicht am Fabriktor enden.

CIM muß sich in den Gegebenheiten verwirklichen, es ist also zunächst nur eine strategische Zielsetzung. Es werden offene Netze (OSI; Open Systems Interconnection) notwendig sein, um Computer unterschiedlichster Leistungsklasse und verschiedenster Hersteller miteinander kommunizieren zu lassen. Die dazu gegenwärtig laufenden Aktivitäten kann man unter den Stichworten MAP und TOP (Manufacturing Automation Protocol und Technical Office Protocol) zusammenfassen. Es ist eine internationale Standardisierungsbewegung im Gange.

Integrierte Rechnersysteme mit zentralen Datenbanken und modularen kompatiblen Software-Lösungen sind meist noch nicht Stand der Technik. Vor allem die großen Unternehmen des Fahrzeug- und Flugzeugbaus sind auf diesem Gebiet Schrittmacher. Das bedeutendste Potential stellt die mechanische Konstruktion und Fertigung im Maschinenbau dar, das zu einem durchgängigen Prozeßleitungssystem verknüpft werden kann. Das wird aber stark behindert durch die mittelständische Struktur des deutschen Maschinen- und Anlagenbaues. Durch den vernetzten Rechnereinsatz werden die Ziele verfolgt, die bestehende Ressorttrennung zwischen Konstruktion und Fertigung sowie die Mehrfachspeicherung gleicher Datenbestände zu vermeiden. In der Praxis sind bisher fast nur ausschließlich teilintegrierte Systeme anzutreffen, wie CAD-NC-Programmierung, SAD-FEM-Vernetzung/Berechnung, CAD-Bewegungs-Simulation usw. Hemmnisse für die weitere Verbreitung sind im personellen und organisatorischen Bereich sowie im Investitionsvolumen zu suchen. Ein weiterer Aspekt ist der hohe Aufwand für Planung, Systemanpassung und Anwenderschulung in Verbindung mit der Einführung. Weiterhin erschwerend ist das unübersichtliche Marktangebot. Nur ausgesprochene Kenner sind zu einer gezielten Auswahl in der Lage.

Aber nicht nur die informationstechnische Verknüpfung wird überdacht, sondern auch die materialflußtechnische und die Maschinenkonzepte für eine schnelle Auftragsabwicklung. Als Beispiel sei nur genannt, daß die Zahl der Arbeitsgänge, die auf verschiedenen Maschinen auszuführen sind, für die Durchlaufzeit und die Qualität von großem Einfluß sind. Man hat also gerade in der Kleinserienfertigung die Tendenz, möglichst viele Funktionen in einer Maschine zu vereinigen, um die Zahl der notwendigen Aufspannungen und Arbeitsgänge zu minimieren.

Produkte und Produktionsabläufe werden aber zukünftig nicht nur menschengerecht gestaltet. Ein Umdenken findet statt in Richtung robotergerechter Gestaltung für eine automatisierte Herstellung. Dazu gehört z. B. die Containerisierung des innerbetrieblichen Transports, die ein automatisches Be- und Entladen an den Schnittstellen der Transportkette ermöglicht.

Produkte und Produktionsprozesse werden zunehmend auf wissenschaftliche Erkenntnisse basiert, weniger auf Erfahrungen, die mehr und mehr in Expertensystemen gespeichert werden kann. Produkte haben Sensoren und Diagnose-Systeme, mit denen sie ihren eigenen Zustand jeweils selbst kontrollieren und notwendige Maßnahmen von außen abrufen können. Die Prozeßautomatisierung bedient sich mehr der Simulationsverfahren, die eine ständige Optimierung ermöglichen. Hoher Kapitaleinsatz und komplexe Abläufe erfordern Simulationstechniken, die wiederum gestatten: Mache es gleich richtig.

2. Folgerungen

Aus der Situation ergeben sich Folgerungen und Maßnahmen mit Zielkonflikten zwischen Gesellschaft (Arbeitslosigkeit, Umwelt, Steuern, soziale Lasten), Unternehmen (Sicherung des Unternehmens, Wachstum, Ertrag) und Gewerkschaften bzw. Arbeitnehmern (Einkommen, Arbeitszeit, Arbeitsbedingungen).

Zielkonflikte sind natürliche Interessenkonflikte, die nur durch Kommunikation gelöst werden können. Es gibt dabei keine „gute“ und „böse“ Gruppe, da jede sowohl zum Lösen ihrer speziellen Aufgaben wie aber auch zum Konsens verpflichtet ist.

Für die Produktionstechnik gilt die Erkenntnis:

Ein Produktionsbetrieb wandelt Material unter Einsatz von Informationen und Energie in definierte Produkte um. In diesem Ablauf gibt es noch immer viele Schwachstellen sowie Zeit- und Geldverluste, die durch neue Denk- und Vorgehensweisen vermindert werden sollen.

— Produzieren ist Dienstleistung
  Der Produktionsbetrieb muß zunehmend so ausgelegt werden, daß er sehr schnell auf eine neue Nachfrage reagieren kann. Ähnlich wie bei einem Dienstleistungsbetrieb bedeutet das die Fähigkeit zu flexiblem Personaleinsatz sowie eine gewisse Betriebsmittel-Überkapazität, so daß keine Warteschlangen oder Lagerbestände entstehen.

— Flexibilität sichert Produktivität
  Die Produktivität vieler Produktionsstrukturen ist nur gegeben, wenn sie mit gleichartigen Produkten gleichmäßig über einen längeren Zeitraum voll ausgelastet sind. Durch schnelle Änderungen in Produkten und Märkten ist das jedoch vielfach nicht mehr erreichbar. Deswegen müssen zusätzliche Aufwendungen z. B. an Produktionsmaschinen getrieben werden, um deren Programmierbarkeit und Umstellbarkeit auf andere Produkte und Produktionsabläufe zu ermöglichen. Strategisches Management muß die üblichen Kosten- und Nutzenbetrachtungen ergänzen.

Zum Erfüllen dieser beiden Forderungen muß der Mensch, der Mitarbeiter, im Mittelpunkt stehen. Nur so ist Flexibilität und schnelles Reagieren möglich. Es wird sicher automatische Fertigungsbereiche geben, aber nicht die automatische

Fabrik. Wir müssen optimale Mensch-Maschine- bzw. Mensch-Rechner-Systeme entwickeln; wobei „optimal" auch immer ein Kompromiß zwischen Zielkonflikten bedeutet.

Produzieren ist also effizientes Bereitstellen

von Personal in Quantität (flexible Arbeitszeit, auch Überstunden) und Qualität (Beherrschen großer Arbeitsinhalte)

von Betriebsmitteln durch Programmierbarkeit,

von Material, geordnet in Magazinen (containerisiert) und

von Informationen (Rechnernetze).

Die Unternehmen müssen erkennen, daß sie nicht nur die betriebswirtschaftlichen Belange beachten und erfüllen müssen. Sie sind ein Teil des volkswirtschaftlichen und gesellschaftlichen Ganzen. Es gibt bisher noch keine befriedigenden Methoden, die außerhalb von Gesetzen und Vorschriften, die mikroökonomische, egoistische Entscheidung durch ganzheitliche Betrachtungen und Rechnungen beeinflussen. Der Wandel in den Bedürfnissen und Anforderungen muß erst noch begriffen und verarbeitet werden.

3. Quantitative Auswirkung auf dem Arbeitsmarkt

Neue Technologien schaffen in vorhandenen Tätigkeitsgebieten mehr Arbeitsplätze ab, als daß sie neue schaffen.

Bei der Einschätzung der Folgen der technischen Entwicklung auf die Zahl der Arbeitsplätze ist ein wesentliches Problem, daß sich die arbeitseinsparenden Wirkungen ziemlich genau quantifizieren lassen, die Wirkungen hinsichtlich Wettbewerbsfähigkeit, Marktanteilen und damit Unternehmens- und Arbeitsplatzsicherung aber erst in der Zukunft wirksam werden und nicht sicher vorhersagbar sind.

Vor 200 Jahren gelang der Ersatz des Menschen und des Pferdes als Antriebsmaschine durch die Entwicklung der Dampfmaschine, vor 100 Jahren die Übernahme der harten Arbeit in der Landwirtschaft von Maschinen, die Gesellschaft wandelte sich von einer Agrar- in eine Industriegesellschaft mit entsprechenden Schmerzen, Risiken und Chancen, jetzt werden geistige — aber nicht kreative — Leistungen des Menschen von Maschinen übernommen, besonders in Büro und Produktion, und ein Wandel von der Industrie- und Informations- und Dienstleistungsgesellschaft vollzieht sich, wieder mit entsprechenden Schmerzen, Risiken und Chancen. Bei den üblichen Betrachtungen dazu, die dann im Ergebnis mit eine katastrophalen Arbeitslosigkeit enden, werden zwei entscheidende Fehler gemacht:

Die einzelne Volkswirtschaft wird als geschlossenes System betrachtet und man geht davon aus, daß keine neuen Bedürfnisse entstehen. Ein Rückblick in die

Geschichte zeigt, daß beide Annahmen falsch sind. Als Beispiel sei nur erinnert an die Entwicklungen in der Landwirtschaft, bei der man vor 50 bis 100 Jahren auch keine Lösung gesehen hätte hinsichtlich der Freisetzung von Arbeitskräften durch die enorme Mechanisierung in diesem Bereich. In den vergangenen 100 Jahren sind aber durch die Industrialisierung ganz neue Forderungen und Bedürfnisse entstanden und gedeckt worden, die bis heute im wesentlichen zur Schaffung neuer Arbeitsplätze in der Industrie beigetragen haben. Es ist deshalb sicher der Optimismus nicht ganz ungerechtfertigt, daß auch in Zukunft durch die Innovation in der Informationstechnik und daraus entstehenden Produkte und Möglichkeiten neue Bedürfnisse und damit Märkte entstehen. Als Beispiel sei die Automobilindustrie genannt. Durch neue Produkte mit hohen Technologien und moderne Produktion — 60 % aller Industrieroboter sind dort eingesetzt — stieg seit 1975 die Beschäftigtenzahl um 123 000 Mitarbeiter. Ferner sollte es auch dadurch gelingen, die Entwicklungsländer mit ihrem großen Potential an Bedarf in das weltwirtschaftliche Geschehen besser einzubeziehen als das bis heute der Fall ist, wo nach wie vor der Warenaustausch im wesentlichen zwischen den hochindustrialisierten Ländern stattfindet. Insbesondere die Informationstechnik, die Rohstoffe und Energie einspart und Produkte verbilligt, ermöglicht langfristig ein weltweites Anheben des Lebensstandards.

Leider ist es hier auch wieder sehr viel einfacher, sich die negativen Auswirkungen auszumalen und zu extrapolieren, als die unendliche Erfindungs- und Anpassungsgabe des Menschen zu einer positiven Entwicklung darzustellen, die nach den bisherigen technischen Innovationen und Evolutionen immer eingetreten ist.

Innovation bedeutet meist Substitution und Rationalisierung, woraus neues Wachstum entsteht. Wenn wir nicht dabei vorausschreiten, findet dieses Wachstum außerhalb Deutschlands statt.

In der Produktion wird die Nutzung der automatisierten Betriebsmittel und die menschliche, persönliche Arbeitszeit weitgehend voneinander entkoppelt. Flexible Arbeitszeit und Teilzeitarbeit für die Mitarbeiter wird zunehmend möglich und auch notwendig, nicht nur im täglichen Ablauf, sondern auch im saisonalen Jahresablauf. Der Gefahr eines starken Anwachsens von Schichtarbeit an kapitalintensiven Anlagen wirkt teilweise der vollautomatische Betrieb entgegen. Weitere Arbeitszeitverkürzung ist zweifellos eine richtige Maßnahme, wenn menschliche Arbeit von Maschinen erledigt wird. Die generelle Verkürzung für alle ist allerdings fraglich und führt dort zu Problemen und Kostensteigerungen, wo die Kreativität entscheidend ist. Beispielhaft seien Lehre und Forschung, Konstruktion und Vertrieb genannt. Dort wird Arbeit durch Arbeit geschaffen, also dürfte dort die Arbeitszeit nicht in gleicher Weise verkürzt werden. Der Wunsch nach mehr Individualität auch in der Arbeitszeitregelung ergibt sich.

Fraglich ist, ob es gelingt, gesellschaftspolitisch und tarifpolitisch richtig zu handeln.

Nach einer neuen Studie von Prof. Wassily W. Leontief, Nobelpreis für Wirtschaftstheorien 1973 und bisher Pessimist in den Auswirkungen der Automatisierung auf den Arbeitsmarkt, wird die Zahl der Arbeitsplätze in den USA bis zum Jahr 2000 schneller ansteigen als der Arbeitsmarkt. 20 % aller Arbeitsplätze werden von Ingenieuren, Technikern und anderen Akademikern besetzt, 1978 waren es 15,6 %. Abnehmen wird die Zahl der Büroangestellten auf 11,5 %, 1978 waren es 17,8 %. Vor allem Arbeitsplätze für ungelernte Arbeitskräfte gehen verloren. Das Problem ist der Übergang in die neuen Strukturen. Einer der dabei beschrittenen Wege, Arbeit zu niedrigen Preisen, besonders bei Dienstleistungen anzubieten, ist wohl für uns zumindest ungewohnt.

4. Qualitative Auswirkung auf den Arbeitsmarkt

Technik und Mensch oder Technik und Arbeit ist weniger ein technisches Problem als ein organisatorisches und sozialpsychologisches.

Neue Technik und Automatisierung schafft nicht automatisch bessere Arbeitsbedingungen. Gestaltung der Arbeitsbedingungen und -inhalte sind wesentlich sowie die dazu vorhandene oder erforderliche Qualifikation.

Das Institut der deutschen Wirtschaft (IW) stellt fest:

„Die Möglichkeit zu höherer Qualifizierung und zu breiteren Tätigkeitsfeldern von Mitarbeitern beim Einsatz neuer Techniken ist in den Betrieben zwar angelegt, aber ein eindeutiger Trend zu höherer Qualifizierung des Personals ist nicht auszumachen" und das bei einer Steigerung der Ausgaben der privaten Wirtschaft für Weiterbildung je Erwerbstätigen von 80 DM (1972) auf 365 DM (1984) oder insgesamt 38 Milliarden DM brutto.

Generell zeichnet sich die Tendenz ab, daß die Anforderungen an die Qualifikation der Mitarbeiter ansteigen, da einerseits die Produkte komplexer werden, mehr Elektronik beinhalten und andererseits die Betriebsmittel, um diese Produkte zu fertigen und zu montieren, einen immer höheren Automatisierungsgrad haben mit entsprechenden Anforderungen an die Sicherstellung der Verfügbarkeit. Die Mitarbeiter eines Anwenders benötigen neben Bedienungswissen (handlungsorientiert) auch Funktionswissen (problemorientiert), um flexible Systeme optimal zu nutzen. Dabei kommt der Weiterbildung im Beruf und im Betrieb eine größere Bedeutung zu als der Ausbildung, die jetzt und in Zukunft „nur" ein möglichst breites Basiswissen schaffen kann und sollte.

Tendenziell werden immer mehr Produktionsmitarbeiter zur Störungsbeseitigung als Beispiel herangezogen. Man kann organisatorisch dabei die Regel aufstellen, daß Fehler außerhalb der Maschine vom Produktionsmitarbeiter behoben werden, Fehler innerhalb der Maschine vom Instandhaltungspersonal. Damit können bereits 75 % der Gesamtfehler direkt und schnell behoben werden.

Neue Produktionskonzepte zielen auf flexible, dezentrale Produktions- und Arbeitssysteme, in denen das durch Produktivitätsfortschritt freigesetzte Arbeitsvolumen zur Weiterbildung sowie zur Suche nach Problemlösungen genutzt wird. Weiterbildung sollte zu einem natürlichen Bestandteil des betrieblichen Alltags werden, denn nur so ist lebenslanges Lernen wirklich praktizierbar. Dazu bedarf es aber des geplanten Investierens in das Humankapital.

Sicher müssen wir aber auch einen gegenläufigen Trend beachten:
Einmal wird man bestrebt sein, z. B. die Montage der Produkte zu vereinfachen, so daß an die manuellen Tätigkeiten verhältnismäßig geringe Anforderungen gestellt werden und die Möglichkeiten zur Automatisierung ansteigen. Wir müssen durch Gestalten der Arbeitsinhalte und der Arbeitsorganisation eine Dequalifizierung bzw. dem Schaffen sogenannter Restarbeitsplätze zwischen und an Maschinen entgegenwirken. Weiterhin ist für die Anbieter von hochwertigen Produkten — ganz eklatant ist das sichtbar beim Rechnereinsatz — die Information und Qualifikation der Nutzer ein Engpaß in der Zahl der Anwendungen und damit für Markt- und Umsatzwachstum. Deswegen werden die Hersteller alles tun, um ihre Produkte benutzerfreundlich zu machen, was meist ein Senken der Qualifikationsanforderungen für die Bedienung und Nutzung bedeutet. Die bekannte Entwicklung zeichnet sich ab, daß die Technik immer vom Primitiven über das Komplizierte zum Einfachen geht und dann hohe Anforderungen an wenige Mitarbeiter in der Planung und Instandhaltung stellt, an die große Menge der Nutzer aber nicht. Als Beispiel sei die Entwicklung im Kraftfahrzeugbau genannt: Durch elektronische Benzineinspritzung und Antiblockiersysteme ist eine Reparatur durch den Laien mangels Prüfeinrichtungen nicht mehr möglich, das Fahrzeug selbst ist aber „intelligenter“ geworden und „dequalifiziert“ in gewisser Weise den Fahrer.

Diese „Qualifikationsminderung“ wird auch bei den Betriebsmitteln für die Produktion eintreten, so daß wir ständig gefordert sind, neben der technischen Entwicklung die Organisation hinsichtlich Arbeitsteilung und Verantwortlichkeiten zu überdenken und den Qualifikationsbedarf richtig einzuschätzen. Produktionssysteme sollten auch in Zukunft möglichst so gestaltet sein, daß sie sogenannte gemischte Strukturen mit unterschiedlichen Anforderungen an die Mitarbeiter haben, um möglichst einer Vielfalt von Fähigkeiten und Einsatzbereitschaft einen Arbeitsplatz zu bieten.

Die Arbeitsteilung (Taylorisierung), die zur schnellen Industrialisierung und Produktivitätssteigerung sowie bei Massenbedarf ihre Vorteile auch in Zukunft hat, wird in den Betrieben zurückgehen durch Bilden teilautonomer Arbeitsgruppen mit umfassendem Arbeitsinhalt. Arbeitsintensivere und humanere Alternativen sind denkbar, bei denen die höheren Arbeits- und Qualifikationskosten durch schnelle Auftragsabwicklung und guten Service kompensiert werden. Bei der Arbeitsteilung und damit Schaffung vieler Schnittstellen hat man immer nur den Nutzen, aber nicht so sehr die Zeit- und Kostenprobleme gesehen.

Ein Problem besteht auch in der Rollenverschiebung der mittleren Führungskräfte durch:

— stärkere Dezentralisierung,
— Entscheidungsbefugnis vor Ort aus der Sachkompetenz situationsgerecht,
— Stellung in der Hierarchie erlaubt keine alleinigen, autonomen Entscheidungen,
— Führen heißt das Koordinieren von spezialisierten Bereichen und Spezialisten, die gleichrangig über ein Netzwerk verknüpft sind, aus der Systemsicht des Generalisten, also Team-Führungsfähigkeit aufgrund eines breiten Wissens.

5. Aspekte

In einer Phase der Umstrukturierung läuft man immer Gefahr am Strukturwandel und neuen Strukturen mit alten Vorstellungen und Werkzeugen zu reparieren. Wir wissen z. B., daß wir unsere jetzigen Probleme nicht dadurch lösen können, daß wir wieder manuell auf den Feldern säen und ernten oder die Kühe wieder von Hand melken. In der jetzigen industriellen Umstrukturierung wird aber vielfach entsprechend gedacht.

Die Technikgeschichte lehrt:

— Jede Innovationsphase hat ihre Akzeptanzprobleme. Die Betroffenen haben in der Mehrzahl Anspassungs- und Verständnisschwierigkeiten, so daß sie aus Angst um ihre Tätigkeit und ihren Arbeitsplatz neue technische Möglichkeiten nicht aufgreifen. Nur durch ihren Einbezug in den Entwicklungsprozeß erlangen sie Sicherheit und sind kooperationsfähig und -bereit. Die Investitionen in Weiterbildung und Qualifizierungsmaßnahmen sind weiter auszubauen. Information, Mitwirkung und Mitbestimmung sind wichtige Faktoren.
— Jede dieser Phasen hat ihre „Konservativen“, unabhängig von der Farbe, mit der sie gekennzeichnet werden. Technikfeindlichkeit hat aber keine Zukunft. Das Bessere, das Bequemere, das Einfachere, das Billigere, das weniger Belastende setzt sich durch, letztlich aufgrund der Investitions- und Konsumentscheidung jedes Einzelnen von uns.

  Selbstverständlich gibt es in der Nutzung neuer Techniken Irrwege und negative Wirkungen, sowohl objektiv wie aber auch nur subjektiv empfunden.

  Der Ingenieur ist zu sachlicher Information und Diskussion aufgerufen zum Aufbereiten zukunftsgerichteter politischer Entscheidungen.
— Wir können nicht im internationalen Vergleich hohe Einkommen haben wollen und dann damit billige Autos und Konsumgüter aus Asien kaufen, wenn unsere eigenen Arbeitsplätze an diesen Produkten hängen.

Es geht aber nicht um das Senken unseres Lebensstandards und unserer Einkommen, sondern um das Senken der Produktpreise (Stückkosten) durch steigende Produktivität.

Jeder ist sicher dafür, daß wir jährlich über Lohnerhöhung und Arbeitszeitverkürzung sprechen und realisieren, aber jeder ist auch gegen Kosten- und Preiserhöhungen bei Produkten, also kann man nicht gleichzeitig auch noch Rationalisierung und Automatisierung in Frage stellen und Unternehmen in der dafür erforderlichen Ertragskraft schwächen.

— Häufig kommt der technologische Wandel langsamer als möglich, was positiv hinsichtlich der Auswirkungen auf den Arbeitsmarkt und Anpassungszwänge ist, aber auch langsamer als nötig, um die Wettbewerbsfähigkeit sicherzustellen. Schrittweises Vorgehen mit einer Vision für zu erreichende Ziele ist notwendig und möglich. Dabei ist ein Mangel an Innovationskraft weniger bei Ideen und Erkenntnissen als bei der schnellen, konsequenten Umsetzung zu finden.

Die Auswirkungen des Fortschritts der Technik — theologisch-sozialethische Erwägungen

Von Dr. Christel Meyers-Herwartz

1. Perspektiven und Kriterien

Wir haben in den letzten beiden Jahrzehnten verschiedene neue Technologien in ihren Anfangsstadien mehr oder weniger bewußt erlebt: die Kerntechnik, die neuen Kommunikationstechniken, nun die Bio- und Gentechnik. Jede neue Technologie provozierte Fragen, die allerdings auf ganz unterschiedlichen Ebenen gestellt wurden. Bei der Kerntechnik wurde nach der *technischen* Sicherheit gefragt und nach den *technischen* Lösungen für die Abfallprodukte. Fragen an diese neue Technologie wurden als technische Probleme formuliert und Antworten in Form einer technischen Lösung erwartet.

Bei den neuen Kommunikations- und Informationstechniken wurde nach der Vernichtung der Arbeitsplätze, der Sozialverträglichkeit, also den sozialen und kulturellen Folgen u. ä. gefragt und — anders als bei der Kerntechnik — die von der neuen Technologie zu erwartenden Folgeprobleme an den sozialen Dienstleistungssektor delegiert: Medienpädagogik z. B. und Beratungsstellen.

Bei der Gentechnologie schließlich wird — wenn es um Experimente an Embryonen geht — nach der Menschenwürde und den Grenzen des Erlaubten gefragt. Diese Fragen freilich sind noch nicht einmal mehr an die Juristen zu delegieren. Vermutlich wird jetzt jeder — auch die Wissenschaftler in der Auftragsforschung — selber nachdenken müssen.

Betrachtet man die unterschiedlichen Ebenen, auf denen neue Technologien befragt werden, so läßt sich eine veränderte Haltung den Technologien gegenüber feststellen. Noch bei der Kernenergie löste ganz neue Technik die Risiken der neuen Technologie. Bei der Kommunikationstechnik bereits sollen die alten personenbezogenen Arbeitsfelder — kostenintensiv und unrentabel wie sie sind — die Folgeprobleme der neuen Technik lösen. Bei der Gentechnologie gibt es gar keine benennbaren Institutionen mehr, in deren Zuständigkeit die Risiken und Fragen abzulegen wären.

Die Erfahrungen, daß Technik nicht die Risiken der Technik löst, daß Technik, die keine Fehler verträgt, nicht von *Menschen* fehlerfrei eingesetzt werden kann und die Radikalität der Fragen bei der neuesten Technologie, die Menschen und Natur betrifft, hat vermutlich dazu verholfen, grundsätzliche, verständliche und klare Fragen an die Einführung neuer Technologien zu stellen:

Was brauchen wir wirklich?
Wer profitiert davon?
Wer leidet darunter?
Was für Menschen macht die neue Technik?

Des ungeachtet gibt es für neue Techniken Einführungsliturgien, die bislang kaum modifiziert wurden. Sie bestehen aus einer offensichtlich festgelegten Abfolge von als Argumentationen auftretenden Sentenzen. Die geläufigsten möchte ich gerne darstellen.

„. . . technologie kommt sowieso. *Es* läßt sich sowieso nicht aufhalten."

Damit wird die jeweilige Technologie zum Naturereignis wie ein Erdbeben oder zum Schicksal.

Der Satz „Es kommt sowieso" transportiert — kurz wie er ist — viel Ungesagtes, Unterstellungen und Handlungsoptionen. Die Botschaft dieses Satzes kann man auch klarer ausdrücken: Man kann sowieso nichts machen — und wer das weiß, läßt es dann auch besser. Es gibt kein Subjekt mehr in diesem Glaubenssatz, das befragt werden könnte: Wer hat entschieden, was kommt? Mit welchem Interesse? Wer bringt die Kosten auf, und wer hat die Rendite?

Die argumentationsstrategische Funktion dieses Satzes „Es kommt sowieso" ist die, Ruhe herzustellen und Sprachlosigkeit. Überzeugtsein freilich läßt sich nur rational und durch Abwägen herstellen.

Unter demselben Gesichtspunkt — nämlich dem der Funktion in einer Argumentation — möchte ich gerne das in der Regel dann Folgende darstellen:

„Die . . . technologie kommt sowieso, und anders können wir auf dem Weltmarkt auch gar nicht bestehen."

Dieser Gedankengang hat zumindest historische Dignität für sich. Sehr klar und nachvollziehbar ist er in folgender Rede ausgedrückt:

„Der Wettbewerb der Industrie könne durch allgemeine Bestimmungen eingeschränkt werden, aber die Spitze der deutschen Industrie sei die Exportindustrie. Und wenn sie wettbewerbsunfähig gemacht werde, müssen alle darunter leiden, es sei denn „daß Sie Deutschland mit einer chinesischen Mauer umgeben möchten und daß wir uns in Konsumption und Produktion gegenseitig vollständig genügten. . . . Daß das nicht möglich ist in der Welt, in der wir leben, das werden Sie selbst mir zugeben."

Dieses Zitat ist einer Rede des Reichskanzlers Bismarck entnommen. Es ging im Januar 1885 um das geforderte Verbot der Arbeit an Sonn- und Feiertagen, um das geforderte Verbot der Fabrikarbeit von Kindern unter 14 Jahren und um den 10-Stundenarbeitstag.

Das Argument selber ist aber noch älter. Der Verweis auf den Weltmarkt war auch 1839 einsichtig, als es um das Verbot der Arbeit von Kindern unter 9 Jahren in Fabriken und Berg- und Hüttenwerken ging. So blieb es auch, als es 1927 um den 8-Stundentag ging und 1930 um die Einführung des 8. Schuljahres. Und so ist es auch noch heute. Der Verweis nach draußen hat die Logik: Wenn ich es nicht getan hätte, dann hätte es ein anderer getan.

Wir kennen dieses Argument auch aus anderen Zusammenhängen und wissen auch, daß es nie jemanden vor der Verantwortung und den Folgen geschützt hat.

Den Abschluß bildet in aller Regel folgender Gedankengang: Jede neue Technologie ist wertfrei. Sie kann gebraucht und auch mißbraucht werden. Daran entscheidet sich die Freiheit des Konsumenten.

Besonders häufig ist diese Argumentation im Zusammenhang mit den neuen Kommunikations- und Informationsmedien, bei deren Gebrauch am deutlichsten ist, daß er (Videoszene z. B.) nicht für alle gedeihlich sein kann. Der Konsument kann sich theoretisch und praktisch entscheiden, ob er life oder per Btx einkauft, darin besteht seine Freiheit. Er kann sich entscheiden, ob er seine Kontoauszüge am Bankschalter abholt und sich dem langen und mahnenden Blick des anderen aussetzt oder sie abruft. Jede Familie kann natürlich entscheiden, ob sie miteinander redet oder jeder auf *seinem* Apparat in *seinem* Zimmer die Sendung *seines* Interesses einspielt.

Diese postulierte Freiheit geht hin bis zu den neuen Fruchtbarkeits- und Gentechniken: Jede kann entscheiden, ob sie einen defekten Embryo, der vielleicht nur das falsche Geschlecht hat, einpflanzen läßt, oder nicht.

Zerlegt man dieses Postulat der Freiheit in lauter kleine Einzelhandlungen, gibt es immer die Möglichkeit des ja oder nein danke. Aber wir handeln alle nicht im luftleeren Raum, sondern in Zusammenhängen, die wir nicht selber geschaffen haben. Welche Bedürfnisse ich habe, hängt zum geringsten Teil von Notwendigkeiten ab. Es gibt eine ganze Industrie, die sich mit nichts anderem beschäftigt als mit der Darstellung und Herstellung von Bedürfnissen, die ich noch entwikkeln könnte. Und welche ich davon aufgreife, hat nur oberflächlich noch etwas mit Entscheidung zu tun, denn die rationalen Entscheidungsgrundlagen — das, was ich mir leisten kann und das, was ich brauche — werden gerade, wenn mir vor Augen geführt wird, welches Bedürfnis ich noch haben könnte, weggezaubert zugunsten von irrationalen Wünschen und Unbekümmertheit.

Bedürfnisse kann man einfach deklarieren, und dann sind sie da. Alsdann wird eine quasi moralische Verpflichtung hergestellt, zu investieren, um sie zu erfüllen. Und wenn sich dann herausstellt, daß nicht genügend Kunden das Bedürfnis entwickelt haben, damit sich die Investition rentiert, werden in der Regel keine neuen Überlegungen darüber angestellt, ob die Markeinschätzung richtig war, sondern dann muß eben noch mehr in die Bedürfnisverbreitung investiert werden. Bei der Verkabelung dieser Republik sind manchem solche Gedanken gekommen.

Die Freiheit des Konsumenten zu postulieren, hat die Funktion, nach der ausführlichen Darstellung aller unabweisbaren Zwänge zur Herstellung des Produkts, die Folgeprobleme zu privatisieren:

„Ihr habt es ja haben wollen", ist der entlastende Effekt.

Freiheit, Handlungsfreiheit herstellen heißt, zwischen verschiedenen Handlungsoptionen zu unterscheiden und Kriterien dafür zu haben. Die Freiheit des Konsumenten, in dessen potentielle Bedürfnisse investiert wird, existiert häufig nur als Postulat, um die Zuständigkeit bei der Bearbeitung der Folgeprobleme frühzeitig festzusetzen.

Die Argumentationsstrategien zur Einführung einer neuen Technik folgen seit gut 100 Jahren festen Schemata: so viel läßt sich historisch feststellen. Diese Schemata bauen und zielen nicht auf Rationalität.

2. Die Zuständigkeit für die „Bedürfnisse der Merkmalsträger"

Ich möchte mich hier auf die Informations- und Kommunikationstechniken beschränken.

Eine entscheidende Qualität der neuen Techniken besteht darin, daß sie vorgefertigte und technisch gespeicherte Information verfügbar machen und Kommunikation über die Grenzen von Raum und Zeit hinweg ermöglichen.

Ein technisch mediatisierter Informationshorizont bedeutet: die Realität erscheint in solchen Informationen in der Form standardisierter Symbole in attraktiver Aufbereitung. Zwei Bedingungen müssen erfüllt sein: die Information muß in den Standards der Kommunikation darstellbar sein, und sie müssen marktrelevante Wirkung haben. Damit freilich sind die in den Kommunikationstechniken eröffneten neuen Möglichkeiten beschränkt auf das, was standardisiert darstellbar ist. Spätesten hier wird m. E. frag-würdig, ob sie eingesetzt personenbezogen relevant sein können.

Die großen Hoffnungen, die auf die Evolution des Wissens (Informationsgesellschaft) gesetzt werden, gehen bereits von einem Informationsbegriff aus, der seine Qualität durch Quantität bekommt. Es liegt z. B. in der Natur der großen Datenspeicherungssysteme, daß sie auf der Quantität von Informationen basieren, die operationalisierbar sein müssen, um überhaupt vorzukommen, d. h. speicherfähig zu sein. Die Vielsammelei ist die Basis, und das Wesentliche wird zum jeweils Wesentlichen, und zwar dann, wenn der Abrufer sein Interesse eingegeben hat.

Die prognostizierte Zukunft und die jetzt schon sichtbaren Ergebnisse sind — was die Informationstechniken und deutlicher noch, was die Kommunikationstechniken anbetrifft — sichtlich gegenläufig.

Mehr Informationen, so sollte man meinen, ergeben mehr Transparenz, gesicherte Entscheidungsgrundlagen, alles in allem, mehr Nähe zwischen denen, die bislang an Raum und Zeit scheiterten.

Dieses Mehr an Informationen haben wir freilich schon seit geraumer Zeit, und wir sind jedem Erdbeben fast gleichzeitig, von dem ein reitender Bote höchstens der nächsten Generation hätte erzählen können. Unsere Reaktionen darauf werden gemeinhin mit dem Wort „Informationsflut" bezeichnet. Wenn uns ganz viele Informationen zugänglich sind, heißt das noch lange nicht, daß wir davon irgend etwas aufgenommen haben, irgend etwas wissen.

Aber das Gefühl, daß es ganz viele, ganz fixe Informationen gibt — und vielleicht sogar über mich, dieses diffuse Gefühl macht sich zusehens breit. Statt der Transparenz gibt es die große Undurchsichtigkeit und Ohnmacht. Passend dazu die Flucht in die Irrationalität als Reaktion: die Flucht in die Welt der Horoskope und den Psychokult der Kleingruppen.

Die Atomisierung von Vorgängen, Dingen und auch Personen zu speicherfähigen Daten ist von Menschen, die schließlich kein Ergebnis der Innovationstechnik sind, psychisch und wohl auch intellektuell nicht nachzuvollziehen. Gleichwohl funktionieren wir wie vorgesehen wie Merkmalsträger — wie es angemessen im Fachjargon heißt. Und als solche sind wir in zwei Hinsichten interessant — wirtschaftlich und politisch, wobei der gesamte Kulturbereich unter der Abteilung „Wirtschaft" zu subsumieren ist. Wer die Möglichkeit hat zu definieren, wer Bedürfnisse hat, investiert in neue Produktgenerationen und sorgt für den Absatz, und zwar „wertfrei". In Alltag übersetzt heißt das:

— Wer mit Medien lernen gelernt hat (Sesamstraße), hat Schwierigkeiten mit nicht mediengerechten Lehren, dem nicht mediengerecht aufgearbeiteten Stoff, und die Beschäftigung mit dem hergestellten Problem wird den Lehrern und Eltern und dem Betroffenen überwiesen.

— Wer zu seiner Unterhaltung nicht den Mund zu öffnen braucht, sondern nur einen Knopf zu drücken und bei Anstrengung oder Mißfallen umschalten kann, wird im normalen sozialen Verkehr zwischen Menschen diese Möglichkeit vermissen und auf Schwierigkeiten stoßen. Zuständig ist dann die Medienpädagogik, die „kritischen" oder „richtigen" Mediengebrauch lehren soll, freilich gerade die nicht erreicht, für die sie erfunden wurde.

— Wer schließlich Medienwirklichkeit und Lebenswirklichkeit nicht zu unterscheiden weiß, und tatsächlich Gewalt für ein übliches Mittel zur Lösung von Konflikten hält oder Glück für einen einklagbaren Anspruch und machbar, der wird auch das kaufen wollen — bei der Pharma- oder Unterhaltungsindustrie. Die Folgen so weitreichenden Realitätsverlustes fallen in die Zuständigkeit des weiten Feldes der Sozialarbeit, bei Besserverdienenden in die der Psychologen.

— Wer den üblichen Weg gegangen ist, wie viele Jugendliche heute vom Video(spielen) zum Programmieren lernen zur Dauerübung am Arbeitsplatz, der kam über den Reiz der Abgeschlossenheit und Einfachheit eines unwandelbaren Regelsystems und einem Schalter, der alles „sauber" macht, an einen Arbeitsplatz, an dem das alles auch so ist + der Bedingungen der Arbeitswelt: akkordähnliche Eingabe von Daten (8000—18000 Zeichen pro Stunde; 12000—33000 Blick- und Kopfbewegungen pro Tag). Die von Betriebsärzten beobachteten Folgen — Gefühle sozialer Insolierung, Gereiztheitsreaktionen, Zeitdruckerlebnisse, Depressionen — sind in aller Regel auch privat zu verarbeiten, erst für klinische Phänomene gibt es Hilfe von außen.

3. Medienwirklichkeit und Lebenswirklichkeit

Es gibt ein ergötzliches Zitat von Günter Anders:

„Je größer das Quantum der uns zugemuteten Unfreiheit, desto größer auch das Quantum des uns aufgetischten Vergnügens."

Da, wo Unterhaltung das Programm ist, spricht der Nachrichtensprecher auch die Werbung, und jeder hat die Freiheit, das eine vom anderen zu unterscheiden. Damit diese Freiheit nicht ausartet, stehen Programm, Nachrichten und Werbung unter einem gemeinsamen Gesichtspunkt: dem Unterhaltungswert.

Offensichtlich gelten mittlerweile solche Gesichtspunkte auch für den politischen Bereich. Mediengerechtes Auftreten ist eines der wesentlichsten Kriterien für die, die an die Spitze wollen. Wenn die Chancen von Politikern taxiert werden, zählt die Eignung für die Medien in diesen Zeiten — so hat man den Eindruck — mehr als Kompetenz. Vielleicht ist die Fortsetzung eines Schauspielerlebens als Politikerkarriere daher nicht die Ausnahme, sondern richtungsweisend.

Medienwirklichkeit zielt immer auf Lebenswirklichkeit als dem Feld, in dem Wünsche Wirklichkeit werden, in dem die Kaufentscheidung fällt.

Die Übernahme der Informations- und Medientechnik in den häuslichen Bereich und die Abläufe des nichtberuflichen Alltags bedeutet, daß das Private organisiert wird wie die Verwaltung oder Arbeitsabläufe in der Industrie. Und es ist sehr fraglich, ob sich Ansprüche an Lebensqualität durch ein Mehr an Technik erfüllen lassen. Natürlich kann man per Btx schneller und bequemer einkaufen, vorausgesetzt, man will, wenn man in die Stadt geht, wirklich nur Waren beschaffen.

Die neuen Techniken sind in ihrer schlichtesten und in ihrer komplexesten Form aufbereitete Sekundärerfahrung, im Kulturbereich kommt wegen ihrer eigenen Bedingungen nur eine Kultur der aufbereiteten Sekundärerfahrungen infrage. Und die ist so aporetisch wir ihre Gegenbewegung: der Neobiedermeierismus, der so tut, als brauchte man nur ins Grüne zu ziehen, um die heile Welt der Dorflinde und des Gesprächs am Gartenzaun wiederzufinden. Daß das „Zurück zur Natur“ bzw. das, was als Natur aufbereitet wird, so viele Irrationalismen auf sich zieht, hat damit zu tun, daß der Raum für direkt Kommunikation, direktes, unvermitteltes Erleben immer geringer wird.

Jedweder Gebrauch von Technik schließt aus. Das fängt beim Fahrkartenautomaten für den Nahverkehr an: die Ausländer und die Alten können nicht mit. Und computergerechte Formulare haben mancherorts Arbeitsplätze geschaffen: für die Erklärer derselben. Optimierte technische Kommunikation versagt überall da, wo die menschlichen Grundlagen für die Optimierung fehlen: wer nicht angerufen wird, braucht nicht niemanden auf dem dazugehörenden Bildschirm zu sehen.

Am Technikgebrauch ist auch die Hierarchie ablesbar. Wer nur Daten einspeist, sitzt sicherlich unten, und wenn der gehobene Dienst längst seine Sekretärin durch einen rentableren Apparat ersetzt bekommen hat, sitzen in den Vorzimmern ganz oben sicher immer noch die mit dem Einfühlungsvermögen und dem Aspirin zur rechten Zeit.

Da, wo die Entscheidungen fallen, wird nach wie vor geredet und gerangelt, und der soziale Kodex ist so geregelt wie in der guten alten Zeit vor den neuen Technologien.

Für den kulturellen Bereich gilt das erst recht. Es gibt die einen, die die neuen Medien einsetzen können und die anderen, die ihnen erliegen. Den neuen Analphabeten das Etikett „Mißbrauch“ aufzudrücken, klärt wenig.

Wie weit Menschen in ihrer Lebenswirklichkeit zu Anhängseln von Technik werden, hängt davon ab, ob sie Technik als Technik nehmen, oder das, was an neuzeitlichen Mythologien zu ihrer Verbreitung eingesetzt wird, gleich mit übernehmen: den Glauben an den Fortschritt, an Spaßsymbole und an Zwänge, zu denen es nichts mehr zu fragen gibt.

Die Unsicherheitsfaktoren jeder Technik sind die Menschen. Sie sind der Risikofaktor im Gebrauch, nicht erst im Mißbrauch. Eine mögliche Strategie wäre, Leben an neue Technik anzupassen. Die andere Strategie wäre, Technologien darauf zu befragen, was sie eigentlich zum Leben beitragen.

4. Der Beitrag der Kirchen

Ich denke, hier liegt der mögliche Beitrag der Kirchen. Die Realität in den Kirchen sieht auch nicht anders aus als anderwärts: einerseits sind viele für den Einstieg auch der institutionellen Kirchen in die neuen Medien, andererseits wird Pastoren mancherorts dienstlich untersagt, Anrufbeantworter laufen zu lassen.

Es hat sich gezeigt, daß die, die bei ihrem Pfarrer anrufen, da nun wirklich keinen Automaten hören wollen, der ihnen sagt, wie lange sie Zeit haben, um das zu sagen, was ihnen wichtig ist. Ich halte dies für ein Einzelbeispiel mit Symptomcharakter.

Kirchen haben ein Menschenbild zu vertreten: das biblische. Dieses Menschenbild ist ein ganzheitliches und unterscheidet nicht nach Merkmalsträgern, Kunden und solchen, die am Markt nicht teilnehmen können oder wollen.

Die Dichotomisierung von Persönlichkeit und von Leben ist in manchen Bereichen vermutlich unausweichlich, aber sie demonstriert, was ganzes Leben jenseits aller Funktionen und Verwertbarkeit sein könnte. Und daß Leben — auch oder gerade unrentables, beschädigtes, nicht marktfähiges Leben, — daß auch dieses Leben voll gültiges und angenommenes ist, daran zu erinnern kann Kirche nicht aufgeben. Damit ist nicht nur eine Anwaltsfunktion für die, die dem herrschenden Standard nicht entsprechen können oder wollen gemeint, sondern die Notwendigkeit der Frage, ob die Standards richtig und wahr sind.

Wenn so viel wie bei und seit der Einführung der neuen Technologien von Notwendigkeiten, Zwängen und Unausweichlichkeiten die Rede ist, stellt sich die Frage nach der Freiheit. Die Frage nach der Freiheit ist sehr wesentlich die Frage nach dem, was wirklich sein *muß,* womit oder woran wir letztlich untergehen, woran oder an wem wir letztlich hängen. Daß es für Christen all das nicht sein muß und sein kann, was uns im festen Glauben an den Fortschritt und die Sachzwänge mediengerecht gepredigt wird, daran zu erinnern ist die Freiheit christlicher Verkündigung.

Wertschöpfungsbeiträge als Antwort auf die demografischen und technologischen Risiken der gesetzlichen Rentenversicherung?

Von Professor Dr. Bert Rürup

1. Terminologische Grundlagen

Neben der Konstruktion einer bevölkerungsdynamischen Rentenformel, einer Dynamisierung des Bundeszuschusses entsprechend der Ausgabenentwicklung der gesetzlichen Rentenversicherung und/oder einer Flexibilisierung der Altersgrenze nach oben wird seit einiger Zeit in einer Abkoppelung der Arbeitgeberbeiträge zur gesetzlichen Rentenversicherung — und nur dieses Beitragsanteils — ein Weg gesehen, zusätzliche und langfristig sichere Mittel zur Bewältigung des vorprogrammierten intergenerativen Verteilungskonfliktes zu mobilisieren.

Wenn im folgenden Argumente zugunsten von „Maschinenbeiträgen" vorgebracht werden, bedeutet dies nicht, daß von derartigen lohnunabhängigen Arbeitgeberbeiträgen bzw. in einer solchen Umstellung der „Königsweg" zur Bewältigung unserer Rentenprobleme zu sehen ist.

„Maschinenbeiträge" sind nicht problemlos — dies haben sie mit der gegenwärtigen Finanzierungsstruktur gemein — und sie sind auch beileibe nicht die einzige Option, dem langfristigen unabdingbaren Reformbedarf Genüge zu tun, das heißt konkret den aus der Bevölkerungsentwicklung und möglichen technologischen Beschäftigungsbeeinträchtigungen resultierenden erhöhten Finanzierungsbedarf zu befriedigen.

Der weit verbreitete Begriff „Maschinensteuer" bzw. „Maschinenbeitrag" für lohnunabhängige Arbeitgeberbeiträge ist unzutreffend, denn es geht nicht um eine einseitige Belastung des Faktors Kapital, sondern darum, Betriebe nach Maßgabe ihrer ökonomischen Potenz — und zwar unabhängig von deren Quellen — an der Finanzierung der Sozialrenten zu beteiligen. Wertschöpfungsbeiträge, insbesondere die bruttowertschöpfungsbezogenen, sind im Vergleich zu lohnbezogenen Arbeitgeberanteilen durch eine stetigere, langfristig sichere und steigerungsfähige Ergiebigkeit gekennzeichnet; da sie auf eine Belastung der Einkommensentstehung in den Betrieben abzielen und nicht — wie z. B. die Umsatzsteuer — eine Belastung der Einkommensverwendung intendieren, verstoßen sie ebeno wenig wie die vor einiger Zeit vom Wissenschaftlichen Beirat beim Bundesministerium für Finanzen vorgeschlagene kommunale Wertschöpfungssteuer gegen EG-rechtliche Bestimmungen.

2. Die „Säulenmodelle“

Eine über die ausschließliche Betrachtung des Finanzierungsaspektes einer alternativen Bemessungsgrundlage hinausgehende Sichtweise führt zu dem Ergebnis, daß das gegenwärtig von seiten der Gewerkschaften, aber auch von Teilen der SPD propagierte Vier-Säulenmodell der Rentenversicherung, bestehend aus

— dem lohnbezogenen Arbeitnehmerbeitrag,
— dem lohnbezogenen Arbeitgeberbeitrag,
— dem Bundeszuschuß und
— einem zusätzlichen Wertschöpfungsbeitrag auf alle Teile der Bruttowertschöpfung, die nicht von lohnbezogenen Arbeitgeberanteilen erfaßt werden, skeptisch bis ablehnend zu beurteilen ist.

Denn dieses Vier-Säulenmodell hat den Nachteil, daß als Folge der festgelegten Konstanz des lohnbezogenen Beitragssatzes eine ggf. notwendige Erhöhung der Beiträge asymmetrisch zu Lasten der Arbeitgeber geht, d. h. die bestehenden beschäftigungspolitischen Dysfunktionalitäten der lohnbezogenen Beitragsfinanzierung erhalten bleiben und nur zusätzliche mögliche Risiken „draufgesattelt“ werden bzw. die mit einer Substitution der lohnbezogenen Arbeitgeberbeiträge verbundenen entwicklungs- bzw. beschäftigungspolitischen Chancen vergeben werden. Dies bedeutet, daß, wenn es zu einer Veränderung der Bemessungsgrundlage der Arbeitgeber kommt, diese in einer völligen Substitution der Lohnsumme und nicht in einer zusätzlichen additiven Ergänzung bestehen sollte — konkret in dem ebenfalls zur Diskussion stehenden Drei-Säulenmodell bestehend aus

— dem lohnbezogenen Arbeitnehmerbeitrag,
— dem Bundeszuschuß und
— einem Wertschöpfungsbeitrag der Arbeitgeber.

3. Rentendifferenzierung und Beitragsbezogenheit

Rentendifferenzierungen nach Maßgabe des früheren Arbeitseinkommens und die damit verknüpfte *Beitragsbezogenheit* der Altersrenten (→gleiche Renten bei gleichen Beitragsleistungen) sollten auch nach einer Strukturreform charakteristisch für unsere Sozialrenten sein.

Die Beiträge der Arbeitgeber zur Rentenversicherung stellen „Beiträge bzw. Abgaben zugunsten Dritter“ dar; aus ihnen erwachsen dem Arbeitgeber keinerlei Leistungsansprüche bzw. Vorteile.

Ihre Begründung finden sie in der aus dem Arbeitsverhältnis erwachsenen Fürsorgepflichten. Aus diesem Fürsorgegedanken kann nicht zwingend gefolgert werden, daß auch die Arbeitgeberanteile lohnbezogen sein müßten. So gibt es eine Reihe ebenfalls aus der Fürsorgepflicht des Arbeitnehmers erwachsende Aufwendungen, bei denen bereits jetzt der Weg einer Pauschal- bzw. Gesamtzahlung für alle Arbeitnehmer beschritten wird (z. B. alle Aufwendungen für Arbeitsschutz und Arbeitssicherheit etc.). Berücksichtigt man ferner, daß die Lohnkosten im Zuge des technisch-organisatorischen Fortschritts und einer zunehmenden Kapitalintensivierung keinen Indikator mehr für die Leistungsfähigkeit eines Unternehmens darstellen, wären Wertschöpfungsbeiträge eine „betriebsgerechte Lösung“, da die jeweilige Wertschöpfung ein weit besserer Maßstab als die Löhne für die jeweilige betriebliche Leistungsfähigkeit ist.

Wertschöpfungsbeiträge würden ferner, da sie unmittelbar den Trägern der gesetzlichen Rentenversicherung zufließen, deren (parafiskalische) Autonomie stärken und deren gegliederte paritätische Organisationsstruktur stabilisieren.

Wenn die individuellen Renten hinsichtlich ihrer Höhe und Struktur ungeachtet ihrer Gesamtfinanzierung von den lohnbezogenen Beiträgen des einzelnen Arbeitnehmers abhängen, mit der Folge, daß sich diese lohnbezogene Beitragsabhängigkeit bzw. Beitragsdifferenziertheit auch auf die verfassungsrechtlich geschützten Rentenanwartschaften bezieht, konfligieren Wertschöpfungsbeiträge nicht mit der sich auch auf Rentenanwartschaften beziehenden Eigentumsgarantie des Art. 14 GG, zumal sich die Möglichkeit anböte, die nur aus den Arbeitnehmerbeiträgen erwachsenen Anwartschaften nach einer Umbasierung der Arbeitgeberbeiträge fiktiv zu verdoppeln.

4. Beschäftigungswirkungen

Daß die Höhe des erstellten Volkseinkommens für die Bewältigung des in 20 Jahren virulent werdenden intergenerativen Verteilungskonfliktes wichtiger ist als die generativen Besetzungszahlen und daß das verfügbare Sozialprodukt pro Kopf der Bevölkerung c. p. weit stärker von der jeweiligen Rate des Produktivitätsfortschritts als von der Zahl der Erwerbspersonen abhängt, ist seit langem bekannt. Weit weniger wird dagegen bislang beachtet, daß — bei jeder Rate des Produktivitätsfortschritts — auch und gerade durch eine engagierte „Vollbeschäftigungspolitik des langen Atems“ sehr viel zur Abschwächung unseres demografischen Rentenproblems getan werden kann.

Eine Rückführung der Arbeitslosenquote von derzeit 9 % auf 1 % würde eine Reduzierung des in ca. 20 Jahren virulent werdenden intergenerativen Verteilungskonfliktes um über 20 % bewirken.

Unsere beschäftigungspolitische Malaise wäre noch weit größer als sie es ist, wenn es nicht gelungen wäre, via Handelsbilanzüberschüsse auch Unterbeschäftigung im beachtlichen Umfang zu exportieren. Unter dem Aspekt einer deutlichen und nachhaltigen Erhöhung der Beschäftigung ist allerdings darauf hinzuweisen, daß eine Zunahme der gesamtwirtschaftlichen Beschäftigung in den letzten 10 Jahren nur in solchen Ländern konstatiert werden konnte, in denen der Dienstleistungs- und Handwerksbereich expandierte; diese Sektoren werden demzufolge auch als „beschäftigungspolitische Hoffnung" für den Rest dieses Jahrtausends angesehen. Unter den gegenwärtigen tarifpolitischen und ordnungspolitischen Strukturbedingungen sind aber in der Bundesrepublik Deutschland — wie F. W. Scharpf kürzlich herausgearbeitet hat — die Chancen für eine derartige Expansion äußerst gering bzw. nicht gegeben; denn infolge der unterschiedlichen Produktivitätsfortschritte sind spürbare *Beschäftigungszunahmen* im Dienstleistungsbereich nur mit einer sehr starken Lohndifferenzierung (à la USA) oder sehr hohen Zwangsabgabequoten (à la Schweden) zu realisieren. Diese Barrieren würden von Wertschöpfungsbeiträgen, die zu einer Verringerung der Lohnnebenkosten in dem durch überproportional hohe Arbeitskosten gekennzeichneten Dienstleistungs- und Handwerksbereich führen, verringert werden und durch eine Entlastung der Betriebe von Teilen dieser Kosten der Weg zu neuen zusätzlichen Arbeitsplätzen in diesen Bereichen freier gemacht würde.

Ausweislich der bisher vorliegenden einschlägigen ökonometrischen Untersuchungen hinsichtlich der positiven Beschäftigungseffekte einer Umbasierung liegen diese bei nur wenigen 10000 zusätzlichen Arbeitsplätzen, was angesichts einer Arbeitslosenzahl von über 2 Mio. als zu vernachlässigend gering erscheint.

Aber: In diesen Zahlen wurde nicht die Notwendigkeit der Mobilisierung zusätzlicher Rentenmittel auch über Beitragserhöhungen berücksichtigt bzw. simuliert, sondern die Beschäftigungseffekte einer aufkommensneutralen Umbasierung und auf der Basis gegebener, lohnbezogener Abgaben. Berücksichtigt man nun aber demgegenüber Steigerungsnotwendigkeiten, würde aber eine Anhebung ausschließlich lohnbezogener Beiträge — anders als Wertschöpfungsbeiträge —

— die Arbeitnehmer zu einem Abtauchen in die Schattenwirtschaft anreizen

— die Arbeitgeber zu verstärkten arbeitskostensparenden Rationalisierungsinvestitionen anreizen

— einem Entstehen neuer Arbeitsplätze insbesondere in arbeitsintensiven Bereichen, wie dem des Dienstleistungs- und/oder Handwerkssektors entgegenwirken.

und damit eher beschäftigungsreduzierend wirken, auf keinen Fall aber arbeitsplätzeschaffend.

Dies nun aber wiederum bedeutet, daß auf mittlere und längere Sicht und vor dem Hintergrund zusätzlich zu mobilisierender Finanzmittel für die GRV die komparativen Beschäftigungsvorteile von Wertschöpfungsbeiträgen um ein Vielfaches höher sein dürften, als die derzeit errechnete Zahl von 30—40000 zusätzlichen Arbeitsplätzen.

5. Vertrauensbildung durch Wertschöpfungsbeiträge

Vor dem Hintergrund einer empirisch nachgewiesenen vergleichsweise geringen Technikakzeptanz und ausgeprägten Zukunftsangst kann einem Wertschöpfungsbeitrag — sogar unabhängig von den ökonomisch-analytischen Realitäten — eine wichtige *vertrauensbildende Rolle* zukommen. Denn über diesen finanztechnischen „Umweg" kann dem Sicherheitsbedürfnis der Bevölkerung gegenüber den Gefährdungen des technischen Fortschritts entgegengekommen werden, da auf diese Weise „Rationalisierungsgewinne" bzw. „produktivitätsfortschrittsbedingte" ökonomische Leistungssteigerungen in das soziale Netz eingespeist werden können und so der technische Fortschritt verstärkt als sozialpolitischer Stabilisator dient. Da dies den weitesten Bevölkerungskreisen unmittelbar einsichtig ist, spricht vieles dafür, daß Wertschöpfungsbeiträge nicht nur zum Abbau von aus der technischen Entwicklung erwachsenden Zukunftsängsten beitragen dürften, sondern darüber hinaus auch noch nachhaltig das Vertrauen in die Sicherheit der gesetzlichen Rentenversicherung unter dem Motto *„Der technische Fortschritt als Garant unserer Renten"* erhöhen bzw. wiederherstellen.

Wertschöpfungsbeiträge könnten mithin die von einigen Entwicklungstheoretikern erwartete Renaissance des Handwerks beschleunigen (siehe in diesem Zusammenhang die bemerkenswerte Studie von Piore und Sabel: Das Ende der Massenproduktion, Berlin 1985).

6. Sektorale Lastverschiebungen

Vor einer wissenschaftlichen und politisch definitiven Antwort zugunsten oder gegen Wertschöpfungsbeiträge muß eine aus einer branchenmäßigen Analyse der Umstellungswirkungen abgeleitete gesamtwirtschaftliche Wirkungsanalyse stehen.

Als Ausgangspunkt einer derartigen Analyse bietet sich eine Ermittlung der sektoralen Be- und Entlastungen für den Fall einer aufkommensneutralen Umbasierung der derzeitigen lohnabhängigen Arbeitgeberbeiträge auf wertschöpfungsbezogene an.

(Bereinigte Bruttowertschöpfung zu Faktorkosten (BWS) – Einkommen aus unselbständiger Tätigkeit

\+ Einkommen aus Unternehmertätigkeit und Vermögen (vor Steuern)
\+ Mieten, Pachten, Fremdkapitalzinsen
\+ Abschreibungen
– Beamteneinkommen
– fiktive Unternehmerlöhne (Wertschöpfungsbeiträge des Sektors Wohnungsvermietung

– Arbeitgeberbeiträge
  Nettowertschöpfung zu Faktorkosten (NWS) = Bruttowertschöpfung zu Faktorkosten (bereinigt)
– Abschreibungen)

Aufgrund solcher „Umbasierungsrechnungen“ wie sie jüngst in Zusammenarbeit mit Prof. R. Hujer (Frankfurt) vorgenommen wurden, ergeben dann z. B. für das Jahr 1981 — neuere flächendeckende Kostenstrukturdaten liegen z. Z. nicht vor — als „aufkommensneutrale“ Beitragssätze für wertschöpfungsbezogene Arbeitgeberbeiträge 4,93 % bei einer bruttowertschöpfungsorientierten und 5,76 % bei einer an die Nettowertschöpfung anknüpfenden Umstellung.

Neben den sektoralen Zahllastveränderungen sind die Wirkungen auf die Kosten der beiden Produktionsfaktoren Arbeit und Kapital von Interesse, die sich branchenmäßig wie folgt niederschlagen werden:

Prozentuale Belastungsänderungen bezogen auf die Bruttowertschöpfung, Ausweis der Rangpositionen

Bemessungsgrundlage: Bruttowertschöpfung						
	Belastungsänderung in % der Bemessungsgrundlage			Rangpositionen		
Wirtschaftszweige	Gesamt-kosten	Arbeits-kosten	Kapital-kosten	Gesamt-kosten	Arbeits-kosten	Kapital-kosten
Schiffbau	–2.83	–2.98	0,15	1	1	1
Sozialversicherung	–2.55	–2.72	0.17	2	4	2
priv. Haushalte, Org. Erw.	–2.33	–2.85	0.52	3	2	4
Gebietskörpersch.	–2.05	–2.54	0.50	4	9	3
Maschinenbau	–1.78	–2.61	0.83	5	6	7
Bergbau	–1.75	–2.77	1.03	6	3	12
Eisenschaffende Ind.	–1.73	–2.40	0.67	7	18	6
Druckerei, Vervielf.	–1.72	–2.68	0.96	8	5	11
Gießereien	–1.72	–2.56	0.84	9	8	9
Elektrotechnik	–1.64	–2.54	0.90	10	10	10
Feinkeramik	–1.63	–2.47	0.84	11	13	8
Bekleidungsgewerbe	1.51	–2.56	1.05	12	7	14
Versicherungen	–1.51	–2.10	0.60	13	31	5
Holzverarbeitung	–1.43	–2.51	1.07	14	11	16
Ziehereien, Kaltw.	–1.43	–2.48	1.05	15	12	13
Textilgewerbe	–1.39	–2.45	1.06	16	14	15
Straßenfahrzeugbau	–1.27	–2.36	1.09	17	19	17
EBM-Warenherst.	–1.26	–2.42	1.16	18	16	19
Gummiverarbeitung	–1.24	–2.36	1.11	19	20	18
Einzelhandel	–1.22	–2.45	1.23	20	15	21
Ledergewerbe	–1.19	–2.41	1.22	21	17	20

Bemessungsgrundlage: Bruttowertschöpfung

Wirtschaftszweige	Belastungsänderung in % der Bemessungsgrundlage			Rangpositionen		
	Gesamt-kosten	Arbeits-kosten	Kapital-kosten	Gesamt-kosten	Arbeits-kosten	Kapital-kosten
Luft- u. Raumfahrzeuge	−1.02	−2.35	1.33	22	21	25
Papier-, Pappeverarb.	−1.02	−2.32	1.29	23	22	23
Bauhauptgewerbe	−0.98	−2.25	1.27	24	24	22
Glasgewerbe	−0.88	−2.18	1.30	25	28	24
Kunststoffwaren	−0.83	−2.27	1.43	26	23	29
NE-Metallerzeugung	−0.82	−2.22	1.40	27	27	27
Feinmechanik	−0.82	−2.24	1.42	28	26	28
Chemische Industrie	−0.72	−2.09	1.38	29	33	26
Musikinstr., Spielw.	−0.72	−2.24	1.53	30	25	32
Holzbearbeitung	−0.66	2.17	1.51	31	30	31
Steine und Erden	−0.65	−2.10	1.45	32	32	30
Stahl-, Leichtmetall	−0.60	−2.18	1.58	33	29	33
Zellstoff, Papier, Pappe	−0.26	−1.94	1.68	34	35	34
Großhandel	−0.10	−2.01	1.90	35	34	38
Ausbaugewerbe	−0.02	−1.90	1.88	36	36	37
Büromasch., ADV-Ger.	0.05	−1.76	1.80	37	39	35
Ernährungsgewerbe	0.15	−1.83	1.98	38	37	39
Eisenbahnen	0.30	−1.53	1.83	39	40	36
Übriger Verkehr	0.36	−1.76	2.13	40	38	41
Tabakverarbeitung	1.04	−1.04	2.08	41	42	40
Kreditinstitute	1.66	−1.20	2.86	42	41	43
Energie, Wasser	1.84	−0.99	2.84	43	43	42
Deutsche Bundespost	2.19	−0.93	3.13	44	44	45
Mineralölverarb.	2.28	−0.81	3.10	45	46	44
sonst. Dienstleist.	2.85	−0.82	3.67*	46	45	47
Landw., Forstw., Fisch.	3.42	−0.18	3.60	47	47	46
alle Wirtschaftsbereiche	0.00	−1.87	1.87			

*als Folge der hier mit ausgewiesenen sehr kapitalintensiven Wohnungsvermietung

7. Belastungsverteilung

Eine aufkommensneutrale Umbasierung der gegenwärtigen lohnbezogenen Arbeitgeberanteile auf wertschöpfungsbezogene würde ferner dazu führen, daß bei Verwendung der Bruttowertschöpfung als Bemessungsgrundlage die entlasteten Branchen einen Anteil von rund 60 % der gesamtwirtschaftlichen Wertschöpfung und einen Anteil von 77 % der gesamten Beschäftigung aufweisen. Zu den *belasteten Sektoren* gehören die schwergewichtig binnenorientierten Branchen wie Energie- und Wasserversorgung, Mineralölverarbeitung, Wohnungsvermietung, Kreditinstitute, Land- und Forstwirtschaft und Tabakverarbeitung.

Zu den *begünstigten Branchen* zählen die chemische Industrie, der Maschinenbau und die Elektrotechnik, der Straßenfahrzeugbau sowie das Baugewerbe.

Aufgrund der vorgenommenen statischen Analyse ist festzustellen, daß c. p. mit positiven Beschäftigungseffekten und kaum mit negativen Konsequenzen beim Produktivitätsfortschritt bzw. beim gesamtwirtschaftlichen Wachstum zu rechnen ist, da unter den entlasteten Wirtschaftszweigen auch die zu finden sind, die üblicherweise als Zukunfts- oder Wachstumsindustrien bezeichnet werden.

8. Wertschöpfungsbeiträge und technischer Fortschritt

Diese Befunde müssen allerdings insofern relativiert werden, als sie auf einer statischen Analyse basieren, in der Rückkoppelungs- und Interdependenzeffekte nicht berücksichtigt werden können. Diese Erkenntnislücke hinsichtlich der zirkularen Rückwirkungen sowie die bei Wertschöpfungsbeiträgen eher gegebene Möglichkeit, über eine isolierte Erhöhung der „neuen" Arbeitgeberbeiträge das Beitragsvolumen zu steigern, insbesondere zur Bewältigung des demografischen Problems, bringen es mit sich, daß das Argument Wertschöpfungsbeiträge würden retardierend auf unternehmerische Investitionsentscheidungen wirken, nicht von der Hand zu weisen ist.

Da eine „Wachstums- bzw. Fortschrittsbremsung" das Falscheste ist, was wir zur Bewältigung unserer Rentenprobleme unternehmen könnten, empfiehlt sich dringend im Zuge einer Umbasierung, eine flankierende und entlastende Modifikation der Unternehmensbesteuerung vorzunehmen.

Hierzu bieten sich an:

— eine Senkung der im internationalen Vergleich recht hohen Körperschaftssteuersätze auf einbehaltene Gewinne

— eine Verbesserung der Abschreibungsbedingungen via Verkürzung der Abschreibungsperiode und/oder die Zulässigkeit von Abschreibungen nach dem Wiederbeschaffungswert oder

— eine Kombination von beiden Möglichkeiten.

Eine derartige, zur Einführung von Wertschöpfungsbeiträgen m. E. erforderliche, komplementäre steuerpolitische Maßnahme ist auch deswegen wünschenswert, um

— der Verschlechterung des Altersaufbaus unseres volkswirtschaftlichen Kapitalstocks zu begegnen und, um

— die Gefahr des „Spreizeffektes", d. h. der Verschiebung der cash-flower-Verwendung von der Realkapitalbildung in Richtung Finanzkapital zu reduzieren.

Da nicht die entstandenen Gewinne, sondern die daraus finanzierte (steuerlich in der Bundesrepublik vergleichsweise wenig freundlich behandelte) Realkapitalbildung, der „Herzmuskel unserer Wirtschaft“ sind, empfiehlt sich ohnehin eine steuerpolitische Umrelationierung von der Begünstigung der Gewinnentstehung hin zu der der investiven Gewinnverwendung, dies nach Möglichkeit kombiniert mit einem Abbau der — im Vergleich zur Fremdkapitalfinanzierung — steuerlichen Diskriminierung der Aktie und damit der Eigenkapitalfinanzierung.

Eine derartige „Paktelösung“ würde auch der Janusköpfigkeit des technischen Fortschritts, nämlich

— eines produktionspotentialerhöhenden Effektes einerseits und

— seinen möglichen Arbeitsplatzgefährdungen andererseits

gerecht.

Abschreibungsverbesserungen und/oder die steuerliche Begünstigung reinvestierter Gewinnanteile würden bei Bruttowertschöpfungsbeiträgen das Aufkommen an Sozialabgaben nicht gefährden, gleichwohl aber aufgrund ihrer steuersenkenden- bzw. steuerstundenden Wirkungen stimulierend auf das unternehmerische Investitionsverhalten einwirken. Die Implementation kapitalgebundenen technischen Fortschritts würde steuerlich gefördert, ohne daß sich dies dysfunktional auf die Sozialversicherungssysteme auswirken würde.

9. Wachstumsfehler

Wirtschaftswachstum wird gemessen an der Zunahme des Bruttosozialproduktes, d. h. der Summe aller in einer Volkswirtschaft im Laufe eines Jahres erzeugten Güter und Leistungen, *bei deren Erstellung Geldeinkommen entsteht,* wobei es maßtechnisch gleichgültig ist, ob dieses Wachstum oder präziser die bei der Erzeugung von Gütern und Leistungen entstehenden Einkommen die Entgelte für die Produktion von Napalmbomben sind aus dem Betrieb eines „Gourmet-Tempels“ oder dem eines alternativen Biokostladens entstehen. Dies bedeutet, daß auch das Streben nach hohen Wachstumsraten (= Einkommenzuwächsen) nicht notwendigerweise nur mit der Produktion von ggf. umwelt- und ressourcenbelastenden Gütern (fälschlicherweise als quantitatives Wachstum bezeichnet) realisiert werden kann, sondern durchaus auch in umwelt- und ressourcenschonenden Bereichen (genauso falsch als qualitatives Wachstum bezeichnet) stattfinden kann. Ja man kann sogar die These vertreten, daß nicht nur die Produktion von Umweltgütern eine Wachstumsbranche werden kann, sondern — bei entsprechenden politischen Vorgaben — angesichts der geänderten Bedürfnisstrukturen gerade im ökologiefreundlichen Dienstleistungs- und Handwerksbereich wichtige Wachstumspotentiale der Zukunft stecken. D. h. die Forderung nach Wachstum, sprich gesamtwirtschaftlichen Einkommenssteigerungen beinhaltet keinen diametralen Gegensatz zu umweltpolitischen Forderungen und Notwendigkeiten, zumal in einem modernen Industriestaat eine erfolgreiche Umweltpolitik nur mit und nicht gegen den technischen Fortschritt möglich und sinnvoll ist.

10. Fazit

Nicht nur die sattsam bekannte demographische Entwicklung und die technologisch möglichen Beschäftigungsgefährdungen bilden den Hintergrund der gegenwärtigen Strukturreform der gesetzlichen Rentenversicherung. Hinzu kommen noch die Notwendigkeit einer Harmonisierung der diversen Alterssicherungssysteme und die Verstärkung familienpolitischer Komponenten. Die derzeitige „Babyjahrregelung“ sollte nur der erste Schritt in diese Richtung gewesen sein. Die fortschreitende Flexibilisierung der Arbeitsorganisation, insbesondere der Arbeitszeit, wird es ferner mit sich bringen, daß „ordentliche“ Rentenbiographien bei erwerbstätigen Frauen noch seltener als bisher werden dürften, mit der Gefahr eines Anwachsens des Problems der Altersarmut (wie sie derzeit bei Witwen und Selbständigen herrscht, die nicht in der Lage waren, eine hinreichende eigene Altersversorgung aufzubauen).

Berücksichtigt man ferner, daß mit einer weiteren Zunahme der Lebenserwartung der Rentner und damit mit einer Verlängerung der Rentenbezugsdauer zu rechnen ist, erfordert dies — nicht jetzt und heute, aber in ca. 10—15 Jahren — die Erschließung neuer ergiebiger und stabiler Finanzquellen, um die erforderlichen Anpassungsprozesse ohne unverantwortbare Belastungen einzelner Gruppen bewältigen zu können.

Bruttowertschöpfungsbezogene Arbeitgeberbeiträge weisen, bedingt durch die Breite ihres Zugriffs, die größte Resistenz gegen Erosionen des finanziellen Fundaments der Sozialversicherung gegenüber technologisch, arbeitsorganisatorisch, demographisch bedingten Risiken in bezug auf die Konstanz der Lohnquote auf und bieten daher gerade bei einer unsicheren wirtschaftlichen Zukunft am ehesten die Gewähr einer langfristig sicheren Ergiebigkeit und Stetigkeit der gesetzlichen Rentenversicherung.

Vergleicht man die gegenwärtige lohnabhängige Beitragsbemessung mit einer bruttowertschöpfungsbezogenen, so sprechen deren

- höhere Ergiebigkeit bei sinkender Lohnquote bzw. hoher Arbeitslosigkeit,
- geringere Konjunkturempfindlichkeit und leichtere Steigerungsfähigkeit,
- beschäftigungs- und strukturpolitisch wünschenswerte sektorale Entlastungswirkungen,
- vertrauensschaffende und technologieakzeptanzerhöhende Effekte und die mit einer Umstellung verbundene

— Stärkung der finanziellen und organisatorischen Autonomie der Träger der gesetzlichen Rentenversicherung

auf mittlere Sicht für eine die eingangs genannten rentenpolitischen Optionen ergänzende bzw. flankierende Umbasierung, d. h. Abkoppelung der Arbeitgeberbeiträge von den Löhnen.

Literatur

Bauer, G.: Schätzung von ökonomischen Ungleichgewichtsmodellen, Idstein (1985)

Bischoff, G.-U.: Wertschöpfungsbezogene Arbeitgeberbeiträge in empirischer Sicht, in: Sozialer Fortschritt, 29. Jg., Heft 5, S. 97—106 (1980)

Blazejcak, J.: Bestimmungsgründe der Nachfrage nach Produktionsfaktoren in den Wirtschaftszweigen — Ein Erklärungsversuch auf der Basis der neoklassischen Unternehmenstheorie, in: Vierteljahreshefte zur Wirtschaftsforschung, S. 155—166 (1982)

Elixmann, D. u. a.: Gesamtwirtschaftliche Auswirkungen alternativer Bemessungsgrundlagen für die Arbeitgeberbeiträge zur Sozialversicherung, Gutachten im Auftrag des Bundesministeriums für Arbeit und Sozialordnung, Bonn (1985)

Fritzsche, B.: Zur Beurteilung von Wirtschaftswachstum und Zinsen für die Stabilität der staatlichen Alterssicherung, in: Mitteilungen des Rheinisch-Westfälischen Instituts für Wirtschaftsforschung, Jg. 36, S. 23—45 (1985)

Hansen, G.: Faktorsubstitution in den Wirtschaftssektoren der Bundesrepublik, in: DIW — Vierteljahresheft 2/3, S. 259—277 (1983)

Hujer, R., Schulte zur Surlage, R.: Wertschöpfung als Bemessungsgrundlage für die Sozialversicherungsbeiträge der Arbeitgeber, Gutachten erstellt im Auftrag des Bundesministeriums für Arbeit und Sozialordnung, Frankfurt (1980)

Isensee, J.: Der Sozialversicherungsbeitrag des Arbeitgebers in der Finanzordnung des Grundgesetzes — Zur Verfassungsmäßigkeit eines „Maschinenbeitrages“, in: Deutsche Rentenversicherung, Frankfurt/M 1980, S. 146—155 (1980)

Isensee, J.: Nichtsteuerliche Abgaben — ein weißer Fleck in der Finanzverfassung, in: Hansmeyer, K.-H. (Hrsg.), Staatsfinanzierung im Wandel, Schriften des Vereins für Sozialpolitik, NF 134, Berlin, S. 435—461 (1983)

Loeffelholz, H. D. von: Struktureffekte einer „Maschinensteuer“, in: Mitteilungen des Rheinisch-Westfälischen Instituts für Wirtschaftsforschung, 34. Jg., S. 229—246 (1983)

Mackenroth, F.: Die Reform der Sozialpolitik durch einen deutschen Sozialplan, in: Schriften des Vereins für Sozialpolitik, NF, Bd. 4, 1952, S. 39—76 (1952)

Mackscheidt, K.: Alternative Bemessungsgrundlagen für die Arbeitgeberbeiträge zur Sozialversicherung, in: Hansmeyer, K.-D. (Hrsg.), Staatsfinanzierung im Wandel, Schriften des Vereins für Socialpolitik, NF 134, Berlin, S. 503—522 (1983)

Müller, H. J.: Die wirtschaftlichen Auswirkungen der gesetzlichen Sozialabgaben auf die lohnintensiven Mittel- und Kleinbetriebe, in: Die Konzentration in der Wirtschaft, Bd. 2, Schriften des Vereins für Socialpolitik, NF 20, Berlin 1960, S. 1425—1449 (1960)

Pohmer, D.: Allgemeine Umsatzsteuern, in: Handbuch der Finanzwissenschaft, 3. Aufl., Band II, Tübingen, S. 647—707 (1980)

Rau, R., Weiss, E.: Simulationsrechnungen mit dem Chase Econometrics Modell, in: Langer, H., u. a. (Hrsg.), Simulationsexperimente mit ökonometrischen Makromodellen, München, S. 169 ff. (1984)

Rettig, R.: Ein disaggregiertes Prognosemodell für die Bundesrepublik Deutschland, RWI-Papiere Nr. 14, Essen (1982)

Rheinisch-Westfälisches Institut für Wirtschaftsforschung: Analyse der strukturellen Entwicklung der deutschen Wirtschaft (Strukturbericht 1983), Bd. 3: Methoden und Materialien, Gutachten im Auftrag des Bundesministers für Wirtschaft, Essen (1983)

Rothkirch, Ch., von, Weidich, J.: Die Zukunft der Arbeitslandschaft. Zum Arbeitskräftebedarf nach Umfang und Tätigkeiten bis zum Jahre 2000. Gutachten der Prognos AG (Basel) im Auftrage des IAB, in: Beiträge zur Arbeitsmarkt- und Berufsforschung Nr. 94.1 und 94.2 (1985)

Rürup, B.: Reform der Arbeitgeberbeiträge zur Gesetzlichen Rentenversicherung, in: Wirtschaftsdienst XI, 1979, S. 547—554 (1979)

Rürup, B.: Alternative Beitragsbemessungsgrundlagen der gesetzlichen Rentenversicherung in einnahmetheoretischer Sicht, Arbeitspapier Nr. 24 des Instituts für Volkswirtschaftslehre der TH Darmstadt, gekürzte Fassung, in: Hansmeyer, K.-H. (Hrsg.), Socialpolitik NF 134, Berlin, S. 483—501 (1983)

Rürup, B.: Strukturpolitische Aspekte eines Wertschöpfungsbeitrages Baden-Baden in Vorbereitung (1987)

Ruland, F.: Die Entscheidung des Bundesverfassungsgerichts vom 16. Juli 1985 zum Eigentumschutz von Anrechten aus der gesetzlichen Rentenversicherung, in: Deutsche Rentenversicherung, I 1986, S. 13—19 (1986)

Scharpf, F. W.: Struktur in der post-industriellen Gesellschaft, oder: Verschwindet die Massenarbeitslosigkeit in der Dienstleistungs- und Informationsökonomie? Discussion paper II M/LMP 84—23, Wissenschaftszentrum Berlin; verkürzt in: Wirtschaftswoche Nr. 20 vom 10. 5. 1985, S. 152—155 (1984)

Schmähl, W., Henke, H.-D., Schellhaaß, H. M.: Änderung der Beitragsfinanzierung in der Rentenversicherung? Ökonomische Wirkungen des „Maschinenbeitrags", Baden-Baden (1984)

Schulte zur Surlage, R.: Qualifikationsstruktur der Arbeitsnachfrage, Frankfurt—New York (1985)

Schulz, E.: Potentielle Beschäftigungseffekte der Maschinensteuer, Diss. der Technischen Universität Berlin (1985)

Wagner, A.: Wirkungen einer Sozialabgabenbemessung nach Wertschöpfungsgrößen statt nach Arbeitskosten, in: IFO-Studien, 29. Jg., S. 255—271 (1983)

Watrin, C., Meyer, W.: Untersuchung der Möglichkeiten des Ausgleichs der gegenwärtigen Belastung durch lohnbezogene Abgaben, Untersuchungen des Instituts für Wirtschaftspolitik an der Universität zu Köln, Nr. 16 (1965)

Einführung einer Wertschöpfungsabgabe („Maschinensteuer“) für die Sozialversicherung?

Ersatz oder Ergänzung lohnbezogener Arbeitgeberbeiträge; Wirkungen und Alternativen

Von Professor Dr. Winfried Schmähl

1. Einleitung

Die folgenden Ausführungen dienen zum einen der Ergänzung des voranstehenden Beitrags von Bert Rürup, zum anderen sollen aber auch einige Akzente anders gesetzt werden.

Vorab ist jedoch zu erwähnen, daß es viele Aspekte gibt, die zumindest in der Wissenschaft (weitgehend) unumstritten sind. Dies bezieht sich u. a. auf die Ursachen für die absehbaren Herausforderungen, vor denen das soziale Sicherungssystem steht, und zwar nicht nur in der Bundesrepublik Deutschland, sondern auch in vielen anderen Ländern. Es handelt sich hier um vielfältige Strukturwandlungen: demographische Veränderungen (vor allem Veränderungen der Altersstruktur), Wandel ökonomischer Strukturen und gesellschaftliche Veränderungen, die miteinander verflochten sind. In diesem Zusammenhang spielen auch Änderungen des Erwerbsverhaltens eine wichtige Rolle. Insbesondere vermehrte Flexibilität im Erwerbsleben und vermehrtes Abweichen von einer „Normal-Erwerbsbiographie“ sind zu verzeichnen, wie auch zunehmende und länger dauernde Teilzeittätigkeit.

Auch die daraus resultierenden Konsequenzen sind zum großen Teil unstrittig. Hierbei geht es nicht nur um Auswirkungen auf das Alterssicherungssystem. Das Gesundheitssystem wird gleichfalls durch die „Alterung“ der Bevölkerung im Hinblick auf Ausgabenentwicklung und Finanzbedarf betroffen.

Besondere Aufmerksamkeit hat darüber hinaus in jüngster Zeit die Frage der Absicherung bei Pflegebedürftigkeit gefunden.

Umstritten sind aber die Wege, um diesen Herausforderungen zu begegnen. Zum Teil sind selbst die anzustrebenden Ziele strittig.

Beschränkt man sich auf den Bereich der Alterssicherung, so wird man realistischerweise davon auszugehen haben, daß ein Bündel von Maßnahmen erforderlich sein wird. Änderungen im Bereich der Finanzierung stellen dabei nur einen

Ausschnitt aus dem Gesamtkomplex dar, denn allein mit Abgabenerhöhungen sind die absehbaren Probleme nicht zu lösen.

Wichtig ist jedoch, daß vor der Entscheidung über den Einsatz einzelner Maßnahmen, wie z. B. der Entscheidung, welche Finanzierungsinstrumente verwendet werden, politische Vorentscheidungen darüber erforderlich sind, welches denn die angestrebten Ziele sind: Welches Absicherungsniveau im Alter wird angestrebt, was soll davon über das gesetzliche Alterssicherungssystem, was über betriebliche Zusatzsysteme abgedeckt werden, und was soll der „Eigeninitiative" durch private Vorsorge überlassen werden? Die sozialpolitische Diskussion konzentriert sich zumeist auf instrumentelle Fragen, während die Zielbestimmung recht vage bleibt.

Die Klärung der Ziele ist aber nicht nur für die Auswahl der dann jeweils geeigneten Maßnahmen wichtig, sondern auch für die Betroffenen: Mir scheint ein wichtiger Aspekt zu sein, daß den Betroffenen eine Perspektive vermittelt wird für die weitere Entwicklung, Anhaltspunkte darüber, womit man (vermutlich) rechnen muß.

Nachfolgend soll u. a. verdeutlicht werden, daß die Entscheidung für einzelne Formen der Finanzierung unterschiedlich ausfallen wird (sollte), je nach den Zielen, die man anstrebt bzw. dem Gewicht, das man einzelnen Zielen im gesamten Zielkatalog zumißt.

Wenn auch die Frage einer Veränderung der Finanzierung durch Einführung einer neuen Abgabe für Arbeitgeber vor allem im Hinblick auf die gesetzliche Rentenversicherung diskutiert wird, so bin ich doch davon überzeugt, daß solch eine Veränderung — sollte man sich für sie entscheiden — nicht auf die Rentenversicherung beschränkt bleiben würde. Es gäbe dann ja auch viele Gründe, um dies auf andere Sozialversicherungszweige zu übertragen, insbesondere auf die Bundesanstalt für Arbeit und die gesetzlichen Krankenversicherungen. Auch aus rein pragmatischen Gründen dürfte die Berechnung der Arbeitgeber-Zahlungen an die verschiedenen Sozialversicherungszweige nicht von völlig unterschiedlichen Bemessungsgrundlagen ausgehen. Ist aber diese Annahme zutreffend, so verstärken sich die Wirkungen, die üblicherweise — beschränkt auf die gesetzliche Rentenversicherung — im Zusammenhang mit einer Veränderung der Arbeitgeberzahlungen ermittelt wurden.

Weitgehend unstrittig dürfte auch die Auffassung sein, daß die für das soziale Sicherungssystem absehbaren Finanzierungsprobleme eher bei wirtschaftlichem Wachstum und einem möglichst hohen Grad an Beschäftigung zu bewältigen sind. So werden mit dem Alterungsprozeß der Bevölkerung vielfältige Umverteilungsprozesse einhergehen. Die Annahme erscheint plausibel, daß je höher der Zuwachs der Bruttoeinkommen der Abgabepflichtigen ist, um so eher werden sich Abgabeerhöhungen durchsetzen lassen, da dann „unter dem Strich", also im Hinblick auf die Netto-Einkommen, noch ein Zuwachs verbleibt. Allein schon um die Umverteilungsprozesse in einer gesellschaftspolitisch reibungslosen Art zu bewältigen, sind Einkommenszuwächse erforderlich. Wenn dies aber so ist, dann ist auch stets zu prüfen, ob die Maßnahmen, die man im Hinblick auf das soziale Sicherungssystem diskutiert, nicht gerade dieser wichtigen „Vorbedingung“ zuwiderlaufen, also die Einkommensentwicklung eher negativ beeinflussen.

Im Zusammenhang mit Auswirkungen einer veränderten Finanzierung auf Investitionen wird darauf unten noch eingegangen.

Die folgenden Ausführungen beziehen sich ausschließlich auf die Finanzierungsseite der Sozial-, insbesondere der Rentenversicherung, wohlwissend, daß dies nicht der einzige Ansatzpunkt für Maßnahmen sein wird. Unterstellt wird jedoch, daß die Ausgaben unverändert bleiben. Die Frage lautet dann, welches Finanzierungsinstrument oder welche Kombination verschiedener Instrumente anzustreben wäre.

2. Begründungen für einen „Maschinenbeitrag“ sowie dabei zu beachtende Wirkungen

Überblickt man die Diskussionen im Zusammenhang mit der Finanzierung sozialer Sicherungssysteme durch Arbeitgeber in der Bundesrepublik Deutschland, aber auch in vielen anderen Ländern (wie z. B. Frankreich, Belgien, den Niederlanden, Österreich, Finnland), dann sind dafür in der Regel strukturelle Veränderungen der Ausgangspunkt gewesen. Unterschiedlich sind jedoch die Ziele, die man mit einer Veränderung der Finanzierung erreichen will. Lange Zeit stand in der Bundesrepublik Deutschland die Vorstellung im Vordergrund, daß durch die Beseitigung der lohnbezogenen Arbeitgeberbeiträge und durch einen Übergang zu einer breiteren Bemessungsgrundlage (vereinfacht: einer Wertschöpfungsgröße) strukturelle Bedingungen selbst gestaltbar sind. Waren dies in den 60er Jahren vor allem die Wettbewerbsverhältnisse, so standen später insbesondere beschäftigungspolitische Wirkungen im Vordergrund. Dadurch, daß der Faktor Arbeit relativ billiger, der Faktor Kapital relativ teurer wird, sollen Rationalisierungsinvestitionen gebremst, Entlassungsgefahren gemindert, soll allgemein ein positiver Beschäftigungseffekt in Zeiten der Arbeitslosigkeit erreicht werden.

Die in den 60er Jahren weit verbreitete Vorstellung, daß durch eine Beseitigung der lohnbezogenen Arbeitgeberbeiträge Klein- und Mittelbetriebe kostenmäßig entlastet, Großbetriebe dagegen mehrbelastet würden, spielt inzwischen kaum noch eine Rolle. Empirische Untersuchungen für die Bundesrepublik Deutschland haben das „Vorurteil“ nicht bestätigt, daß Klein- und Mittelbetriebe generell von lohnabhängigen Arbeitgeberzahlungen relativ stärker belastet würden als größere Unternehmungen. Eine solch einfache Korrelation zwischen Unternehmungsgröße und Kostenbelastung besteht offenbar nicht.

Zwar spielt die beschäftigungspolitische Argumentation nach wie vor eine Rolle, doch ist daneben in jüngerer Zeit vor allem der „Finanzierungsaspekt“ in den Vordergrund gerückt: Nicht mehr so sehr die Beeinflussung struktureller Bedingungen selbst, sondern das Aufbringen von zusätzlichen Finanzierungsmitteln wird zunehmend zum dominierenden Aspekt. Dies ist eine nicht unwichtige Akzentverlagerung. Es geht bei der Wahl einer veränderten Bemessungsgrundlage um die Erleichterung der Möglichkeit, Zahlungen der Arbeitgeber stärker als die der Arbeitnehmer zu erhöhen. Deutlich wird dies vor allem an einem in jüngster Zeit verstärkt vertretenen Vorschlag: Nicht mehr die Ablösung der jetzigen lohnbezogenen Arbeitgeberbeiträge durch Zahlungen auf der Grundlage einer anderen Bemessungsgrundlage (nachfolgend als „Umbasierung“ bezeichnet), sondern die Einführung einer zusätzlichen, neben lohnbezogenen Arbeitgeberbeiträgen zu entrichtenden Wertschöpfungsabgabe der Unternehmungen wird in weiten Kreisen der Gewerkschaften und auch von manchen Gruppierungen innerhalb der SPD (so der Arbeitsgemeinschaft für Arbeitnehmerfragen) favorisiert. Die Forderung nach einem ergänzenden „Beitrag“ macht besonders deutlich, daß es um die Beschaffung zusätzlicher Finanzierungsmittel geht. Die strukturellen Wirkungen sind dabei in den Hintergrund getreten.

Welches sind aber die Kriterien, will man beurteilen, ob eine solche Veränderung positiv oder negativ einzuschätzen ist? Hierzu muß man die mit einer solchen Maßnahme verbundenen Wirkungen im Vergleich zu denen betrachten, die mit der jetzigen Regelung oder mit einer Alternative zu veränderten Arbeitgeberzahlungen verbunden sind. Allerdings hat man hierbei auch Effekte zu berücksichtigen, die über diejenigen hinausgehen, die von den Befürwortern einer „Wertschöpfungsabgabe“ (sei dies im Sinne einer Umbasierung oder einer ergänzenden Abgabe) in den Vordergrund gerückt werden.

In erster Linie handelt es sich dabei um folgende Wirkungen:

— Ergiebigkeit und Stabilität des Mittelaufkommens (Konjunkturanfälligkeit, regelmäßiger Mittelzufluß), also der Finanzierungsaspekt (einschließlich der Frage, ob eine solche Abgabe leichter zu erhöhen ist als andere).

— Auswirkungen auf Beschäftigung, Wettbewerb und Wachstum.

— Auswirkungen auf die Einkommensverteilung. Da faktisch jede wirtschafts- und sozialpolitische Maßnahme Verteilungswirkungen besitzt, sind auch hier entsprechende Effekte zu berücksichtigen.

— Auswirkungen auf die Grundstruktur, den Systemtyp des sozialen Sicherungssystems (man kann dies z. T. auch als Frage nach den ordnungspolitischen Konsequenzen bezeichnen).

Dabei ist zu beachten, daß es nicht ausreicht, etwas über die Richtung der Wirkungen auszusagen, wie sie aus theoretischen Modellen ableitbar ist, sondern entscheidend für die wirtschafts- und sozialpolitische Beurteilung ist auch das quantitative Gewicht der Wirkungen. Es dürfte unmittelbar einleuchten, daß ein nur geringer „positiver Effekt" verglichen mit einem quantitativ gewichtigen „negativen Effekt" für die politische Entscheidungsfindung eine andere Bedeutung besitzt, als wenn man nur sagen kann, in dieser Hinsicht gibt es positive, in anderer Hinsicht negative Effekte.

Nachfolgend werden zunächst einige Aspekte aufgezeigt, die sich auf die „Umbasierung" beziehen. Sie steht auch im Mittelpunkt des Beitrages von Rürup. Anschließend wird auf eine ergänzende, zusätzliche Abgabe — neben den bisherigen lohnbezogenen Arbeitgeberbeiträgen — eingegangen.

3. Finanzielle Ergiebigkeit lohnbezogener Beiträge im Vergleich zu Wertschöpfungsabgaben

Nicht nur die Suche nach zusätzlichen Finanzierungsquellen hat die Diskussion um Wertschöpfungsabgaben beflügelt, sondern eine der Wurzeln liegt in der Annahme, im Zuge der längerfristigen Entwicklung bestehe die Gefahr, daß der Faktor Arbeit im Rahmen der gesamten Wertschöpfung von immer geringerer Bedeutung werde. Dies erscheint auch auf den ersten Blick plausibel (man denke an die Zunahme weitgehend menschenleerer Fabrikhallen) und hat zu der plakativen, politisch nicht unwirksamen, allerdings mißverständlichen und irreführenden Formulierung geführt, der „Kollege Computer" solle mit zur Finanzierung der Renten herangezogen werden. Aber — dies ist unmittelbar einleuchtend — kein Computer, keine Maschine zahlt, sondern es zahlen die Unternehmungen. Mit diesen Zahlungen sind Wirkungen verbunden, auf die noch einzugehen sein wird. Entscheidend ist, wer die mit den Zahlungen verbundenen Belastungen „trägt".

Bei dieser Diskussion scheint häufig verwechselt zu werden, daß es für die Finanzierungsfrage nicht um die „Menge" (die Zahl der Beschäftigten oder der Arbeitsstunden) geht, sondern daß die Einkommensgröße entscheidend ist, hier also der Anteil der Arbeitsentgelte an der gesamten Wertschöpfung. Geht dieser Anteil zurück oder nicht? Anders ausgedrückt: Ist damit zu rechnen, daß die Lohnquote langfristig sinkt und folglich die lohnbezogenen Sozialversicherungsbeiträge weniger ergiebig sind als wertschöpfungsbezogene Abgaben?

Unter Berücksichtigung der in den vergangenen Jahren hierzu vorgelegten Untersuchungen ist aus meiner Sicht bis jetzt weder empirisch noch theoretisch hinreichend überzeugend begründet worden, daß langfristig die Lohnquote sinkt und damit die finanzielle Ergiebigkeit lohnbezogener Abgaben geringer wäre als die von wertschöpfungsbezogenen Abgaben.

Dann verlagert sich die Argumentation aber mehr auf Fragen der Durchsetzbarkeit unterschiedlicher Abgaben: Kann man eine Wertschöpfungsabgabe leichter durchsetzen als lohnbezogene Beiträge? Hierbei spielen verschiedene Aspekte eine Rolle:

— Da der Beitragssatz, wenn er sich auf die gesamte Wertschöpfung und nicht nur einen Teil (die beitragspflichtige Lohnsumme) bezieht, notwendigerweise niedriger ist als der lohnbezogene Beitragssatz (bei gleichem Mittelaufkommen), wird unter dem Aspekt der „Optik der Beitragssätze“ eine leichtere Erhöhung der niedrigeren Abgabesätze für möglich gehalten.

— Zugleich stellt sich die Frage, ob nicht deshalb wertschöpfungsbezogene Arbeitgeberzahlungen leichter erhöht werden können, da dann nicht — wie im bisherigen System mit lohnbezogenen Arbeitnehmer- und Arbeitgeberzahlungen — gleichzeitig auch die Arbeitnehmerbeiträge erhöht werden müßten. Der „Gleichschritt“ von Arbeitnehmer- und Arbeitgeberzahlungen brauchte nicht beibehalten zu werden.

— Schließlich stellt sich die Frage, ob wertschöpfungsbezogene Arbeitgeberzahlungen weniger merklich als andere Abgaben sind. Im Zusammenhang mit steuerpolitischen Erörterungen wird gleichfalls häufig die Hypothese vertreten, indirekte Abgaben (und Arbeitgeberzahlungen wirken wie eine indirekte Steuer) seien weniger merklich als direkte Abgaben (insbesondere die Lohn- und Einkommensteuer). Mir scheint allerdings, daß dieses Argument heute kaum noch, allenfalls in geringem Maße gilt. So spielen auch für die Abwanderung in die Schattenwirtschaft indirekte Abgaben heute eine wichtige Rolle.

Unter dem Gesichtspunkt der finanziellen Ergiebigkeit scheinen mir insgesamt keine überzeugenden Argumente zugunsten der angestrebten Veränderung zu sprechen.

4. Auswirkungen auf Beschäftigung und Wirtschaftswachstum

Ausgangspunkt für mögliche Auswirkungen auf die Beschäftigungs- und Wettbewerbssituation sowie wirtschaftliches Wachstum sind Änderungen der Kostenstruktur, die durch eine Umbasierung ausgelöst werden. Die empirischen Untersuchungen für die Bundesrepublik über die kostenmäßigen Be- und Entlastungen nach Wirtschaftszweigen führen zu weitgehend übereinstimmenden (und folglich hier nicht weiter diskutierten) Ergebnissen. Ein Aspekt sei hier jedoch hervorgehoben:

Die Berechnungen — wie beispielsweise die von Rürup — basieren u. a. auf bestimmten „Bereinigungen“, indem verschiedene Komponenten der Wertschöpfung aus der Berechnung der neuen Bemessungsgrundlage herausgenommen werden. So wird beispielsweise die gesamte Wertschöpfung der Beamten rechnerisch eliminiert und auch ein Teil der Wertschöpfung der Selbständigen. Solche Bereinigungsschritte ändern notwendigerweise (da die nicht berücksichtigten

Aktivitäten nicht gleichmäßig über die verschiedenen Wirtschaftsbereiche verteilt sind) die sektoralen kostenmäßigen Be- und Entlastungen. Außerdem ist zu beachten, daß je mehr Elemente der Wertschöpfung unberücksichtigt bleiben, um so höher müssen die Abgaben sein (bei gleichem Mittelaufkommen), die von den Bereichen aufzubringen sind, bei denen solche Abzugsposten nicht oder weniger zu Buche schlagen. Dies macht deutlich, daß dann, käme es zu einer solchen Wertschöpfungsabgabe, damit zu rechnen ist, daß ein Wettlauf um Ausnahmeregelungen, Sonderkonditionen, Befreiungstatbestände einsetzen wird, wie es ähnlich im Zusammenhang mit Subventionen, Steuererleichterungen usw. bekannt ist. Was dann tatsächlich als neue Bemessungsgrundlage politisch festgelegt wird, ist offen.

Entscheidend ist aber, wie die Unternehmungen auf die Kostenänderungen reagieren. — Im Hinblick auf beschäftigungspolitisch relevante Effekte ist weitgehend unumstritten, daß eine Umbasierung in einer Situation der Unterbeschäftigung zu einem positiven Beschäftigungseffekt führt, da der Faktor Arbeit im Vergleich zum Faktor Kapital relativ im Preis gesenkt wird. Allerdings zeigen alle bisher vorgelegten empirischen Untersuchungen, daß allenfalls mit geringen Beschäftigungseffekten zu rechnen ist.

Darüber hinaus ist zu beachten, daß die Beurteilung der Beschäftigungswirkungen unter längerfristigen Gesichtspunkten u. U. anders ausfällt als unter kurz- und mittelfristigem Aspekt (Arbeitslosigkeit): Zwar ist die Annahme umstritten, aber nicht unrealistisch, daß wir — vielleicht erst um die Jahrtausendwende — eine im Vergleich zu jetzt stark veränderte Arbeitsmarktsituation haben werden. Insbesondere aufgrund demographischer Veränderungen wird vielfach mit einer Verknappung des inländischen Arbeitskräfteangebots, ja mit der Gefahr eines inländischen Arbeitskräftemangels gerechnet. Unter dieser Annahme fällt dann die Beurteilung einer Senkung des Preises für den Faktor Arbeit anders aus als bei (hoher) Arbeitslosigkeit: Den längerfristigen Beschäftigungserfordernissen würde es gerade nicht entsprechen, wenn der sowieso schon knappe Faktor nun über die relative Preissenkung noch verstärkt nachgefragt wird.

Die aus Modellberechnungen und Simulationsstudien abgeleiteten wachstumspolitischen Effekte sollten zwar nicht überbewertet werden, da sie auf einer Fülle von Prämissen beruhen. Dennoch ist die Gefahr nicht auszuschließen, daß Wirtschaftswachstum durch eine Umbasierung negativ beeinflußt werden kann. Auch hier ist die Veränderung der Faktorpreise — der Faktor Kapital wird relativ teurer — Ausgangspunkt der Argumentation: Wird der Kapitaleinsatz verteuert, so werden Investitionen möglicherweise hinausgeschoben. Dies bedeutet, daß technischer Fortschritt zeitlich verzögert wirksam wird. Dies kann auch Konsequenzen für die internationale Wettbewerbsfähigkeit der Volkswirtschaft haben und für das Ausmaß der Produktivitätssteigerungen. Produktivitätssteigerungen sind zudem ja auch die Quelle für Lohnerhöhungen.

Auch Rürup konzediert in seiner Untersuchung, daß eine mögliche Gefahr einer Umbasierung (und der damit verbundenen Änderungen der Faktorpreisstruktur) darin besteht, daß die Investitionstätigkeit negativ beeinflußt wird. Allerdings überzeugt mich die von ihm angebotene Lösung nicht: Wird auf der einen Seite durch die Umbasierung der Faktor Kapital verteuert, so soll nach Rürups Vorstellungen auf der anderen Seite — zur Vermeidung der negativen Einflüssc auf die Investitionstätigkeit — durch Abschreibungserleichterungen und Steuervergünstigungen kompensierend eingegriffen werden. Während man auf der einen Seite belastet, soll dies gleichzeitig durch andere Maßnahmen wieder rückgängig gemacht werden. Die politische Durchsetzbarkeit dürfte durch einen solchen kombinierten Mitteleinsatz nicht gerade erleichtert werden. Man darf auch nicht vergessen, daß Abschreibungserleichterungen und Steuervergünstigungen ceteris paribus Steuerausfälle bedeuten, die gedeckt werden müssen (sei es durch Abgabenerhöhungen, durch Minderausgaben oder vermehrte Verschuldung). Dies alles spricht zumindest nicht für eine Umbasierung. Allein schon aufgrund dieser möglichen Gefahren sollte aus meiner Sicht auf eine solche Veränderung verzichtet werden. Verstärkt wird dies durch weitere Gesichtspunkte, so Auswirkungen auf die Einkommenssituation der Haushalte und auf den Grundcharakter des sozialen Sicherungssystems.

5. Verteilungswirkungen

Auswirkungen auf die Einkommensverteilung sind lange weitgehend unbeachtet geblieben, da sie in den Begründungen der Befürworter keine Rolle spielten und (folglich) von den Gegnern nicht aufgegriffen wurden.

Unstrittig dürfte sein, daß Arbeitgeberbeiträge — gleichgültig, ob sie lohnbezogen oder wertschöpfungsbezogen ermittelt werden — ein Kostenbestandteil sind und die Unternehmungen versuchen werden, diese Kosten weiterzuwälzen. Unterstellen wir, dieses gelingt durch Preiserhöhung. Gehen wir darüber hinaus davon aus — was ja erklärtes Ziel vieler Befürworter, so auch von Rürup ist —, daß insgesamt die Arbeitgeberzahlungen stärker steigen als sonst. Dann heißt dies nichts anderes, als daß die Abnehmer der Produkte (also zumeist die Konsumenten), die Abgabe „tragen". Also nicht der „Kollege Computer", sondern die Konsumenten sind die Belasteten. Aber diese Belastung ist nicht gleichmäßig verteilt, sondern ist relativ am höchsten im unteren Einkommensbereich aufgrund der dort höheren Konsumquote und der bestehenden Konsumstruktur. Für Haushalte mit gleich hohem Einkommen gilt, daß die jeweils größeren Haushalte mehr als die Haushalte mit weniger Mitgliedern belastet werden. Diese „regressive Belastung" ist zudem vergleichsweise höher als wenn die Mehrwertsteuer zur Finanzierung herangezogen würde, denn diese ist in Deutschland hinsichtlich der Sätze differenziert, d. h. bestimmte Produkte werden niedriger als andere belastet. Dies führt tendenziell zu einer Abschwächung des Regressiveffektes im Vergleich zur Besteuerung mit einem einheitlichen Satz.

Für die politische Durchsetzbarkeit dürfte dieser Aspekt nicht unbedeutend sein, da die Hauptbefürworter von Wertschöpfungsabgaben — Gewerkschaften und SPD —, würden sie sich durchsetzen, einen Personenkreis, dessen Interessen sie vertreten wollen, vergleichsweise am stärksten belasten würden[1].

6. Auswirkungen auf die Grundstruktur des sozialen Sicherungssystems

Mit Verteilungswirkungen, die über den oben erwähnten personellen Verteilungseffekt hinausreichen, stehen auch Auswirkungen im Zusammenhang, die von Einfluß auf den Grundcharakter des sozialen Sicherungssystems sind. Insbesondere handelt es sich um die Frage, ob sich das gesetzliche Rentenversicherungssystem durch eine Umbasierung weiter vom Gedanken von Leistung und Gegenleistung (wie es seine Ausprägung im Versicherungsprinzip findet) entfernt und sich damit zugleich mehr in Richtung auf ein allgemeines Umverteilungssystem (Steuer-Transfer-System) entwickelt.

Eine von Rürups Annahmen ist, das Leistungsrecht der Rentenversicherung solle nicht geändert werden, Renten sollen lohnbezogen und differenziert in ihrer Höhe bleiben. Inwieweit dies aber tatsächlich aufrechtzuerhalten ist, d. h. ob im Falle einer Umbasierung nicht die Möglichkeiten, hieran festzuhalten, gemindert werden, hängt nicht nur von Spekulationen über die Zukunft ab. Die Einschätzung darüber wird mitgeprägt von der Auffassung, als was Arbeitgeberbeiträge heute — in ihrer lohnbezogenen Form — anzusehen sind. Lohnbezogene Arbeitgeberbeiträge sind — davon gehe ich aus — heute Teil des Lohnes und repräsentieren einen Teil der Leistung des Arbeitnehmers zum Erwerb einer (künftigen) Gegenleistung (der Rente). Arbeitgeberbeiträge sind nicht Ausdruck der Leistungsfähigkeit der Unternehmung und auch nicht nach dieser zu gestalten. Die Auffassung, daß Arbeitgeberbeiträge Teil des eigenen Beitrags (der eigenen Leistung) des Arbeitnehmers sind, wird auch von der (neueren) Rechtsprechung des Bundesverfassungsgerichts gedeckt: Das Bundesverfassungsgericht hat gerade in jüngster Zeit deutlich hervorgehoben, daß nicht nur die Arbeitnehmer-, sondern auch die Arbeitgeberzahlungen Teil des eigenen Beitrags des Arbeitnehmers sind und daß daraus erworbene Rentenansprüche unter den Eigentumsschutz des Artikels 14 GG fallen.

---

1 Die Ermittlung der personellen Verteilungswirkungen wird allerdings noch dadurch erschwert, daß auch Annahmen darüber erforderlich sind, in welchem Maße auf die Erhöhung von Arbeitnehmerbeiträgen verzichtet werden kann.

Welche Bedeutung besitzt dies für unsere Frage? Wertschöpfungsbezogene Arbeitgeberzahlungen wären nicht mehr Lohnbestandteil. Dies wird ja auch angestrebt, da man die Arbeitgeberzahlungen vom Lohn abkoppeln will. Damit wären diese Beträge aber auch nicht mehr als eigener Beitrag des Arbeitnehmers anzusehen, und folglich wäre auch der damit finanzierte Rentenanspruch nicht eigentumsrechtlich geschützt.

Es kann nicht auf die — noch nicht beendete — Diskussion darüber eingegangen werden, was der Eigentumsschutz des Artikels 14 GG im hier behandelten Zusammenhang konkret bedeutet. Doch dürfte aus der Rechtsprechung des Bundesverfassungsgerichts klar ableitbar sein, daß die Möglichkeiten des Gesetzgebers, in Rentenansprüche, hier vor allem in die Rentenstruktur — also die betragsmäßige Abstufung der Renten untereinander — einzugreifen, um so größer werden, je weniger die Rentenansprüche durch eigene Beiträge erworben und folglich eigentumsrechtlich geschützt sind. Dies mag man positiv beurteilen, indem man auf den größeren Gestaltungsspielraum für den Gesetzgeber hinweist. Man kann dies aber auch negativ sehen, indem man die Minderung des Vertrauens in die Kalkulierbarkeit des Rentenanspruchs, die Minderung des subjektiven Sicherheitsgefühls durch größere Eingriffsanfälligkeit des Rentenversicherungssystems stärker gewichtet. Im Hinblick auf die erforderliche Akzeptanz des Rentenversicherungssystems sowie die Tolerierung von Abgaben (und Abgabenerhöhungen) ist dies sicher ein nicht unwichtiger Faktor.

Diese Hinweise machen bereits deutlich, daß eine Entscheidung darüber, ob man sich für eine Umbasierung der Arbeitgeberzahlungen durch Übergang zu einer Wertschöpfungsabgabe entscheidet, auch mit Blick auf die weitere Entwicklungsrichtung des gesetzlichen Rentenversicherungssystems getroffen werden sollte, ob also vom Gedanken von Leistung und Gegenleistung weiter abgerückt werden soll oder nicht.

7. Ergänzende Wertschöpfungsabgabe statt Umbasierung? Zugleich Skizzierung einer Alternative

Wie erwähnt, mehren sich in jüngerer Zeit die Stimmen, die statt einer Umbasierung eine zusätzliche, ergänzende Wertschöpfungsabgabe innerhalb der Rentenversicherung — bei weiterhin lohnbezogenem Arbeitgeberbeitrag — befürworten. Angesichts der im Vergleich zur Umbasierung geringeren quantitativen Bedeutung einer solchen Ergänzungsabgabe würden die oben diskutierten beschäftigungs-, wachstums- und verteilungspolitisch relevanten Effekte nur in verringertem Maße ausgelöst (bzw. zeitlich verteilt, wenn man eine künftige Steigerung der Abgabensätze berücksichtigt). Gleiches würde gelten für die im letzten Abschnitt behandelten Argumente hinsichtlich der Weiterentwicklung des Sicherungssystems und seiner Grundstruktur.

Eine solche ergänzende Wertschöpfungsabgabe macht unmittelbar deutlich, daß es um die Beschaffung zusätzlicher Finanzierungsmittel für die gesetzliche Rentenversicherung geht. Dann stellt sich aber mit noch größerer Deutlichkeit die Frage, ob nicht an Stelle einer solchen zusätzlichen Abgabenart in der Sozialversicherung in höherem Maße Zahlungen aus öffentlichen Haushalten an die Rentenversicherung erfolgen sollten.

Bei einem Vergleich dieser Finanzierungsalternativen — der hier verständlicherweise nur auf wenige Aspekte beschränkt erfolgen kann — ist u. a. zu fragen, wie sicher mit dem Zufluß zusätzlicher Finanzierungsmittel gerechnet werden könnte. Die Befürworter einer solchen „Ergänzungsabgabe" werden darauf hinweisen, daß hiermit ein eigener „Beitrag" zur Verfügung steht, dessen Aufkommen unmittelbar den Versicherungsträgern zufließt. Damit könne man kalkulieren, während es sehr zweifelhaft sei, ob der Bund seinen Zahlungsverpflichtungen nachkomme. Diese Argumentation setzt aber voraus, daß die Wertschöpfungsabgabe tatsächlich (finanzverfassungsrechtlich) ein „Beitrag" ist und keine Steuer. Dies ist kein terminologisches Problem, sondern berührt unmittelbar die Frage nach der Finanzhoheit, da die Sozialversicherungsträger keine Steuerhoheit besitzen. Sie können nur Beiträge erheben. Hierin liegt folglich auch ein Unsicherheitsmoment: Würden denn überhaupt solche Wertschöpfungsabgaben den Versicherungsträgern zufließen können, oder würden sie — wenn es sich um Steuern handelt — nicht vielmehr den öffentlichen Haushalten zur Verfügung stehen und müßten dann an die Sozialversicherung transferiert werden? Wäre dies der Fall, wäre die Situation ähnlich wie beim Bundeszuschuß für die Rentenversicherung.

Außerdem sollte folgendes bedacht werden: Führt man eine zusätzliche Wertschöpfungsabgabe ein, dann sind die Weichen eindeutig in Richtung auf Abgabenerhöhung gestellt. Entscheidet man sich für den alternativen Weg, nämlich die vermehrte Zuführung von Zahlungen aus öffentlichen Haushalten an die Rentenversicherung, dann können diese auf verschiedene Weise finanziert werden: Man brauchte nicht unbedingt Abgaben zu erhöhen, sondern könnte u. a. versuchen, durch Umschichtungen in den öffentlichen Haushalten Mittel hierfür zu gewinnen. Zugegeben, dies dürfte sehr schwierig sein. Allerdings sollte man dabei auch längerfristig denken: Wenn in der gesetzlichen Rentenversicherung Belastungen für Arbeiter und Angestellte sowie Rentner zunehmen, dann dürfte es allein unter dem Gesichtspunkt der politischen Akzeptanz nicht möglich sein, das beamtenrechtliche Versorgungssystem unberührt zu lassen. Hieraus könnten — verglichen mit dem jetzigen Zustand — Einsparungen für öffentliche Haushalte erwachsen. Zudem ist auf die (wenngleich quantitativ nicht allzu gewichtigen) Minderungen der Kriegsfolgelasten hinzuweisen wie auch auf möglicherweise entstehende finanzielle Entlastungen aufgrund der rückläufigen Zahl an Kindern und Jugendlichen. Allgemein heißt dies, daß eine Strategie der Zuführung von Finanzierungsmitteln aus öffentlichen Haushalten an die Rentenversicherung mehr Optionen der Finanzierung offen läßt als die Einführung einer Wertschöpfungsabgabe. Die Frage, wie die Zahlungen aus öffentlichen Haushalten finanziert werden, kann dann auch nach den jeweiligen ökonomischen Bedingungen und den insgesamt maßgebenden wirtschafts- und sozialpolitischen Zielen erfolgen. Bei der zusätzlichen Wertschöpfungsabgabe ist man eindeutig auf die Abgabenerhöhung festgelegt.

Unabdingbare Voraussetzung für den zweiten Weg, den ich präferiere (wobei die Gründe dafür hier nicht im einzelnen nachgezeichnet werden können), wäre aber, daß ein regelmäßiger und weitgehend tagespolitischen Manipulationen entzogener Mittelzufluß sichergestellt wird. Erforderlich ist also eine feste Finanzierungsregel, an die sich der Gesetzgeber auch halten müßte. Die weitestgehende Absicherung würde die grundsätzliche Verankerung einer Grundregel für solche Zahlungen bieten. Diesem müßten im Prinzip auch die Befürworter einer ergänzenden Wertschöpfungsabgabe zustimmen können, da von ihnen betont wird, daß es sich bei der Alterssicherung auch um eine gesamtgesellschaftliche Aufgabe handele, zu der die Gesellschaft insgesamt finanzierungsmäßig beitragen müsse.

Wie schon erwähnt, ist die Entscheidung dieser Frage allerdings nur ein Teilelement in einer mehrere Maßnahmen umfassenden Strategie zur Weiterentwicklung des Sozialversicherungssystems. Daß ich anstelle von Wertschöpfungsabgaben Zahlungen aus öffentlichen Haushalten an die Sozialversicherung vorziehe, hat etwas mit der grundlegenden Frage nach der Art der Weiterentwicklung des Rentenversicherungssystems zu tun. Ich vertrete — ohne dies hier im einzelnen begründen zu können — die Auffassung, daß in der gesetzlichen Rentenversicherung die Verkoppelung von eigener Leistung des Beitragspflichtigen und späterer Gegenleistung (den Rentenansprüchen) verstärkt werden sollte. Ein Grund dafür ist, daß eine stärkere Verknüpfung von Leistung und Gegenleistung dazu beitragen könnte, daß man eher bereit ist, die zur Aufrechterhaltung des Rentenversicherungssystems erforderlichen (höheren) Abgaben auch zu tolerieren, wenn man für seine eigene Leistung — in kalkulierbarer Weise — mit einer Gegenleistung rechnen kann und erhöhter eigener Leistung später eine erhöhte Gegenleistung gegenüber steht. Mir scheint zweifelhaft, daß dies gleichermaßen der Fall wäre, wenn es sich um Abgaben handelt, die in einen „allgemeinen, anonymen Umverteilungstopf" fließen, ohne daß dem eigenen Finanzierungsbeitrag entsprechende Gegenleistungen gegenüberstehen.

Während bei vielen anderen Fragen im Zusammenhang mit Maßnahmen zur Weiterentwicklung des Rentenversicherungssystems in vergleichsweise hohem Maße politischer Konsens besteht, unterscheiden sich die Auffassungen über die Einführung einer Wertschöpfungsabgabe deutlich. Die Möglichkeit zu einer Annäherung der Standpunkte wächst meines Erachtens jedoch, je mehr die Befürworter einer Wertschöpfungsabgabe diese als ergänzende Abgabe — und nicht mehr als Ersatz der bisherigen lohnbezogenen Arbeitgeberbeiträge — ansehen. Die Diskussion über die weitere Finanzierung der gesetzlichen Rentenversicherung ist also noch nicht an ihrem Ende angelangt.

Literatur

Für theoretische und empirische Untersuchungen zur Einführung eines „Maschinenbeitrags" in der Bundesrepublik vgl.:

Elixmann, D. u. a.: Der „Maschinenbeitrag" — Gesamtwirtschaftliche Auswirkungen alternativer Bemessungsgrundlagen für die Arbeitgeberbeiträge zur Sozialversicherung, Tübingen 1985

Rürup, B. (unter Mitarbeit von *Hujer, R.*): Strukturpolitische Aspekte eines Wertschöpfungsbeitrags, Darmstadt 1986 (hektographiert)

Schmähl, W., Henke, K.-D., Schellhaaß, H. M.: Änderung der Beitragsfinanzierung in der Rentenversicherung? — Ökonomische Wirkungen des „Maschinenbeitrags" — Baden-Baden 1984

Begründungen für die Auffassung, das Sozialversicherungssystem (speziell die gesetzliche Rentenversicherung) stärker in Richtung auf ein Sicherungssystem (Verknüpfung von Leistung und Gegenleistung) weiterzuentwickeln, finden sich in:

Schmähl, W. (Hrsg.), Versicherungsprinzip und soziale Sicherung, Tübingen 1985

Zur Weiterentwicklung der gesetzlichen Rentenversicherung durch Einsatz eines aufeinander abgestimmten Maßnahmenpakets im Interesse einer Bewältigung der Finanzierungsprobleme im Zuge von (insbesondere demographisch bedingten) Strukturänderungen:

Gutachten des Sozialbeirats über eine Strukturreform zur längerfristigen finanziellen Konsolidierung und systematischen Fortentwicklung der gesetzlichen Rentenversicherung im Rahmen der gesamten Alterssicherung, Bundestags-Drucksache 10/5332 (16. 4. 1986)

Schmähl, W.: Strukturreform der Rentenversicherung — Konzept und Wirkungen. Versuch einer Zwischenbilanz, in: Die Angestelltenversicherung, 33. Jg. S., 162—171 (1986)

Ein Überblick über Alternativen der Finanzierung findet sich in:

Schmähl, W.: Finanzierung sozialer Sicherung, in: Deutsche Rentenversicherung (Heft 9—10), S. 541—570 (1986)

Auswirkungen des technischen Fortschritts auf die Fernmeldeinfrastruktur

Von Dr.-Ing. Wolfgang-P. Peters

1. Die Ausgangssituation

1.1 Nachfrage nach neuen und wirtschaftlicheren Kommunikations- und Informationsdiensten

Es ist unbestritten, daß sowohl im geschäftlichen aber auch im privaten Bereich ein kräftiges Nachfragepotential nach besserer und kostengünstigerer Kommunikation, als auch nach schnellerem und vielfältigerem Informationsaustausch existiert. Der Zugang zur „richtigen" Information dauert oft zu lange, kürzere Reaktionszeiten sind gleichbedeutend mit höherer Leistungsfähigkeit. *Online*-Anwendungen haben zweistellige Zuwachsraten, die Stapelverarbeitung stagniert oder ist rückläufig. Weitere Arbeitszeitverkürzungen und noch stärkere internationale Verflechtungen konzentrieren den Kommunikations- und Informationsbedarf auf immer kleiner werdende Zeitfenster. Übertragung größerer Informationsmengen in den Nachtstunden oder an Wochenenden kann sich nur der leisten, der den Druck der Konkurrenz nicht täglich spürt. Große integrierte digitale Verkehrsströme prägen zunehmend das Anwendungsprofil in Inhousenetzen und sind bestimmend für zukünftige Fernmeldeinfrastrukturen öffentlicher Netze.

Auch für den privaten Bereich prognostizieren Experten beachtliche Marktpotentiale. Wenn dieser Tatbestand auf breiter Basis noch nicht diskutiert wird, so liegt es daran, daß wir uns in den 100 Jahren Telefon an viele Unzulänglichkeiten, wie z. B. eine Bandbreite von 3,1 kHz gewöhnt haben. Auch können sich viele nicht vorstellen, daß man in Zunkunft vor Abheben des Telefonhörers angezeigt bekommt, wer uns eigentlich zu sprechen wünscht. Wir haben uns scheinbar damit abgefunden, daß im Prinzip jeder von uns aus sich den vielen öffentlich ausgelegten Telefonbüchern Tag und Nacht Eingang in unsere Intimsphäre ohne Anmeldung verschaffen kann.

1.2 Verfügbarkeit neuer Technologien

Eine zweite wichtige Voraussetzung für das Durchsetzen von Kommunikations- und Informations-Innovationen am Markt ist die Verfügbarkeit neuer Technologien. Seit Ende der 70er Jahre war erkennbar, daß durch die Innovationsschübe

- VLSI
- Glasfaser

entscheidende Impulse für die zukünftige Kommunikations- und Informationsinfrastruktur zu erwarten sein würden. Zwischenzeitlich verfügen wir über leistungsfähige und preisgünstige Speicher-Chips, Mikroprozessoren, Einkanal-Codecs mit Filter, Laser, Gradienten- und Monomodefasern u. a. m.

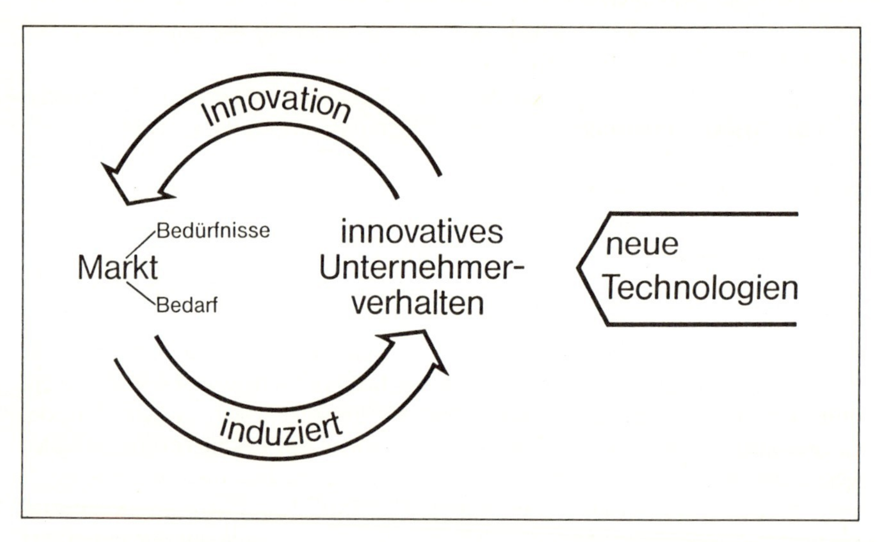

Abbildung 1: Verfügbarkeit neuer Technologien

1.3 Innovatives Unternehmerverhalten

Die günstige Ausgangssituation mit zukunftsträchtigen neuen Technologien auf der einen Seite und einem großen Markt nach besserer, schnellerer und billigerer Kommunikation induzieren somit ein stark innovatives Verhalten in nahezu allen Wirtschaftsbereichen. Wie sieht diese Situation im einzelnen aus der Sicht der verschiedenen Marktteilnehmer aus?

Am deutlichsten hat erstmals Joseph Schumpeter formuliert, was in einer solchen Situation die wichtigste Aufgabe des Unternehmers ist: Innovationen am Markt durchzusetzen. Schumpeter hatte bereits 1942 erkannt, daß es „langfristig nicht die Preiskonkurrenz ist, sondern die Konkurrenz der neuen Warc, der neuen Technik . . . jene Konkurrenz, die über einen entscheidenden Kosten- und Qualitätsvorteil gebietet und die bestehenden Firmen nicht an den Profit- und Produktionsgrenzen, sondern in ihren Grundlagen, ihrem eigentlichen Lebensmark trifft". Schumpeter sieht in der „Durchsetzung neuer Kombinationen" die Hauptaufgabe des Unternehmers, wobei in marktwirtschaftlichen Systemen es jedem Unternehmer überlassen ist, wie und zu welchem Zeitpunkt er diese Kombination durchsetzt.

Es gibt genügend Beispiele, wo diese Chance, neue Kombinationen durchzusetzen, verschlafen worden ist. Ich denke an die Spiegelreflexkameras, wo Rollei seinerzeit eine führende Position hatte und wenige Jahre später dieser Markt voll in die Hände der Japaner ging. Zu erwähnen ist die Uhrenindustrie, die heute von den Japanern beherrscht wird. Ein arger Rückschlag für die deutsche Reifenindustrie war das Vorpreschen seinerzeit von Michelin mit Gürtelreifen. Die Reihe läßt sich durch andere Beispiele fortsetzen.

Die Verfügbarkeit der 1 μ-Technik und auch Sub-μ-Techniken, Speicherbausteine mit 1 Mbit, 4 Mbit oder 16 Mbit, höchstintegrierte Kundenschaltkreise mit mehreren 100000 Transistorfunktionen lassen sich heute hinsichtlich Zeit, Menge und Preis mit hinreichender Genauigkeit vorhersagen. Ähnlich war die Situation Mitte der 70er Jahre. Experten prognostizierten die Verfügbarkeit bestimmter Bauelemente wie 64 kbit-Speicher-Chips, Einkanal-Codecs, leistungsfähiger Mikroprozessoren mit einer Genauigkeit von Plus/Minus 6 Monaten. Die Technologieexperten der großen Systemhäuser erzwangen damit kurzfristige unternehmenspolitische Entscheidungen von großer Tragweite: Die Alternativen waren, ein eigenes digitales System zu entwickeln, sich als Nachbauer künftig zu betätigen — oder sich aus dem Markt zurückzuziehen.

Gegenwärtig sind weltweit ca. 100 elektromechanische und analoge elektronische Vermittlungssysteme im Einsatz. In den nächsten Jahren wird diese Systemvielfalt durch nur noch 6—7 digitale Systeme der leistungsfähigsten Systemhäuser abgelöst werden. Zu den erfolgreichsten Systemen und Unternehmen zählen gegenwärtig:

No 5 ESS AT&T, Bell Labs
DMS Northern Telecom, BNR
D 60/70 Japan. Co's. ECL
SYSTEM 12 ITT/SEL
EWSD Siemens
AXE LME, ELLEMTEL
E 10 Alcatel/Thomson,
UT 3/10 Italtel, CSELT
.
.
.

Bei der Auflistung der erfolgreichsten Systeme und Unternehmen sei der Hinweis gestattet, daß die Entwicklungsaufwendungen — ausgenommen in der Bundesrepublik Deutschland — ganz wesentlich direkt aus den Gebührenaufkommen der jeweiligen Länder bezahlt werden.

Bevor wir uns näher mit der Leistungsfähigkeit digitaler Fernsprechvermittlungssysteme und dem sich daraus entwickelnden ISDN beschäftigen, wollen wir zeitlich noch einmal zurückgehen und den Bereich analysieren, in dem die Digitaltechnik, die Mikroelektronik und die Glasfasertechnik ihr Leistungspotential erstmals unter Beweis stellen konnten — die Übertragungstechnik.

2. Übertragungstechnik

Leistungfähigere und kostengünstigere Systeme für Coax-, Glasfaser-, Richtfunk- und Satellitenverbindungen sowie für die Teilnehmeranschlußleitung durch

- Digitalisierung
- VLSI-Technik
- Glasfaser

Erste digitale Übertragungssysteme sind im Fernsprechnetz der Deutschen Bundespost seit Anfang der 70er Jahre im Einsatz. In der Grundsatzentscheidung vom 26. Oktober 1979 teilte das Fernmeldetechnische Zentralamt der Fernmeldeindustrie mit, ab 1982 für das regionale Fernnetz nur noch digitale Übertragungssysteme zu beschaffen.

Vergleichsrechnungen hatten ergeben, daß selbst bei analoger Umgebung (analoge Vermittlungstechnik) entscheidende wirtschaftliche Vorteile zu erwarten sind. So wurden bereits damals die Einsparungen im regionalen Fernnetz durch Einsatz von PCM 30-Systemen auf 30 % gegenüber Trägerfrequenzsystemen beziffert. Ähnliche Kostenvorteile konnten für das überregionale Fernnetz prognostiziert werden, so daß die Fernmeldeindustrie zu einer zügigen Entwicklung höherkanaliger Digitalsysteme für den Einsatz auf Koax-, Glasfaserkabeln und Richtfunkstrecken ermutigt wurde.

1985 entfielen 70 % aller Investitionen im Bereich der Übertragungstechnik auf digitale Systeme, 1986 sind es bereits 90 %.

Wie die folgende Darstellung zeigt, wird sich das überregionale Fernnetz durch den Einsatz der Glasfaser innerhalb weniger Jahre entscheidend verändern.

2. 1 Einfluß digitaler Übertragungstechnik auf Innovationen in der Vermittlungstechnik

Im Prinzip kann sich der übertragungstechnische Bereich unabhängig von der Vermittlungstechnik entwickeln, da über digitale Übertragungssysteme bereits heute Dienste integriert übertragen werden. Dies gilt für PCM 30-Systeme, wie insbesondere auch für die zukünftigen 140 Mbit/s-Systeme. Hierüber können Fernsprechen, Daten, bis hin zu Videokonferenzen oder TV-Programme übertragen werden.

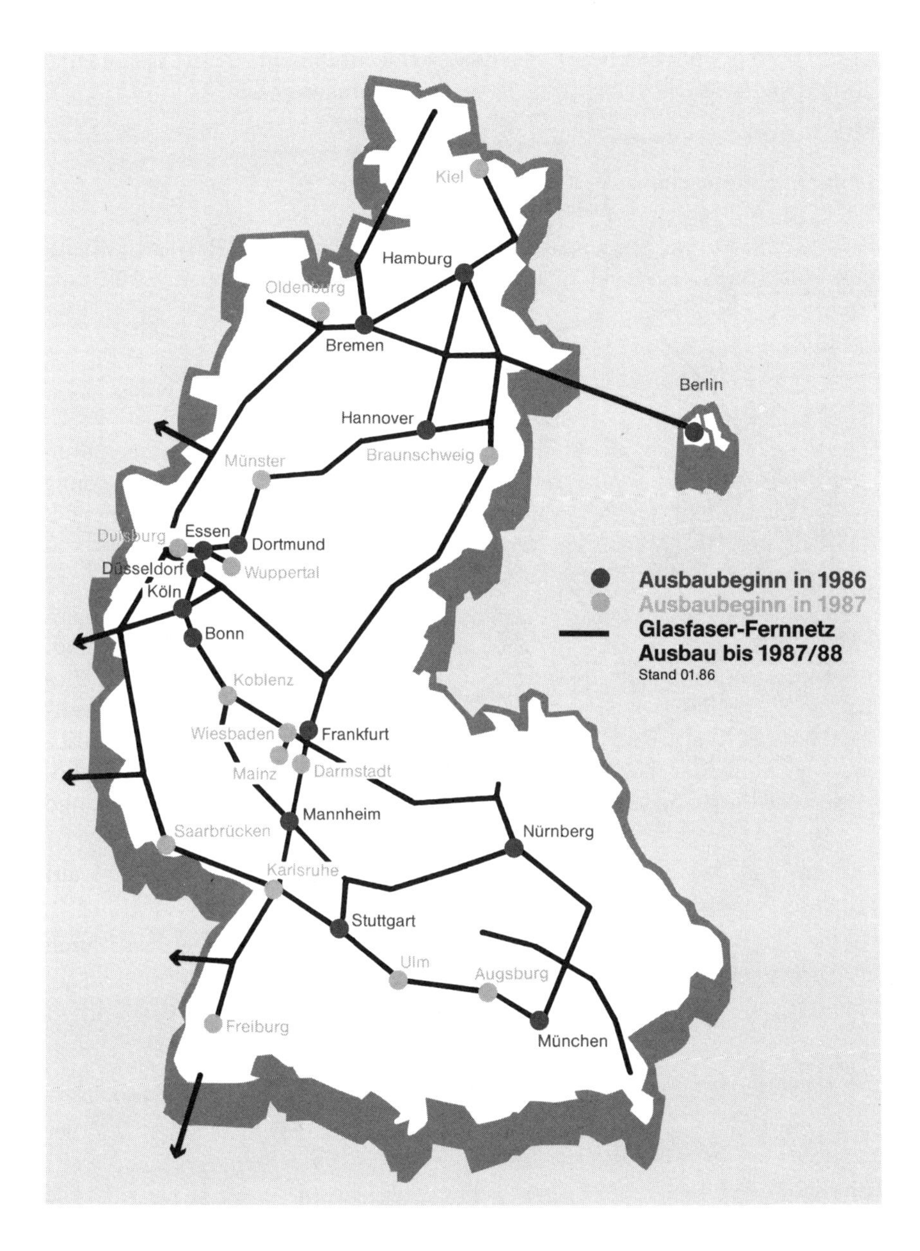

Abbildung 2a: Bundesweite Glasfaser-Fernstrecke
Ausbau bis Ende 1986

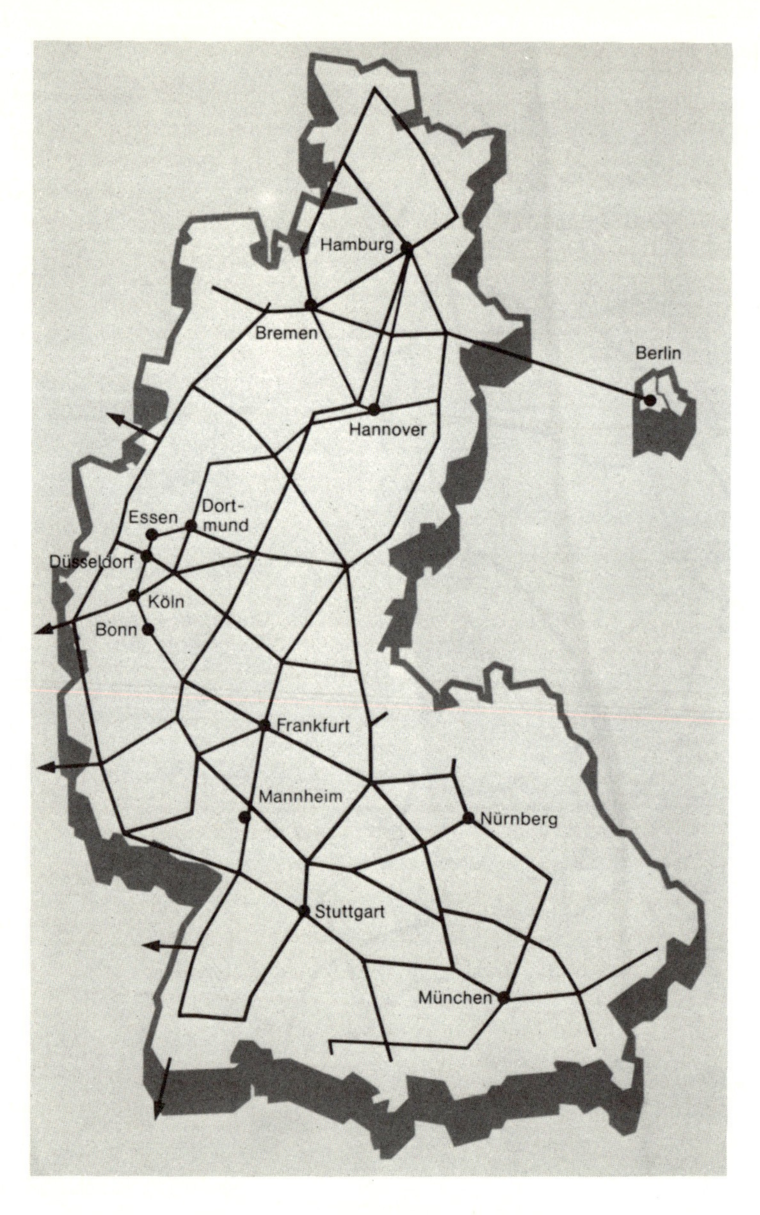

Abbildung 2b: Bundesweites überregionales Glasfaser-Fernnetz
Ausbau bis Ende 1990 (heutiger Planungsstand)

2.2 Der Nutzen der Digitalisierung des Fernsprechnetzes

Wenn VLSI-Technik und Glasfaser sowie Nachfrage nach wirtschaftlicheren Kommunikations- und Informationsdiensten zum Handeln auffordern, gibt es theoretisch eine Reihe von Möglichkeiten für die „richtige" Vermittlungstechnik. Vorhandene Netze können durch Einsatz von Technologien leistungsfähiger gemacht werden, es werden neue Vermittlungsprinzipien eingeführt oder man läßt völlig neue Netze auf der grünen Wiese entstehen.

Tabelle 1: Zusätzlicher Nutzen für existierende Fernmeldedienste durch verstärkten Einsatz von VLSI-Schaltungen und optischen Komponenten in vorhandene und zukünftige Fernmeldedienste

morgen ≦ 1989
übermorgen ≧ 1990

zusätzlicher Nutzen für		System-hersteller	Netzbe-treiber (DBP)	Hersteller von End-einrichtg.	Teiln. kommer-ziell	Teiln. privat
A Datexnetz leitungs-vermittelt	heute	gering	gering	gering	gering	null
	morgen (1989)	„	„	„	„	„
	übermorgen (1990)	„	„	„	„	„
B Datexnetz paketvermittelt	heute	gering	gering	gering	gering	null
	morgen	„	„	„	„	„
	übermorgen	„	„	„	„	„
C Fernsprechnetz	heute	groß	groß	gering	gering	gering
	morgen	„	„	„	„	„
	übermorgen	„	„	„	„	„
D ISDN	heute	groß	mittel	groß	null	null
	morgen	„	groß	„	mittel	gering
	übermorgen	„	groß	„	groß	mittel bis groß
E B-ISDN	heute	gering	———	———	———	———
	morgen	groß	mittel	groß	gering	gering
	übermorgen	groß	groß	groß	groß	mittel bis groß
F IBFN	heute	gering	———	———	———	———
	morgen	mittel	gering	mittel	———	———
	übermorgen	groß	groß	groß	groß	groß
G Vorläufernetz	heute	gering	gering	gering	gering	null
	morgen	gering	gering	gering	mittel	null
	übermorgen	– vernachlässigbar –		„	null	„

Die heute vorhandenen öffentlichen Netze sind das

DATEX-Netz, leitungsvermittelt

DATEX-Netz, paketvermittelt

Fernsprechnetz

Ein Netz auf der grünen Wiese ohne Rücksicht auf eine vorhandene Fernmeldeinfrastruktur ist die sogenannte Vorläufertechnik, ein Breitbandnetz zur Vermittlung von Videokonferenzen.

In Tabelle 1 ist zusammengetragen, welcher zusätzliche Nutzen durch verstärkten Einsatz der neuen Technologien Mikroelektronik und Glasfaser erzielt werden kann. Dabei ist das ISDN als ein Netz zu verstehen, das sich aus dem Fernsprechnetz heraus aufwärtskompatibel entwickelt, d. h., das Fernsprechnetz bleibt als Untermenge im ISDN voll erhalten. Die Nutzenerwartungen der einzelnen Netze werden bewertet aus Sicht

- Systemhersteller
- Netzbetreiber
- Hersteller von Endgeräten
- kommerzielle Teilnehmer
- private Teilnehmer

Weiter sind unterschiedliche Zeiträume betrachtet. Kurzfristige Nutzen bis 1989 sowie die Situation in den 90er Jahren. Analysiert wurden im wesentlichen Veränderungen der Vermittlungstechnik. Die gesamte Übertragungstechnik kann bereits heute als ein Systemteil betrachtet werden, in dem die Integration von Sprache, Text, Daten und Bilddiensten im Prinzip vollzogen ist, d. h. Neuerungen in der Übertragungstechnik kommen quasi allen Vermittlungstechniken gemeinsam zugute.

Das Ergebnis zeigt, daß die Vorteile der stärkeren Nutzung neuer Technologien in speziellen Datennetzen gering sind. Das gleiche gilt für die breitbandigen Vorläufersysteme, die entsprechend dem Konzept der DBP zur Weiterentwicklung der Fernmeldeinfrastruktur bis ca. 1990 zum Einsatz kommen. Entscheidende wirtschaftliche Vorteile aus Sicht aller Marktteilnehmer sind somit ausschließlich beim *Fernsprechnetz* und dem sich daraus entwickelnden ISDN zu erwarten.

3. Fernsprech-Vermittlungstechnik

Leistungsfähigere und kostengünstigere Systeme für analogen Fernsprechdienst und damit gleichzeitig für alle anderen Text-, Daten- und Bilddienste durch:

- VLSI-Technik
- Digitalisieren der Vermittlungsstellen
- Folgerichtige Weiterentwicklung zum ISDN
- Aufwärtskompatible Weiterentwicklung zum B-ISDN

3. 1 Fernsprech-Fernvermittlungstechnik

In der Fernsprech-Fernvermittlungstechnik sind die Vorteile der Digitalisierung auf den ersten Blick am größten, wie der folgende Vergleich zeigt. Dargestellt ist eine Vermittlungsstelle, ausgeführt in der bisherigen elektromechanisch/elektronischen Technik T69 und der Raumbedarf von System 12. Während bisher 50 Gestellreihen erforderlich waren, benötigt die Digitaltechnik nur noch 3,5 Gestellreihen. Ein zweiter entscheidender Teil, zwar nicht für die Fernmeldeindustrie, sondern für die Deutsche Bundespost und anderer Betreiber ist der am Weltmarkt für solche Systeme erzielbare Preis: Er liegt bereits heute bei einem Drittel bis einem Viertel der bisherigen Systeme. Hauptverursacher dieser Volumensersparnis und damit auch der erheblichen Absenkung der Herstellkosten ist das Koppelnetz-Chip. Dieses Chip, dessen sogenannter „Check-Plot" auf der folgenden Seite abgebildet ist, kann 30 PCM-Kanäle durchschalten, er verfügt damit über eine selbständige Wegesuche, d. h., die komplette Logik für Steuer- und Speicherfunktionen zum Suchen, Durchschalten und Auslösen von digitalen Verbindungen sind auf einer Siliziumfläche von 6 × 6 mm untergebracht. Daß mit diesem und ähnlichen Chips auch gravierende Auswirkungen auf die Beschäftigung, Struktur bisheriger Fertigungseinheiten, auf die Wertschöpfung generell etc. eingeleitet werden, bedarf sicherlich keiner weiteren Erläuterung.

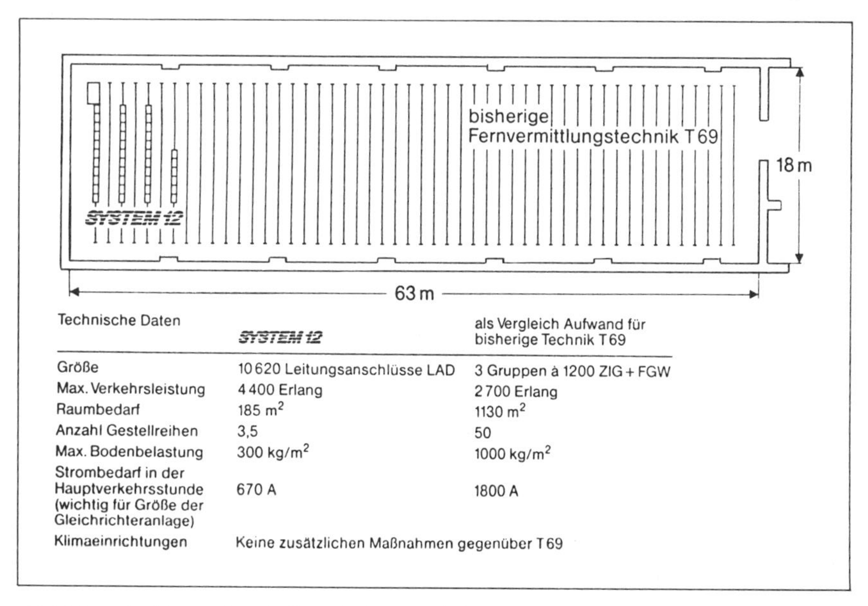

Technische Daten	SYSTEM 12	als Vergleich Aufwand für bisherige Technik T69
Größe	10620 Leitungsanschlüsse LAD	3 Gruppen à 1200 ZIG + FGW
Max. Verkehrsleistung	4400 Erlang	2700 Erlang
Raumbedarf	185 m^2	1130 m^2
Anzahl Gestellreihen	3,5	50
Max. Bodenbelastung	300 kg/m^2	1000 kg/m^2
Strombedarf in der Hauptverkehrsstunde (wichtig für Größe der Gleichrichteranlage)	670 A	1800 A
Klimaeinrichtungen	Keine zusätzlichen Maßnahmen gegenüber T69	

Abbildung 3: Neue Digitale Vermittlungsstelle Stuttgart 10

3.2 Ortsvermittlungstechnik

In der Ortsvermittlungstechnik ist die Raumersparnis geringer, sie liegt bei ca. 50 %. Dafür kommen hier die Möglichkeiten programmgesteuerter Techniken voll zum Tragen. Verbesserte und neue Leistungsmerkmale lassen sich mit erheblich niedrigerem Zusatzaufwand realisieren, so daß bei nachträglichem Einbringen modifizierter und Implementierung neuer Leistungsmerkmale rechnergesteuerte Systeme elektromechanischen im wahrsten Sinne des Wortes haushoch überlegen sind. Was bisher in den 6200 Ortsvermittlungsstellen hardwaremäßig zu ändern war, wird morgen durch Softwarebefehle realisiert. Man vergleiche einmal den materiellen und zeitlichen Aufwand für die Einführung der Zeitzählung bei der EMD-Technik mit der Realisierung in digitalen Systemen!

Weiter sind zu nennen Einzelgebührenerfassung, Anrufumleitung und eine Reihe neuer Kommunikationsdienste. Bei softwaregesteuerten Systemen sind derartige Anforderungen wesentlich schneller und wirtschaftlicher lösbar. Die digitale Vermittlungstechnik ist somit ein Garant, die vielfältigen zu erwartenden Aufgabenstellungen unserer Informationsgesellschaft von morgen wirtschaftlich lösen zu können.

4. Verbundvorteile der digitalen Ortsvermittlungs-, Fernvermittlungs- und Übertragungstechnik

Zu den bereits genannten Vorteilen der einzelnen digitalen Netzkomponenten addieren sich gewichtige Verbundvorteile. Mit Abstand auf Platz 1 ist hier der Abbau von Blindlasten im Netz zu nennen.

Bisher waren für den Verbindungsaufbau durchschnittlich etwa 15 Sekunden erforderlich, zukünftig werden es 1,5 Sekunden sein. Wie Herr Schön in seiner neuesten Veröffentlichung „ISDN und Ökonomie“ ausführt, wird hierdurch eine Netzersparnis von ca. 2 Milliarden DM erzielt. Zusätzliche Vorteile entstehen durch die Einführung des Zentralen Zeichenkanals, so daß sich eine Netzersparnis von 15—20 % erreichen läßt. „Hieraus ergibt sich für Einsatz und Verdoppelung allein der Fernnetzkapazitäten ein zweistelliger Milliardenbetrag, den wir künftig nicht zu investieren brauchen, sondern durch bessere Netzökonomie gewinnen können“.

5. Die Chance, die digitale Fernsprechtechnik nicht nur für die Übermittlung analoger Sprachsignale zu nutzen

Der Einsatz von VLSI-Schaltungen und die dadurch mögliche Digitalisierung der Fernsprechvermittlungsstellen beinhalten in sich bereits ein derart großes Innovationspotential, daß jede Diskussion, ob wir hier auf dem richtigen Wege sind, reine Zeitverschwendung ist. Sollten wir uns dennoch den Luxus einer breiten gesellschaftspolitischen Diskussion leisten wollen, so würde der Abbau von Arbeitsplätzen bei uns beschleunigt und die Japaner hätten morgen auch in der Telekommunikation günstige Marktchancen.

Die Digitalisierung des Netzes hat zunächst primären Nutzen für den Netzbetreiber. Entscheidende Nutzenvorteile für den Anwender entstehen bei Weiterentwicklung zum ISDN und zum Breitband-ISDN. Diese Nutzenvorteile entstehen, wenn das digitale Signal bis zum Teilnehmer weitergeführt wird.

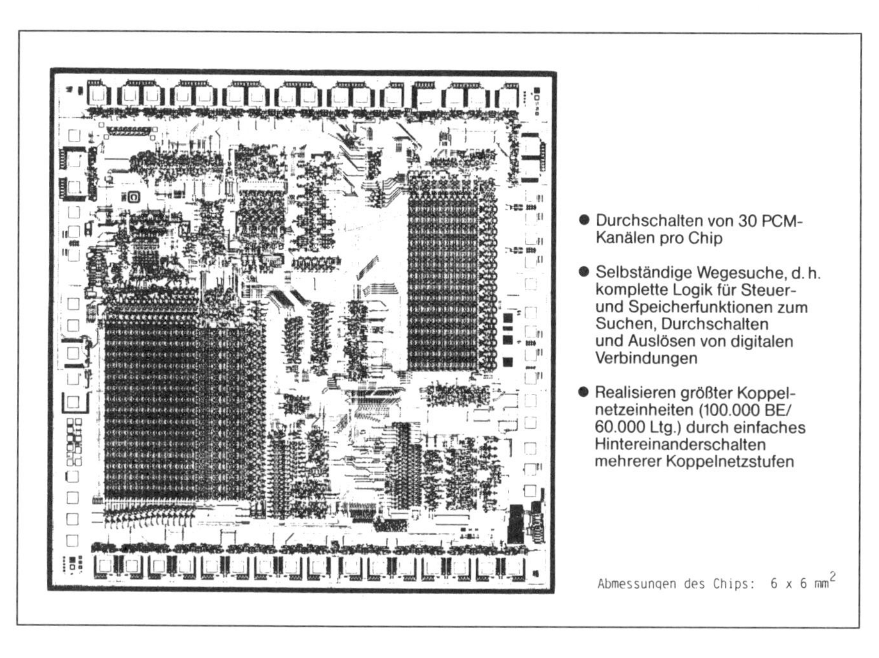

Abbildung 4: Koppelnetz-Chip

Hierzu folgende einfache Überlegungen für das 64 kbit/s-ISDN: Bei der digitalen Vermittlungstechnik wird entsprechend dem unten stehenden Bild das analoge Sprachsignal alle 125 Mikrosekunden abgetastet, der abgetastete Wert mit 8 Bit codiert und zum angewählten Teilnehmer durchgeschaltet. Dieser Vorgang läuft 8000 mal in jeder Sekunde ab, so daß je Sekunde 64000 Bit gleichzeitig in beiden Richtungen übertragen werden. Wenn dieser technisch sehr aufwendig erscheinende Prozeß bereits für die Vermittlung der analogen Sprache erheblich wirtschaftlicher ist, welche innovativen Möglichkeiten entstehen dann erst für die bereits in digitaler Form vorliegenden Daten-, Text- und Bildsignale bzw. für die integrierte Bürokommunikation!

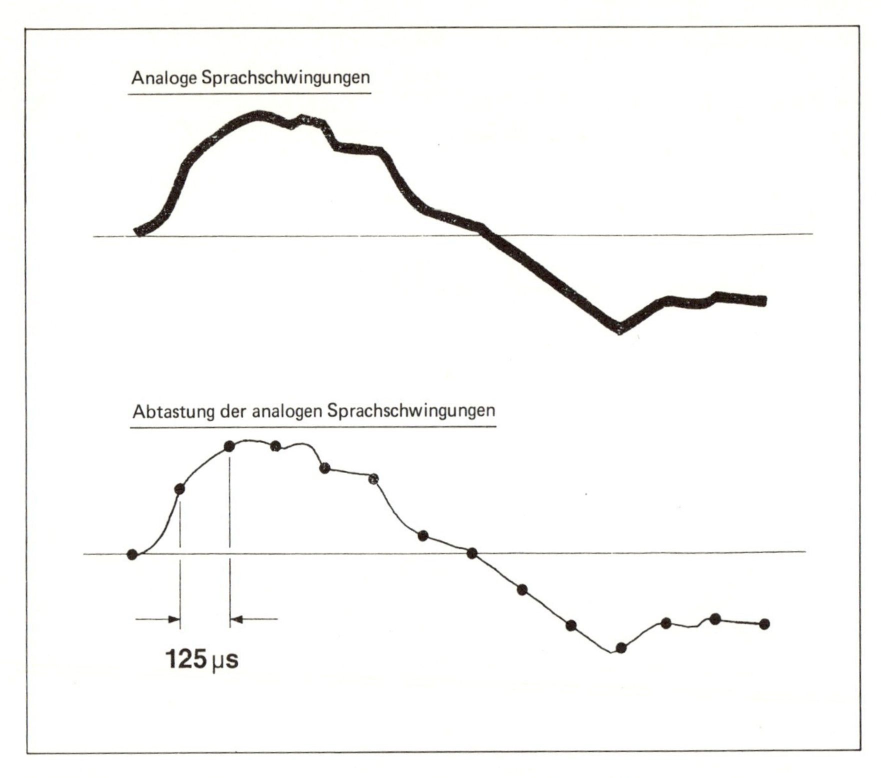

Abbildung 5: Codierung des abgetasteten Wertes mit 8 bit und Vermittlung von 8000×8 bit = 64000 bit/s

5.1 Die aufwärtskompatible und modulare Erweiterung digitaler Ortsvermittlungsstellen

Für die Realisierung des ISDN sind im Prinzip drei Schritte zu vollziehen. Der erste Schritt ist die Erweiterung der digitalen Ortsvermittlungsstelle um einen ISDN-Teilnehmer-Anschlußteil. Am Beispiel System 12 ist dargestellt, wie eine Vermittlungsstelle erweitert bzw. der bisherige analoge Teilnehmeranschluß substituiert werden kann. Die bei der Digitalisierung des Fernsprechnetzes bereits getätigten Investitionen können somit in vollem Umfange weitergenutzt werden. Freiwerdende analoge Anschlußteile kommen gegebenenfalls in anderen Vermittlungsstellen zum Einsatz.

Der zweite Schritt ist die Einführung eines Zentralen Zeichenkanals mit dem sogenannten ISDN-Benutzerteil. Hierüber werden unter anderem die teilnehmer- bzw. endgerätespezifischen Signalisierungen, Informationsaustausch etc. übermittelt.

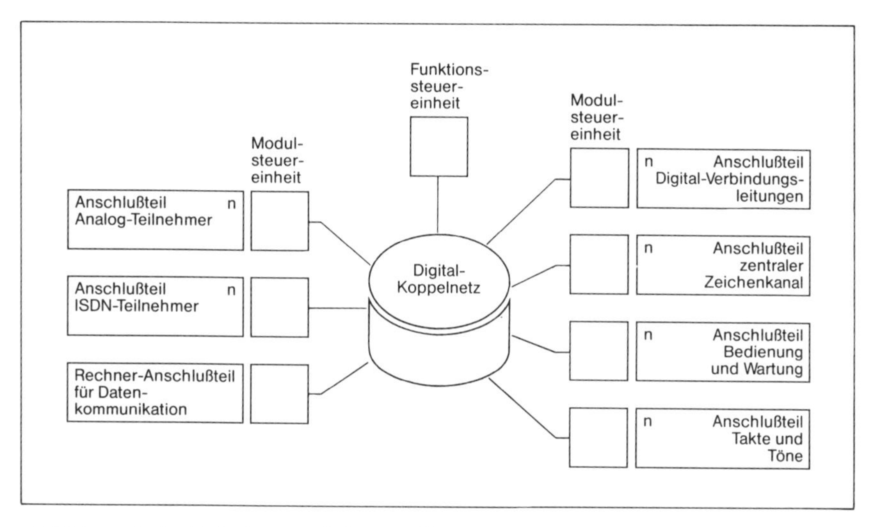

Abbildung 6: Digitale Ortsvermittlungsstelle

5.2 Übertragung von 144 kbit/s auf der vorhandenen Kupferanschlußleitung

Der dritte und entscheidende Schritt ist Digitalisierung des Teilnehmeranschlußbereiches. Wie aus der Gegenüberstellung im folgenden Bild hervorgeht, werden

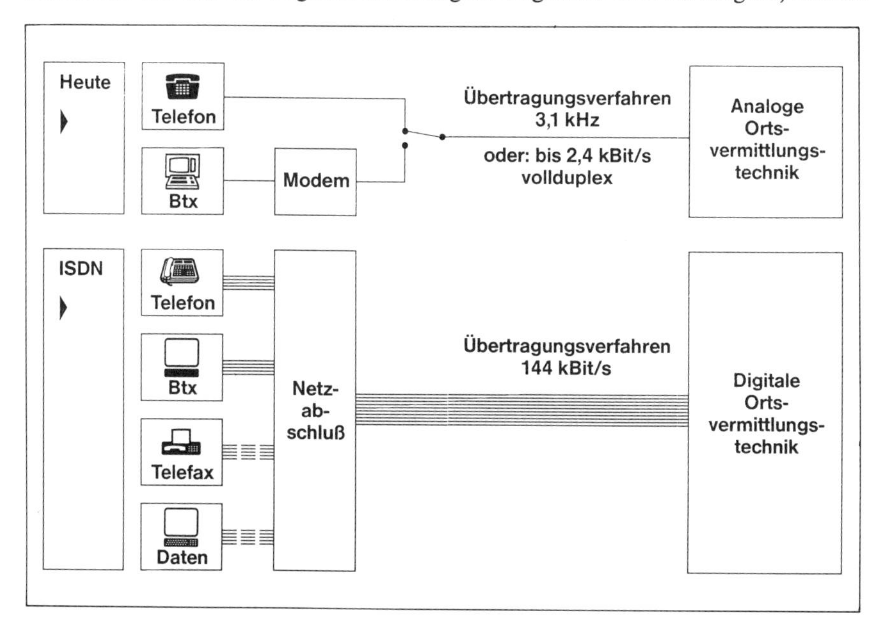

Abbildung 7: Teilnehmeranschlußbereich

heute über die vorhandene Kupferdoppelader nur eine Bandbreite von 3,1 kHz oder ein Datenstrom von 2,4 kbit/s gleichzeitig in beiden Richtungen übertragen; diesen Leitungsdurchsatz steigern wir im ISDN auf 144 kbit/s.

5.3 Netzabschluß

Besondere Verdienste haben sich der CCITT, die Deutsche Bundespost und die deutsche Fernmeldeindustrie bei der Festlegung des Netzabschlusses und der Signalisierung auf der Teilnehmeranschlußleitung erworben. Umfangreiche Angaben hierzu finden sich in Decker's Taschenbuch Telekommunikation, das von P. Kahl 1985 herausgegeben worden ist. In der I. 400-Serie der CCITT-Empfehlungen ist diese Teilnehmerschnittstelle S_0 spezifiziert.

Die wichtigsten Vorteile des standardisierten Netzabschlusses sind im folgenden zusammengefaßt:

Netzabschluß

- Schaffung einer standardisierten Schnittstelle
  - Garant für offene Kommunikation
  - Aufgabenteilung möglich
  - mehr Wettbewerb möglich
  - Entkoppelung von Innovationsschritten im Netz und Endgerätebereich
  - Erzeugen von Planungssicherheit
- Schutz des Netzes vor physikalischen Schäden durch Endgeräte
- Eindeutige Prüfbarkeit und Fehlerkennung des Teilnehmeranschlusses
- Netzbetreiber ist frei in der Wahl des jeweils günstigsten Übertragungsmediums

6. Nutzen des ISDN

Es ist zu erwarten, daß sich relativ schnell neue bzw. verbesserte Endeinrichtungen am Markt durchsetzen werden, die die Möglichkeiten des schnelleren und kostengünstigeren Informationsaustausches nutzen werden. Diese neuen Endeinrichtungen sind primär im Bereich der Text-, Daten- und Bildübermittlung zu erwarten. Daneben wird die integrierte Kommunikation d. h. die gemeinsame Übermittlung von Sprache und Non Voice-Diensten einen hohen Stellenwert einnehmen. Diese Nutzungsmöglichkeiten des ISDN sind an anderer Stelle ausführlich beschrieben. Erkennbar ist jedoch auch bereits, daß nicht alle an dieses neue Universalnetz gestellten Anforderungen erfüllt werden können. Hierzu zählen die schnelle Datenübermittlung, Videokonferenzen und Bewegtbildübertragung mit hoher Qualität. Auf der anderen Seite ist auch hierfür die entsprechende Technologie bereits verfügbar.

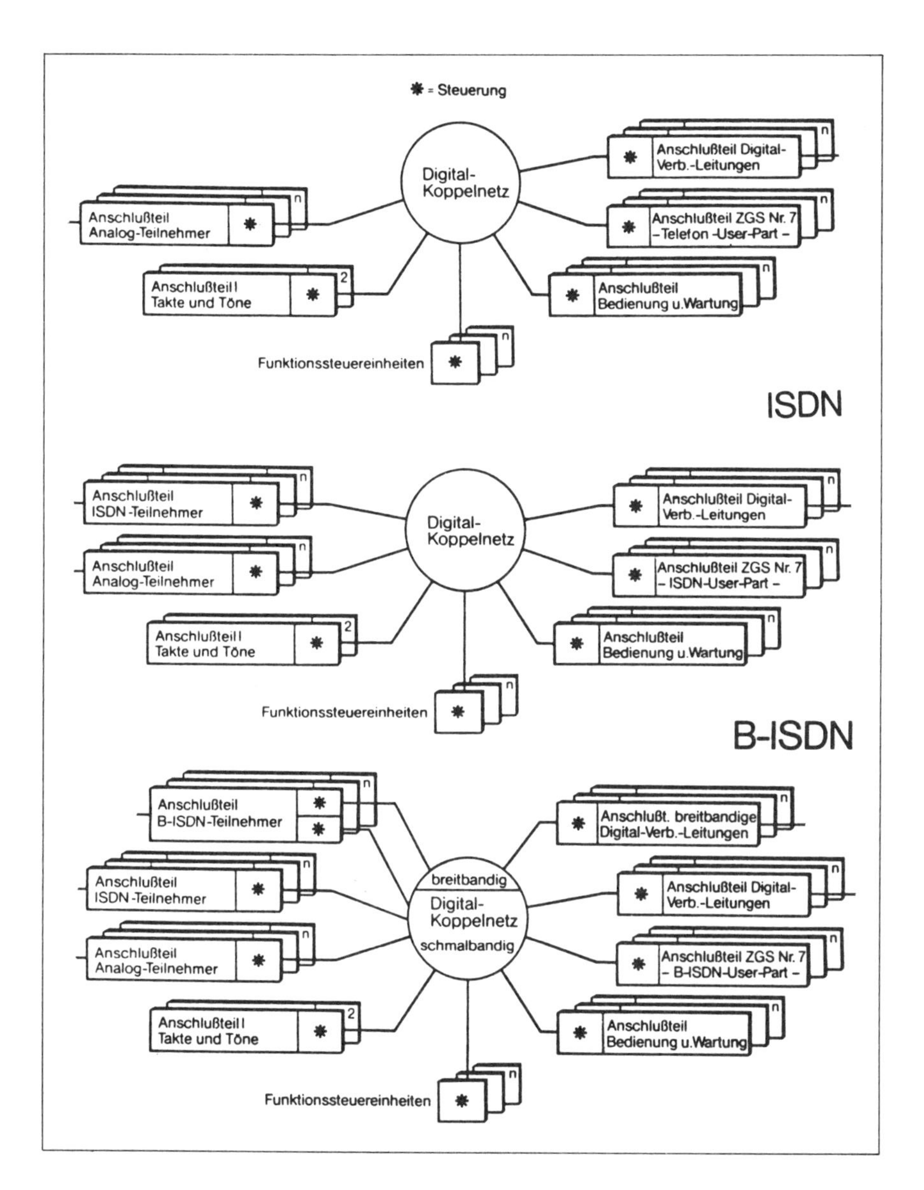

Abbildung 8: Digitale Ortsvermittlungstechnik — die aufwärtskompatible Entwicklung des B-ISDN aus dem 64 kBit/s — ISDN und damit aus der digitalen Fernsprechvermittlungstechnik heraus

6.1 Aufwärtskompatible Weiterentwicklung des ISDN zum Breitband-ISDN

Der große Stellenwert des ISDN liegt darin, daß es sich modular aus dem digitalen Fernsprechnetz entwickelt. Der große Vorteil des Breitband-ISDN liegt darin, daß es sich wiederum aufwärtskompatibel aus dem Schmalband-ISDN entwickeln kann. Breitbandige Vermittlungssysteme, die diesem Grundsatz folgen, befinden sich gegenwärtig in Entwicklung. Sie sind Ende dieses Jahrzehnts verfügbar. Wie am Beispiel SYSTEM 12 gezeigt, ist die ISDN-Vermittlungsstelle in 3 Punkten zu erweitern: Hinzuzufügen ist der Anschlußteil für den Breitband-ISDN-Teilnehmer, der Anschlußteil für breitbandige digitale Verbindungsleitungen sowie ein Breitbandaufsatz auf das vorhandene digitale Koppelnetz. Die Entscheidung der DBP, bis zur Verfügbarkeit dieser B-ISDN-Serientechnik eine sogenannte Vorläufertechnik einzuführen, ist deshalb ausschließlich unter dem Gesichtspunkt einer schnellen Befriedigung des dringendsten Marktbedarfs zu sehen. Es handelt sich hier um eine nicht aufwärtskompatible Sondertechnik mit einem relativ hohen Kostenaufwand, sehr begrenzter Erweiterungsfähigkeit sowie nicht standardisierter Signalisierung entsprechend den internationalen CCITT-Empfehlungen. Mit der B-ISDN-Serientechnik werden diese Nachteile beseitig.

Die breitbandige Teilnehmeranschlußleitung ermöglicht die

Übertragung von wesentlich größeren Informationsmengen durch

- Einführung der Monomodefaser im Teilnehmeranschlußbereich und Übertragung aller schmalbandigen und breitbandigen Dienste

Der Schlüssel zum B-ISDN und damit auch später zum IBFN liegt jedoch auch hier wieder im Teilnehmeranschlußbereich. Während wir beim Schmalband-ISDN das Kostenproblem heute im Griff haben und der ISDN-Anschluß mit dem normalen Doppelanschluß konkurrieren kann, liegt die Akzeptanzschwelle beim B-ISDN durch die zusätzlich zu verlegende Glasfaser im Teilnehmeranschlußbereich erheblich höher. Wenn es auch langfristig keine Zweifel daran gibt, daß alle geschäftlichen und privaten Teilnehmer über eine Glasfaserteilnehmeranschlußleitung an eine entsprechende Vermittlungsstelle angeschlossen sein werden, so gibt es gegenwärtig noch kein schlüssiges Konzept für das Erreichen der kritischen Masse. Ist es der volkswirtschaftliche Kraftakt großer Netzvorleistungen, wie wir ihn in Frankreich und Japan erwarten, ist es die sprunghafte Nachfrage nach Videokonferenzen und Bewegtbildkommunikation, sind es die zu erwartenden Kapazitätsgrenzen bei der heutigen BK-Verkabelung oder sind es die hohen Bitraten eines HDTV, an dessen Realisierung weltweit gearbeitet wird? Wie diese Herausforderung von den einzelnen Volkswirtschaften angefaßt wird, ist letztlich mit entscheidend für die Geschwindigkeit, mit der die heute schon technisch mögliche breitbandige Zukunft der Nachrichtentechnik erreicht wird.

Die Auswirkungen der technischen Entwicklungen auf Produktivität und Arbeitsteilung in der Wirtschaft

Beispiel „Informations- und Kommunikationstechnik" aus der Sicht der Betriebswirtschaftslehre

Von Professor Dr. Ralf Reichwald

1. Arbeitsteilung und Produktivität in der industriellen Produktion als Ansatzpunkt der Rationalisierung der Fertigung

In der industriellen Leistungserstellung kommt Arbeitsteilung in zwei Richtungen vor: In vertikaler Richtung als Trennung von dispositiver und objektbezogener Arbeit und in horizontaler Richtung als Arbeitszerlegung auf derselben Ebene z. B. nach dem Produktionsablauf[1]. Vertikale und horizontale Arbeitsteilung sind wesentliche Grundlagen der Lehre vom Scientific Management, die nach ihrem Begründer Frederic Taylor als tayloristische Arbeitsorganisation bekannt geworden ist[2].

Arbeitsteilige industrielle Produktion wird in Deutschland methodisch verknüpft mit dem Instrumentarium der Arbeitsanalyse und Arbeitsgestaltung nach REFA, dem Verband für Arbeitsstudien und Betriebsorganisation e. V.. Dieses Konzept hat in der Praxis große Verbreitung gefunden, und es war äußerst erfolgreich.
Menschliche Arbeit wird in der tayloristischen Arbeitsorganisation instrumentell betrachtet[3]. Optimal ist die Arbeitsorganisation dann, wenn der Ertrag maximiert wird.

Produktivität als Mengenverhältnis von Output zu Input oder in bewerteter Form als Verhältnis von Aufwand zu Ertrag bildet traditionell den Bewertungsmaßstab für die Leistungskraft eines Industriebetriebes, eines Wirtschaftszweiges oder einer ganzen Volkswirtschaft. Das industrielle Arbeitsmodell, das in der Vergangenheit extreme Arbeitsteilung mit höchster Produktivität verbindet, ist das Organisationsprinzip der Fließfertigung. Mit der arbeitsteiligen Fließfertigung konnte im Zuge der Industrialisierung eine Produktivitätsrate erzielt wer-

1 *Gutenberg, E.:* Grundlagen der Betriebswirtschaftlehre, 1. Band: Die Produktion, 19. Aufl., S. 3 ff. (1972)
2 *Taylor, F. W.:* The Principles of Scientific Management, New York und London (1915)
3 *Reichwald, R.:* Arbeit als Produktionsfaktor, München und Basel (1977)

den, die bis zum Anbruch der informationstechnischen Entwicklung für die Herstellung industrieller Massengüter von keiner anderen Organisationsform auch nur annähernd erreicht wurde[4].

Produktivität und Flexibilität bilden in der traditionellen ökonomischen Theorie einen Antagonismus (Abb. 1). Er spiegelt sich in den alternativen Organisationsformen „Fließfertigung“ und „Werkstattfertigung“ wider. Die äußerst produktive Fließfertigung war in ihrer Ablauforganisation weitgehend inflexibel. Die Werkstattfertigung galt dagegen als sehr flexibel sowohl in der Vielfalt möglicher Produktionsprogramme als auch im Bereich der Ablauforganisation. Soweit die betriebswirtschaftliche Einordnung.

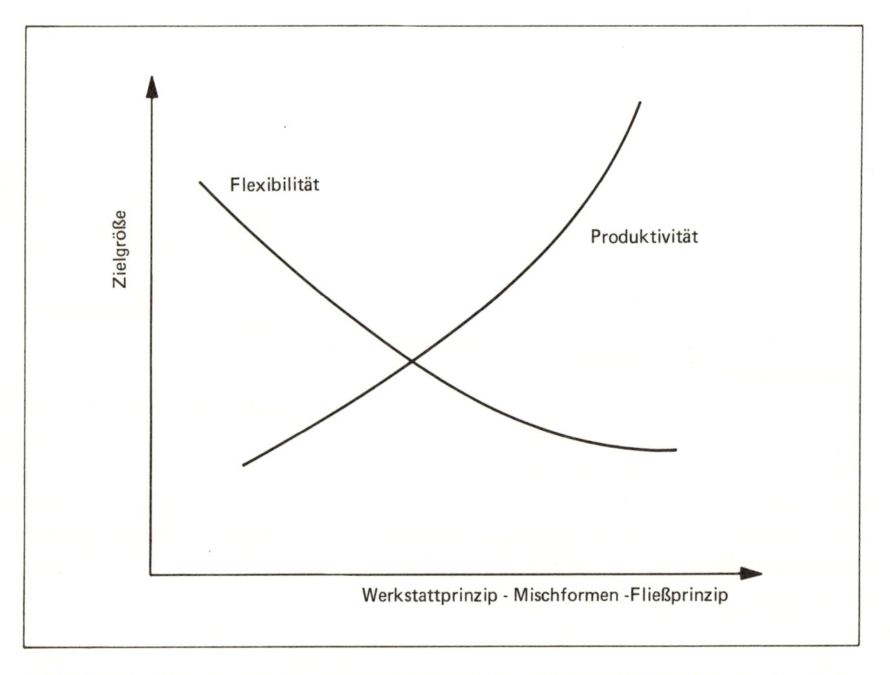

Abbildung 1: Der Antagonismus von Flexibilität und Produktivität bei den Organisationstypen der Fertigung in der Industrieproduktion

Arbeitswissenschaftlich betrachtet ist die Fließfertigung bisher verbunden mit der Inkaufnahme inhumaner Arbeitsbedingungen[5]. Die Arbeitssituation ist gekennzeichnet durch hohe einseitige Belastungen, Arbeitsmonotonie und fehlen-

4 *Heinen, E.:* Industriebetriebslehre — Entscheidungen im Industriebetrieb, 8. Aufl., Wiesbaden (1985)

5 *Thomas, K.:* Analyse der Arbeit, Stuttgart (1969)

den eigenen Handelsspielraum. Die Werkstattfertigung gilt dagegen als humaner, besonders wegen ihrer Freiheitsgrade in der Arbeitsorganisation und des damit verbundenen Handlungsspielraums für den Menschen[6].

Die Bemühungen um eine Humanisierung der Arbeitswelt haben sich noch in den 70er-Jahren daher vorwiegend auf die industrielle Fließfertigung konzentriert. Die staatlich geförderten Humanisierungsprogramme in Deutschland verfolgten primär die inhaltliche Anreicherung der Aufgaben und die Erweiterung von Handlungsspielraum, teilweise unter Inkaufnahme von Produktivitätsverlusten[7].

2. Der informations- und kommunikationstechnische Einfluß auf die Arbeitsteilung in der industriellen Fertigung

Die Entwicklungen im Bereich der Informationstechnik sind gekennzeichnet durch Integrationstendenzen auf unterschiedlichen Gebieten:

- Auf sektoraler Ebene (z. B. klassische Bürotechnik mit Elektro-Branche),
- auf technologischer Ebene (Mikroelektronik),
- auf horizontaler Funktionsebene (z. B. Sprach-, Text- und Datenkommunikation),
- auf vertikaler Funktionsebene (z. B. Konstruktionstechnik, Fertigungstechnik, Steuerungstechnik),
- auf räumlicher Ebene (z. B. Miniaturisierung)

Diese Integrationstendenzen schaffen ein Potential für Vorgangs- und Aufgabenintegration im Industriebetrieb und ein Potential für organisatorische und räumliche Dezentralisierung.

Die Folgen für die industrielle Leistungserstellung sind gekennzeichnet durch eine zunehmende Technisierung in allen Funktionsbereichen[8]. Computerunterstützende Programme stehen bereit für die Bereiche der (vgl. Abb. 2)

- Konstruktion (Computer Aided Design — CAD),
- Entwicklung (Computer Aided Engineering — CAE),
- Arbeitsplanung und NC-Programmierung (Computer Aided Planning — CAP),
- Steuerung der Fertigung und Ausführung (Robotertechnik), Montage, Transportsteuerung, Lagersteuerung (Computer Aided Manufacturing — CAM),
- sogar der Qualitätssicherung (Computer Aided Quality Control — CAQ).

---

6 *Bruggemann, A. u. a.:* Arbeitszufriedenheit, Bern usw. (1975)
7 *Gaugler, E. u. a.:* Humanisierung der Arbeitswelt und Produktivität, 2. Aufl., Ludwigshafen (1977)
8 *Scheer, A. W.:* EDV-orientierte Betriebswirtschaftslehre, 2. Aufl., Berlin usw. (1985)

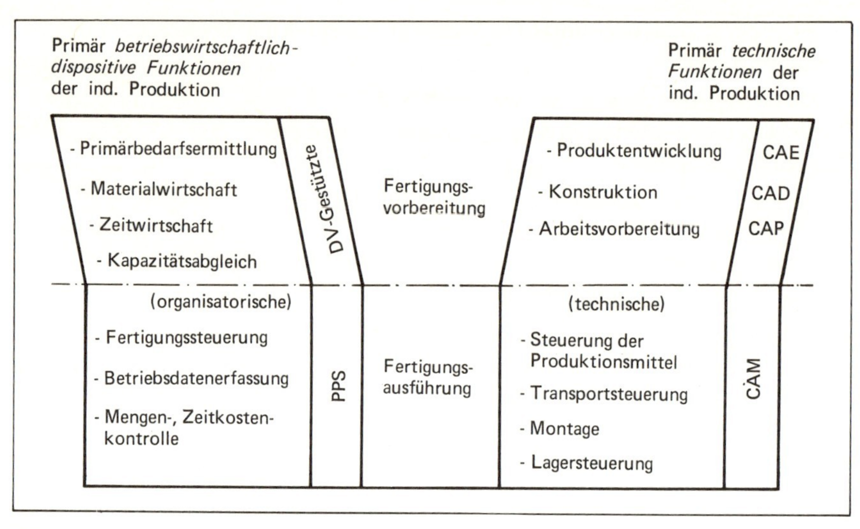

Abbildung 2: Einflußbereiche der Informationstechnik auf die industrielle Produktion (nach Scheer 1984)

DV-Unterstützung bei der betrieblichen Planung und Vorbereitung der Fertigung in sog. PPS-Systemen gehören seit geraumer Zeit zum industriellen Standard.

Infolge dieser Entwicklung erleben wir in der Fertigung eine Aufgabenzusammenführung in zwei Richtungen: Die horizontale Aufgabenintegration durch die zunehmende Automatisierung ausführender Arbeiten. Menschliche Arbeit wird durch Robotertechnik substituiert. Die verbleibende Arbeit wird zunehmend zur funktionsübergreifenden Kontroll- und Steuerungsfunktion. Fertigungsübergreifend werden Produktionsvorbereitung, Materialwirtschaft und Zeitwirtschaft stärker miteinander verflochten.

Der wesentlich dramatischere Integrationsprozeß vollzieht sich aber in der vertikalen Aufgabenzusammenführung. So wird in Modellversuchen erprobt, daß Entwickler und Konstrukteure die Aufgaben der Planung und Arbeitsvorbereitung mitübernehmen, sogar die weiterführenden Prozesse der Lagerhaltung und Disposition sollen zu einem einzigen Aufgabenkomplex zusammengefaßt werden. Auf diese Weise wird beabsichtigt, daß die kaufmännische Disposition wesentlich früher einsetzt und den Konstrukteuren und Entwicklern kaufmännisches Denken nahegebracht wird.

Der vertikale Aufgabenintegrationseffekt hat erhebliche betriebswirtschaftliche Bedeutung, wenn man davon ausgeht, daß zwischen Fertigung und Verwaltung enge Wechselbeziehungen bestehen:

— 70 % der Produktionskosten werden vom Konstrukteur festgelegt.

— Ein Disponent hat im großindustriellen Bereich nicht selten ca. 100000 Teile für 40000 Arbeitsgänge an etwa 1000 Maschinen einzuplanen. Die Werkstatt hat sich weitgehend nach diesen Vorgaben zu richten.

— 85 % bis 90 % der Durchlaufzeiten von Aufträgen in der Werkstattproduktion sind Liege- und Transportzeiten. Diese Zeitanteile verdeutlichen den lohnenden Bereich, der heute von der Planung bei diesem Produktionstyp noch nicht vollständig beherrscht wird und der eine künftige effizientere Abstimmung und Koordination durch die Nutzung neuer Technik ermöglichen wird.

Der aufgabenintegrative Effekt, besonders in vertikaler Richtung, führt eindeutig zu einer Dezentralisierung dispositiver Tätigkeiten und möglicherweise zu einer Rückführung dieser Aufgabeninhalte an den Arbeitsplatz des Fertigungsmeisters. Diese Rückführung wird mit hohen Erwartungen bezüglich eines Produktivitätszuwachses in der Werkstattfertigung verknüpft.

Die Durchdringung der industriellen Produktion mit Computertechnik wird betriebswirtschaftlich zu einer grundlegenden Verschiebung in der Bewertung der Fließfertigung und Werkstattfertigung führen. Die Elektronik schafft in der Fließfertigung zunehmenden Spielraum für marktlich bedingten Flexibilitätsbedarf, z. B. für Programm- und Prozeßänderungen. In der Werkstatt dagegen verschafft der Computer am Arbeitsplatz direkten Datenzugriff, Zugang zu Pla-

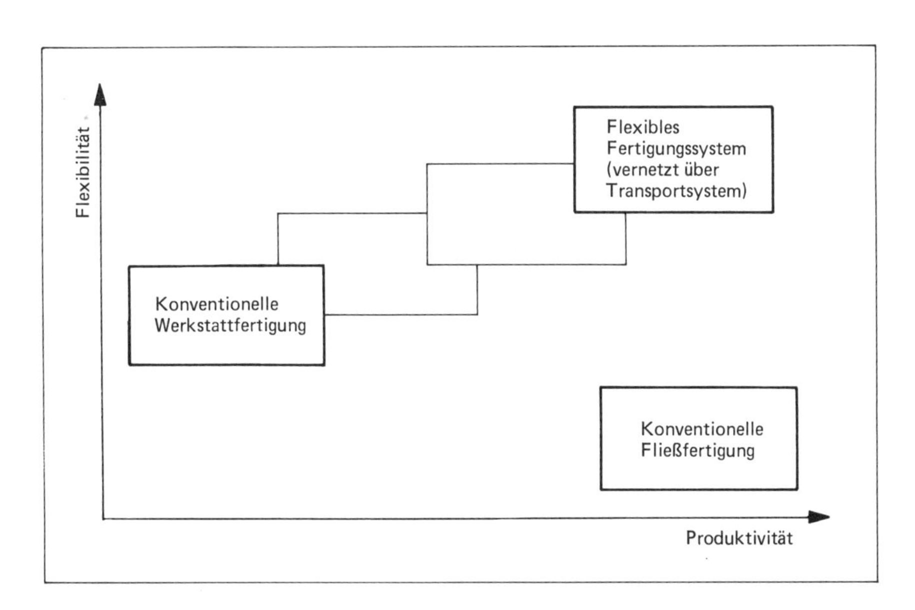

Abbildung 3: Fertigungskonzepte im Zielbeziehungsfeld (nach Hedrich u. a. 1983)

nungshilfen und Steuerungsprogrammen, d. h. Koordinations- und Abstimmungsprozesse können erheblich verbessert werden. Die Fließfertigung wird flexibler, die Werkstattfertigung wird produktiver (vgl. Abb. 3). Die Vorzüge und Nachteile von Fließ- und Werkstattfertigung verschmelzen miteinander, die traditionelle Antagonismusdebatte verliert ökonomisch wie auch arbeitswissenschaftlich an Bedeutung.

Die industrielle Arbeitswelt steht angesichts dieses technisch bedingten Gestaltungsspielraums vor der Aufgabe, das Produktionsmodell der optimalen Faktorkombination ökonomisch und auch arbeitsorganisatorisch völlig neu zu überdenken. Dabei zeigt sich ein deutlicher Trend: Der Weg zu *mehr Produktivität* in der Fertigung verläuft über den *Abbau von Arbeitsteilung*[9].

3. Der informations- und kommunikationstechnische Einfluß auf die Arbeitsteilung im Büro- und Verwaltungsbereich

Der Schwerpunkt neuer Anwendungen der Informations- und Kommunikationstechnik liegt zunehmend im Bereich „Büro und Verwaltung". Der informationsverarbeitende Sektor wird als *das* erfolgsversprechende Anwendungsfeld vor allem der integrierten Kommunikationssysteme angesehen[10]. Der Einzug der Technik in diesen Teil der Arbeitswelt hat in vollem Maße begonnen.

— Die EDV durchzieht den gesamten formalisierbaren Bereich der kaufmännischen Verwaltung und der behördlichen Abläufe;

— Schreibmaschinen werden durch elektronische Textverarbeitungssysteme ersetzt;

— in Ergänzung zur zentralen EDV hält der persönliche Computer Einzug, ein elektronischer Werkzeugkasten für unterschiedliche Anwendungszwecke z. B. in der Sachbearbeitung;

— die wichtigste technisch-organisatorische Innovation bildet die elektronische Vernetzung von Arbeitsplatz mit Arbeitsplatz, von Organisation mit Organisation — die sogenannte Bürokommunikation[11].

Ganz so neu ist dies alles nicht, denn im Bereich der Sprachkommunikation ist diese Vernetzung längst zur Selbstverständlichkeit geworden. Wohl aber wird die Integration technischer Kommunikationsformen von Bild und Sprache, Text und Daten unsere Arbeitswelt im Büro- und Verwaltungssektor gravierend verändern.

---

9 *Kern, H., Schumann, M.:* Das Ende der Arbeitsteilung? — Rationalisierung in der industriellen Produktion, Bestandsaufnahme, Trendbestimmung, München (1984)

10 Der Bundesminister für Forschung und Technologie (Hrsg.): Neue Technologien und Beschäftigung, Band 1, Düsseldorf und Wien (1980)

11 *Witte, E. (Hrsg.):* Bürokommunikation — Tagungsband des gleichnamigen Kongresses des Münchner Kreises im Mai 1983, Berlin usw. (1984)

Die große Bedeutung der technischen Bürokommunikation für die Produktivitätsentwicklung wird erkennbar, wenn man weiß, daß etwa zwei Drittel aller Arbeitsvorgänge im Büro- und Verwaltungsbereich kommunikationsbezogen sind (vgl. Abb. 4). Dieses Volumen an Kommunikation ist gleichzeitig ein Ausdruck für das hohe Maß an Arbeitsteilung auch in diesem Teil der Arbeitswelt[12]. Begriffe wie Dienstweg oder Bürokratie stehen als Ausdruck für Arbeitsteiligkeit, gleichzeitig aber auch als Synonyme für langwierige und häufig schwerfällige Organisationsabläufe.

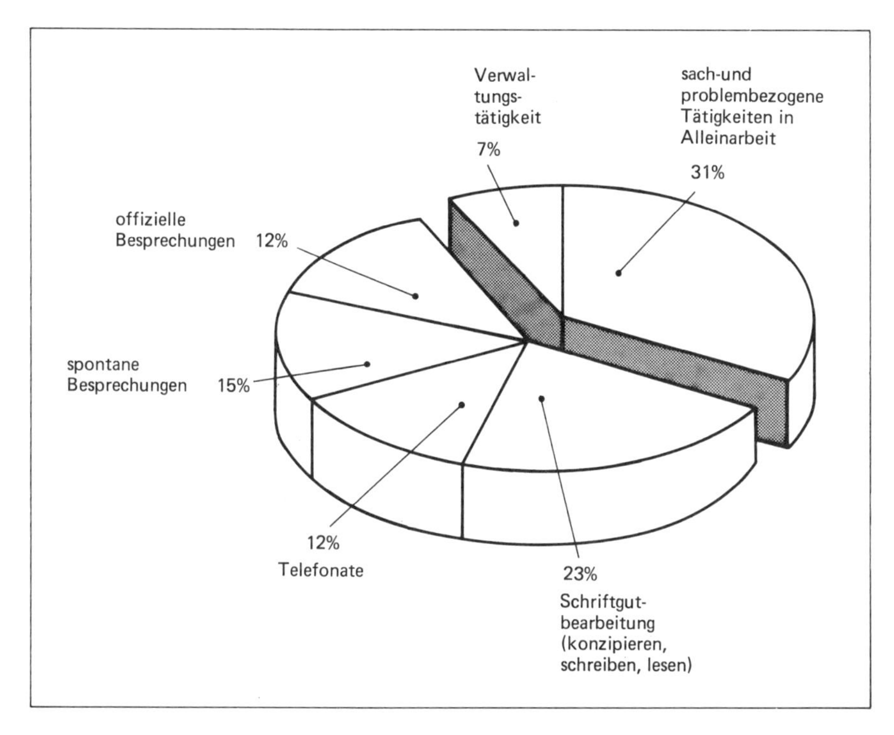

Abbildung 4: Tätigkeitsstruktur in der Büroarbeit (mittleres und höheres Management) (nach Picot/Reichwald)

Mit der Aufgabenvielfalt und der Organisationsgröße nimmt die Arbeitsteiligkeit in der Verwaltung zu. Über eine lange Kette von Instanzen werden z. B. Beschwerden bearbeitet, Bedarfsforderungen erstellt, Dienstreisen beantragt, Reisekosten abgerechnet, Finanzpläne aufgestellt oder Bücher beschafft. Kein Ver-

12 *Picot, A., Reichwald, R.:* Bürokommunikation — Leitsätze für den Anwender, 2. Aufl., München (1985)

waltungsakt, der nicht in Arbeitsteilung entsteht, kaum ein Formular, in das nicht mehrere Aufgabenträger nacheinander Eintragungen oder Vermerke vornehmen, kaum ein Brief oder eine Zeichnung, bei der Entwurf und Ausführung demselben Aufgabenträger zufallen. Wir werden uns der Abhängigkeiten dieser arbeitsteiligen Leistungserstellung oft erst bewußt, wenn Kollegen, Sekretärinnen oder Mitarbeiter wegen Krankheit oder Urlaub abwesend sind oder wenn bei organisatorischen Veränderungen gewohnte Kooperationsstrukturen zerstört werden (wie dies z. B. bei der Umstellung von dezentralen auf zentrale Schreibdienste in der jüngeren Vergangenheit erfolgte, was in vielen Fällen mit leidvollen Erfahrungen verbunden war)[13].

Unter dem Einfluß der informations- und kommunikationstechnischen Entwicklung zeichnet sich heute im Büro und Verwaltungssektor eine Aufgabenintegration größten Ausmaßes ab, in horizontaler wie in vertikaler Richtung. In einigen Branchen wie etwa im Versicherungs- und Bankwesen geht man dazu über, die sogenannte ganzheitliche Sachbearbeitung einzuführen. Im Industriebetrieb wird in Modellversuchen erprobt, z. B. die Erstellung eines Angebots mit allen Beiträgen der Konstruktion, der Kalkulation und der Kundenbetreuung von einem einzigen Aufgabenträger abwickeln zu lassen. Mit diesen Formen der Aufgabenintegration wird beabsichtigt, Nachteile heutiger Arbeitsteilung zu beseitigen wie z. B. die mehrfache Einarbeitung in ein und denselben Vorgang, die Reduzierung von Transport- und Liegezeiten und den Abbau von Medienbrüchen. Der Erfolg spricht für sich: Angebotsbearbeitungszeiten konnten durch Aufgabenzusammenführung etwa auf 1/10 der ursprünglichen Bearbeitungszeiten reduziert werden[14].

Mit dramatischen Konsequenzen wird sich auch im Büro- und Verwaltungsbereich besonders die vertikale Aufgabenintegration vollziehen. Vertikale Aufgabenzusammenführung erfolgt im einfachsten Fall durch die Übernahme von Assistenzaufgaben durch Manager und Sachbearbeiter. Der Sachbearbeiter schreibt seine Briefe selbst, legt elektronisch ab und sorgt über sein Bürosystem eigenhändig für die Kommunikation zur vor- und nachgelagerten Stelle. Vertikale Aufgabenintegration wird aber auch hierarchische Ebenen in Unternehmung und Verwaltung integrieren. Die Organisationspyramiden werden flacher werden, die mittleren Instanzen werden infrage gestellt. Dieser Integrationsprozeß wird mit erheblichen Friktionen verbunden scin.

Auch in der Verwaltungsrationalisierung, die durch die neue Technik erst richtig in Gang kommt, gilt der Trend: Produktivitätssteigerung erfolgt durch Reduzierung der Arbeitsteilung. Zwei idealtypische Integrationsmodelle werden für die

---

13 *Weltz, F., Lullies, V.:* Innovation im Büro — das Beispiel Textverarbeitung, Frankfurt und New York (1983)

14 *Schwetz, R.:* Büro auf neuen Wegen, München (1985)

Büroarbeit der Zukunft diskutiert, das Autarkiemodell und das Kooperationsmodell (vgl. Abb. 5)[15].

Das Autarkiemodell verfolgt die Strategie einer weitgehend ganzheitlichen Zusammenführung von Aufgaben. Durch vertikale wie horizontale Aufgabenintegration soll der Aufgabenträger von jeder Zuarbeit unabhängig werden, d. h. Koordinations- und Abstimmungskosten werden minimiert. Der Rationalisierungseffekt des Autarkiemodells wirkt vor allem in arbeitssparender Richtung. Aus ökonomischer Sicht ist dieses Modell eine inputorientierte Strategie der Minimierung des Arbeitseinsatzes.

Das Kooperationsmodell (vgl. *Tabelle 1*) verfolgt hingegen die Beibehaltung und Nutzung der Vorzüge der Arbeitsteilung bei gleichzeitiger Nutzung der informations- und kommunikationstechnischen Möglichkeiten für die Verbesserung von Kooperations- und Abstimmungsprozessen. Die Vorzüge der Arbeitsteilung wie z. B. die Reduzierung der Komplexität für den Einzelnen, der Einsatz von Spezialwissen und Spezialerfahrung, das Eingespieltsein und die Ergänzung in Teamarbeit — diese ökonomischen Vorteile der Arbeitsteilung werden bewahrt

Tabelle 1: Auswirkungen der Informations- und Kommunikationstechniken und ihrer Anwendung auf die Arbeitswelt (nach Beckurts/Reichwald)

	Organisationsmodell	
Auswirkungsbereich	Autarkie-Modell	Kooperations-Modell
Aufgabenstrukturen	Zusammenführung von Aufgaben	Zusammenführung von Aufgabenschwerpunkten
Arbeitsbeziehungen	Verringerung von Kooperation und Arbeitsteilung	Intensivierung von Kooperation und Arbeitsteilung
Qualifikation	steigende Qualifikationsanforderungen auf der Ebene der Aufgabenträger	steigende Qualifikationsanforderungen auf allen Ebenen
Produktivitätseffekte (Kosten-/Leistungsverhältnis)	Produktivitätswirkung offen, abhängig von den Überwälzungseffekten der Assistenzaufgaben auf verbleibenden Aufgabenträger	Produktivitätssteigerung, bedingt durch zeitliche und qualitative Effekte auf der Leistungsseite
Beschäftigungseffekte (Freisetzung und Zusatzbedarf)	Freisetzung im Assistenzbereich bei möglichem Zusatzbedarf im Bereich der Aufgabenträger	Bei erweiterter Leistungskapazität und Leistungsnachfrage: Beschäftigungsneutral

15 *Beckurts, K. H., Reichwald, R.:* Kooperation im Management mit integrierter Bürotechnik, München (1984)

und mit neuen Problemlösungsmustern für die kooperative Aufgabenerfüllung kombiniert. Aus ökonomischer Sicht ist dieses Modell eine outputorientierte Strategie der Maximierung des Arbeitsertrages, des Outputs.

Die Entwicklung unserer Arbeitswelt wird sich zwischen diesen Idealtypen „Autarkiemodell" und „Kooperationsmodell" bewegen. Unter dem Aspekt, daß beide Modelle ökonomisch konkurrieren, lassen sich aufgabenbezogene Beziehung von Produktivität und Aufgabenintegration ableiten:

Bei Aufgaben mit niedriger Komplexität und niedrigem Änderungsgrad, d. h. im sogenannten wohl-strukturierten Aufgabenbereich ist das Autarkiemodell dem Kooperationsmodell ökonomisch überlegen. Im schlecht-strukturierten Aufgabenbereich, d. h. bei hoher Komplexität der Aufgabenstellung und hohem Veränderungsgrad wird dagegen das Kooperationsmodell dominieren.

4. Technologische Entwicklung und die Auswirkungen auf die Arbeitswelt — einige Vorbehalte über die Gestaltung der Arbeitswelt von Morgen

Industrie und Verwaltung stehen angesichts des neuen Gestaltungsspielraums, der uns erst durch die Informations- und Kommunikationstechnik eröffnet wird, vor der grundsätzlichen Frage, das Beziehungsmuster von effizienter und humaner Arbeitswelt neu zu überdenken und zu definieren. Die beiden Industriesoziologen Horst Kern und Michael Schumann, die zu Beginn der 70er Jahre mit ihrer empirischen Studie „Industriearbeit und Arbeiterbewußtsein"[16] die Fachwelt auf die Misere der industriellen Arbeitssituation aufmerksam machten (und damit einen nationalen Impuls für das Humanisierungsprogramm gaben), belegen mit ihrer jüngsten Studie die Integrationsgefahren[17]. Überbelastung, Überbeanspruchung und Überforderung durch zuviel Ganzheitlichkeit im Aufgaben- und Verantwortungsbereich sind die neuen Gefahren für den Menschen. Mit dieser Entwicklung geht die endgültige Freisetzung ungelernter und unterqualifizierter Arbeitskräfte einher, für die es künftig keinerlei Perspektiven gibt, sie in die Arbeitswelt wieder einzugliedern.

Aufgabenintegration um jeden Preis kann deshalb weder aus betriebswirtschaftlicher noch aus arbeitswissenschaftlicher Sicht erwünscht sein. Die positive Bewertung der ganzheitlichen Arbeitsstrukturierung hat dort ihre Grenzen, wo sie den Menschen, die Organisationen und auch die Gesellschaft vor neue Probleme einer Inhumanität stellt. Dennoch können wir zu Recht darauf verweisen, daß die bekannten Gefahren des Taylorismus beim derzeitigen Trend der technisch-organisatorischen Entwicklungen künftig Probleme der Vergangenheit sein werden.

16 *Kern, H., Schumann, M.:* Industriearbeit und Arbeiterbewußtsein, 2 Bände, Frankfurt (1977)
17 *Kern, H., Schumann, M.:* Das Ende der Arbeitsteilung? — Rationalisierung in der industriellen Produktion, Bestandsaufnahme, Trendbestimmung, München (1984)

Der Beitrag des Fernmeldewesens zum Wirtschaftswachstum: Chancen und Folgen der technischen Entwicklung

Von Professor Dr. Charles B. Blankart

1. Was ist der Beitrag des Fernmeldewesens zum Wirtschaftswachstum?

Diese Untersuchung ist der Frage gewidmet, was die neuen Techniken des Informations- und Kommunikationsbereichs, kurz des Fernmeldewesens, zum Wirtschaftswachstum beitragen. Diese Problemstellung wirft die Frage auf, wodurch Wirtschaftswachstum überhaupt erzeugt wird. Obwohl der Begriff des Wirtschaftswachstums in aller Leute Mund ist, wird die grundsätzliche Frage nach dessen Ursachen häufig übersehen. Stattdessen werden z. B. für den Fall der Telekommunikation bestimmte Schlüsselzahlen wie die Telefondichte pro Kopf der Bevölkerung im internationalen Querschnittsvergleich auf das Bruttosozialprodukt pro Kopf regressiert und daraus (meist hohe) Korrelationskoeffizienten ermittelt, woraus dann geschlossen wird, das Fernmeldewesen sei wichtig für das Wirtschaftswachstum. Solche Berechnungen sagen aber über die Kausalität des Wirtschaftswachstums nichts aus. Sie täuschen Kausalität nur vor und verleiten dann zu falschen Schlußfolgerungen, etwa zu der, daß es dem Wirtschaftswachstum förderlich sei, wenn staatliche Subventionen ins Fernmeldewesen hineingepumpt würden.

Ein solches Niveau der Diskussion wird erst überwunden, wenn von einer Theorie des Wirtschaftswachstums ausgegangen wird. Einfach und zugleich nützlich sind hierzu die Gedanken von Adam Schmith aus dem Jahr 1776. Danach wird Wirtschaftswachstum in erster Linie durch Arbeitsteilung erzeugt. Bei Arbeitsteilung erreicht ein Individuum eine um ein Vielfaches höhere Arbeitsproduktivität, als wenn es ohne Arbeitsteilung alle Güter seines täglichen Bedarfs selbst herstellen müßte. Das Ausmaß der Arbeitsteilung ist aber, wie Adam Smith betont, durch die Ausdehnung des Marktes und — so müßte man hinzufügen — durch die Effizienz der internen Organisation von Unternehmen begrenzt. Kurz gesagt: Wo es keine Märkte gibt und wo es an der internen Organisation der Unternehmen mangelt, können die Möglichkeiten der Arbeitsteilung nicht ausgenützt werden. Mithin kann also kein Wirtschaftswachstum verwirklicht werden.

Daraus folgt: Wenn also zusätzliches Wirtschaftswachstum realisiert werden soll, so müssen die Grenzen der Arbeitsteilung überwunden werden. Die Frage, die dieser Arbeit zugrunde liegt, lautet daher: Was kann das Fernmeldewesen dazu beitragen, um die gegenwärtigen Grenzen der Arbeitsteilung zu erweitern und damit mehr Raum für Wirtschaftswachstum zu schaffen? Diese Frage möchte ich zunächst einmal in drei Thesen beantworten:

— Das Fernmeldewesen vergrößert die Märkte und schafft damit neue Möglichkeiten der Arbeitsteilung.

— Das Fernmeldewesen ermöglicht eine effizientere interne Organisation von Unternehmen und erlaubt daher eine feinere Arbeitsteilung.

— Das Fernmeldewesen kann diesen Beitrag nur (in vollem Umfang) leisten, wenn Märkte zugelassen werden.

Diese drei Thesen bestimmen zugleich den Aufbau dieses Beitrags.

Im folgenden 2. Abschnitt wird gezeigt, wie das Verkehrswesen im allgemeinen und das Fernmeldewesen im besonderen dazu beitragen, Märkte zu vergrößern und neue Möglichkeiten der Arbeitsteilung zu schaffen. Im 3. Abschnitt wird auf den Beitrag des Fernmeldewesens zur Gestaltung der internen Organisation von Unternehmen eingegangen, und im 4. Abschnitt wird die Bedeutung von Märkten für das Wirtschaftswachstum im besonderen analysiert. Hierbei wird unterschieden zwischen Märkten der Anwenderindustrien (4.1) und Märkten im Bereich des Fernmeldewesens selbst (4.2). Der 5. Abschnitt befaßt sich mit den Schlußfolgerungen.

2. Arbeitsteilung, Märkte, Wirtschaftswachstum

Ausgangspunkt unserer Überlegungen ist die schon erwähnte These von Adam Smith, wonach die Arbeitsteilung durch die Ausdehnung des Marktes begrenzt ist. Wäre der Markt in seiner Ausdehnung unbegrenzt, so wäre eine beliebig fein gegliederte Arbeitsteilung möglich. Spezialisierungsvorteile könnten unbegrenzt ausgeschöpft werden, und es gäbe in dieser Modellwelt keine Grenzen des Wachstums. Dies ist aber allein schon deswegen nicht der Fall, weil Märkte geographisch voneinander entfernt liegen und Güter zum Zwecke des Tausches befördert werden müssen, was sich ab einer bestimmten Höhe der Transportkosten nicht mehr lohnt. Die Transportkosten stellen also eine natürliche Grenze der Arbeitsteilung und des Wirtschaftswachstums dar. Wenn aber Transportkosten die Ausdehnung von Märkten und damit des Wirtschaftswachstums begrenzen, trägt umgekehrt betrachtet ein Ausbau des Transportwesens dazu bei, diese Grenzen zu überwinden und die Wachstumsmöglichkeiten zu erweitern. Daß der Güterverkehr diese Wachstumsfunktion ausübt, hat schon Adam Smith im 18. Jahrhundert gesehen. Es lohnt sich aber, auch im Hinblick auf das nachfolgend zu behandelnde Fernmeldewesen, darauf näher einzugehen, denn der Wachstumseffekt des Güterverkehrs läßt sich in historischer Perspektive plastisch belegen.

Smith zeigt, weshalb das England des 18. Jahrhunderts und die westeuropäischen Länder wie Frankreich und die Niederlande gegenüber den kontinentaleuropäischen Ländern wirtschaftlich voraus waren. Die ersteren verfügten über ausgedehnte Küstengebiete und konnten daher See- und Binnenwasserwege nutzen, um geographisch zerstreute Märkte näher zueinander zu bringen, mithin Wirtschaftswachstum zu realisieren, was die letzteren Länder nicht oder weniger gut konnten. So kann das europäische West-Ost-Wohlstandsgefälle, das bis ins 19. Jahrhundert die wirtschaftliche Rückständigkeit von Preußen und Österreich (ganz zu schweigen von Rußland) gegenüber den westlichen Staaten England, Frankreich und Niederlande bestimmte, erklärt werden. Ursache hierfür war der Verkehrsnachteil der kontinental-europäischen Länder. Er wurde erst mit dem Eisenbahnbau allmählich überwunden. Aber dies dauerte viele Jahre. Noch um die Mitte des 19. Jahrhunderts war beispielweise auf dem Seeweg beförderte engliche Kohle in Berlin kostengünstiger als Kohle aus dem Ruhrgebiet.

Zusammenfassend läßt sich also festhalten, daß im kontinentalen Europa des 18. und beginnenden 19. Jahrhunderts das Verkehrswesen einen wesentlichen Engpaß für das Wirtschaftswachstum darstellte. Nach dessen Überwindung durch den Eisenbahnbau wurden Arbeitsteilung und damit Wirtschaftswachstum möglich. Es wurde der Prozeß ausgelöst, den wir heute industrielle Revolution nennen.

Gleichartige Wachstumseffekte lassen sich auch dem *Nachrichtenverkehr,* aus dem später das Fernmeldewesen hervorging, zuschreiben. Denn auch der Nachrichtenverkehr dient der Arbeitsteilung und damit dem Wirtschaftswachstum. Der Nachrichtenverkehr vermindert einmal das Risiko des Warenaustausches, das bei a priori unbekannter Nachfrage auf den vom Produktionsstandort entfernt liegenden Märkten notwendigerweise auftritt. Indem der Nachrichtenverkehr diese Unsicherheit vermindert, trägt er dazu bei, bestehende Märkte effizienter zu machen. Zum andern erleichtert der Nachrichtenverkehr auch die Entwicklung ganz neuartiger Produkte, nämlich von Information (s. u.).

Betrachtet man die europäische Wirtschaftsgeschichte seit dem Anfang der Neuzeit, so fallen drei revolutionäre Innovationen im Nachrichtenverkehr auf:

— Die unter den Kaisern Maximilian und Karl V. eingerichtete Taxispost im 15. und 16. Jahrhundert

— das Aufkommen von Telegraf und Telefon zwischen 1850 und 1880,

— das moderne Fernmeldewesen der 60er bis 80er Jahre dieses Jahrhunderts, das aus der Verschmelzung von Fernmelde- und Computertechnologie hervorging.

Die Taxispost stellte deshalb eine revolutionäre Innovation dar, weil sich dieses Unternehmen in seiner Organisation grundsätzlich von allen früheren Postunternehmen unterschied. Es unterhielt als erstes — und dies ist das Entscheidende —

ein festes, firmeneigenes Netz von Poststellen mit eigenem Personal und eigenen Transportmitteln, das über das ganze damalige Europa verteilt war. Hinsichtlich seiner geographischen Ausdehnung blieb es bis in unsere Zeit unerreicht, genauer bis die modernen Kurierdienste mit ihren international integrierten Netzen aufkamen. Die Institution der Taxispost und ihrer späteren nationalstaatlichen Nachahmer erlaubten es, den interregionalen und internationalen Handel zuverlässiger zu planen. Die Produzenten konnten sich jetzt Informationen über die Nachfrage beschaffen. Waren brauchten jetzt nicht mehr nur auf gut Glück auf die verschiedenen Märkte gebracht und dort angeboten zu werden, sondern es konnte eine vorherige Abstimmung zwischen Angebot und Nachfrage erfolgen.

Telegraf und Telefon verstärkten diesen Effekt. Auch sie waren revolutionär, weil sie die Übermittlungszeit von Informationen auf Null verkürzten und damit den Zeitaufwand für Planung und Entscheidung erheblich reduzierten, mithin ebenfalls Märkte effizienter gestalteten. In seiner Nutzerfreundlichkeit ist das Telefon bis heute kaum durch ein alternatives Kommunikationsmittel übertroffen.

Das moderne Fernmeldewesen schließlich erbrachte eine enorme qualitative Verbesserung der bisherigen Telekommunikation und eröffnete damit Möglichkeiten nicht nur für Prozeß-, sondern auch für Produktinnovationen. Möglichkeiten für Prozeßinnovationen bieten sich vor allem deshalb, weil früher mühsam auf dem Postweg versandte Daten jetzt rasch und sicher über das Fernmeldewesen übermittelt werden können.

Hierfür gibt es zahlreiche Beispiele. Die früher häufig erforderliche dezentrale Abwicklung des Bestellwesens von Ersatzteilen oder der Reservation von Plätzen kann nunmehr rascher, sicherer und mit weniger Leerlauf über das Fernmeldewesen erfolgen. Möglichkeiten für Produktinnovationen über das moderne Fernmeldewesen zeigen sich in allen Dienstleistungsbereichen, besonders aber im Bankensektor. Die neuartigen Dienstleistungen von Banken reichen von der Erstellung von Marktübersichten über Hypothekarzinssätze bis zum kompletten auftragsmäßigen „cash management“ für große, insbesondere multinationale Unternehmen. Unter cash management versteht man die oft tägliche Erstellung von konzernweit integrierten Finanzierungsübersichten, die Ausführung rascher Transfers zwischen den Konten, die Vermittlung bankeigener Informationen über Marktlagen und -trends an die Kunden usw. (vgl. Knieps 1984, S. 124.).

Der *empirische Nachweis* des Wachstumseffekts des Nachrichtenverkehrs ist jedoch nicht so anschaulich zu erbringen wie beim vorher behandelten Güterverkehr. Der beim Güterverkehr verwendete Querschnittsvergleich läßt sich nämlich beim Nachrichtenverkehr nicht durchführen, weil sich dieser in allen europäischen Ländern ungefähr gleich rasch entwickelte. Somit bestehen keine unterschiedlichen Beobachtungen, die zum Vergleich herangezogen werden könnten. Ein anderer möglicher Ansatzpunkt ergibt sich aus dem auffälligen Auftreten von Innovationsschüben. Betrachtet man die drei tragenden Innovationen im Nachrichtenverkehr — Post, Telegraf/Telefon und modernes Fernmeldewesen — so fällt auf, daß diese diskontinuierlich erfolgten. Den beobachteten Innovationsschüben folgten lange Phasen der Stagnation, während derer sich der Nachrichtenverkehr zwar etwas verbesserte (im Falle der Post häufig auch verschlechterte), aber keine entscheidenden Durchbrüche erzielt wurden. Gerade die Abwechslung von Stagnation und Innovation im Nachrichtenverkehr legt es natürlich nahe zu überprüfen, ob sich diese Wellen auch im Wirtschaftswachstum wiederfinden.

In der Wirtschaftsgeschichte wird häufig argumentiert, daß sich Innovationsschübe in sogenannten *Kondratieffzyklen* niederschlagen. So werden beispielsweise Aufschwungphasen des Kondratieffzyklus und Perioden innovativer Aktivität in den Jahren von 1787 bis 1815, von 1842 bis 1873 und von 1896 bis 1914 vermutet. Die Zwischenjahre und die Jahre nach 1914/18 stellen demgegenüber Perioden innovativer Stagnation und daher Abschwungphasen des Kondratieffzyklus dar. Leider ist es aber kaum möglich, die großen Innovationen des Nachrichtenverkehrs in diesem Zyklus zu identifizieren. Für das 15. und 16. Jahrhundert, als die Taxispost aufkam, sind die Daten noch zu schlecht, als daß Konjunkturstatistiken aufgestellt werden könnten. Außerdem war damals noch fast die gesamte Bevölkerung mehr oder weniger selbstversorgend in der Landwirtschaft tätig. Sie blieb von der Innovation der Taxispost weitgehend unberührt, da sie keinen Handel trieb. Die Einführung des Telegrafen und wichtiger noch des Telefons gegen Ende des 19. Jahrhunderts fiel zwar in eine sich anbahnende Aufschwungphase des Kondratieffzyklus. Aber es wäre vermessen, diesen allein auf das Fernmeldewesen zurückführen zu wollen.

Interessanter wenn auch immer noch sehr spekulativ sind die Jahrzehnte seit dem zweiten Weltkrieg bis zum Ausbruch des jetzigen großen Innovationsschubs in der Telekommunikation zu interpretieren. Sie sind wie erwähnt durch eine relative Stagnation der Fernmeldetechnik gekennzeichnet. Andererseits läßt sich für diese Zeit eine Nachfrageverschiebung zu immer mehr Dienstleistungen, namentlich auch Informationsdienstleistungen beobachten Verschiedene Autoren, wie z. B. Baumol (1967), gelangten dadurch zur Spekulation, wonach westliche Volkswirtschaften einer säkularen Stagnation zustrebten, weil die Befriedigung der wachsenden Nachfrage nach solchen Dienstleistungen immer mehr Personal erfordere, ohne daß dort Produktivitätssteigerungen verwirklich werden konnten. In der Tat zeigen entsprechend aufbereitete Statistiken, daß im Jahr 1950 z. B. in der Bundesrepublik 40 % der Beschäftigten in den Sektoren Dienstleistungen und Information beschäftigt waren, während es 1970 53 % und 1980 schon 60 % waren. Gleichzeitig nahm die Zuwachsrate des realen Sozialproduktes seit den anfänglichen Wachstumserfolgen der 50er Jahre stetig ab (vgl. Tab. 1). Erst die letzten paar Jahre seit 1983, (die auf der Tabelle aber nicht mehr angeführt sind) brachten wieder etwas höhere Zuwachsraten des realen Sozialprodukts. Es ist natürlich verlockend sich der Vermutung hinzugeben, daß die Bundesrepublik in den Jahren seit dem zweiten Weltkrieg der von Baumol vermuteten Stagnation zustrebte und diese Ende der 70er und Anfang der 80er Jahre auch erreicht hatte. Wie die derzeit wieder zunehmenden Zuwachsraten des realen Bruttosozialprodukts zu deuten sind, läßt sich allerdings schwer sagen. Pessimisten werden sie als Aufschwungphase eines neuen kurzfristigen Konjunkturzyklus ansehen. Optimisten vermuten in ihr (etwas vorschnell) einen durch die Telekommunikation und den mit ihr verbundenen Computerbereich erzeugten Anfang eines neuen Kondratieffzyklus, bei dem die wachsende Nachfrage nach Informationsdienstleistungen durch Produktivitätsfortschritte befriedigt werden kann . . .

Tabelle 1: Durchschnittliche jährliche Wachstumsraten des realen BSP und Beschäftigte im Dienstleistungs- und Informationssektor in der BRD 1950—1982.

Zeitraum	Durchschnittl. jährl. Wachstumsraten des BSP real über je 2 Konjunkturzyklen	Beschäftigte im Dienstleistungs- und Informationssektor in % aller Beschäftigten*
1950—1958	7,9	40,4
1958—1967	4,8	48,5
1967—1975	4,2	52,9
1975—1982	2,5	59,5

* Jahre 1950, 1961, 1970, 1980
Quellen: Statistisches Jahrbuch für die BRD 1975 und 1985, sowie Dostal (1986).

3. Die Arbeitsteilung und interne Organisation von Unternehmen

Das Fernmeldewesen macht nicht nur Märkte, sondern auch hierarchische Organisationen effizienter. Ich möchte auf diesen Zusammenhang hier nur am Rande eingehen, weil ihm in diesem Band schon ein eigener spezifisch betriebswirtschaftlicher Beitrag gewidmet ist. Eine kurze Darstellung des Problems aus volkswirtschaftlicher Sicht soll hier genügen. Hierarchische Organisationen wie Firmen und Verwaltungen sind in hohem Maße auf einen reibungslosen Informationsfluß angewiesen; denn dieser wird nicht wie im Markt quasi automatisch aus dem Eigeninteresse der beteiligten Individuen heraus erzeugt. Vielmehr müssen Informationen in Hierarchien aus den verschiedenen Unternehmensteilen angefordert und zentral verarbeitet werden. Dies ist schon deshalb nicht einfach, weil sich die einzelnen Unternehmensteile meist an verschiedenen Orten befinden. Darüber hinaus ist jeder Unternehmensteil darauf bedacht, nur die guten Informationen an die Unternehmensspitze weiterzugeben, die schlechten aber zurückzuhalten. Aus allen diesen Gründen spielt die Telekommunikation bei der

Bewältigung des Informationsflusses in Unternehmen eine wichtige Rolle. Wenn es gelingt, diesen Informationsfluß zu meistern, kann die Spezialisierung im Unternehmen weiter vorangetrieben werden. Skalenertragsvorteile lassen sich dann im Unternehmen ohne Rückgriff auf den Markt realisieren. In einem Automobilunternehmen können beispielweise Motoren, Fahrgestelle und Karosserien in verschiedenen Werken gefertigt, untereinander ausgetauscht und wieder dezentral zusammengesetzt werden (vgl. Knieps 1984). Der Vorteil bei dieser Art Komponentenfertigung ist der, daß die Skalenertragsvorteile auf jeder Produktionsstufe voll ausgeschöpft werden können, was bei der dezentralen Gesamtfertigung nicht möglich ist. Allerdings stellt diese Organisationsform hohe Anforderungen an das Informationssystem des Unternehmens. Im konkreten Fall hat es sich als möglich erwiesen, diese Probleme zu überwinden; doch dies braucht nicht immer zuzutreffen.

Die Gegenüberstellung der Arbeitsteilung in Märkten und der Arbeitsteilung in Hierarchien hat im weiteren wichtige ordnungspolitische Konsequenzen. Wenn die durch die Telekommunikation bedingten Produktivitätsfortschritte in Märkten größer sind als in Hierarchien, würde dies zu einer allmählichen Zerstückelung der hierarchischen Organisationen zugunsten von Märkten führen. Ist umgekehrt der telekommunikationsbedingte Prodiktivitätsfortschritt in Hierarchien größer als in Märkten, würde dies eine zunehmene Konzentration der Unternehmen nahelegen. Eine Tendenz zu einer einzigen großen Unternehmung in der Volkswirtschaft, also einer Planwirtschaft, kann allerdings ausgeschlossen werden; denn kein noch so großer Computer kann die Datenverarbeitungskapazität des Marktes leisten. Auch bestehen die Managementprobleme von Großunternehmnen nicht nur in der Beherrschung des Informationsflusses, sondern vor allem auch in der mit der Größe wachsenden Komplexität der Entscheidungen. Dieser Effekt läßt sich über die elektronische Datenkommunikation nicht überwinden. So betrachtet bleibt also die Grundthese dieser Arbeit, nämlich, daß Märkte die Voraussetzung von Arbeitsteilung und Wirtschaftswachstum darstellen, bestehen.

4. Der Staat als Garant von Märkten

4.1 Märkte der Telekommunikationsanwender

Die bisherigen Ergebnisse lassen sich wie folgt zusammenfassen: Der Beitrag des Fernmeldewesens zum Wirtschaftswachstum erfolgt über die Anwenderindustrien. Das Fernmeldewesen macht die Absatzmärkte dieser Industrien leistungsfähiger. Es lohnt sich für die Anwenderindustrien, Spezialisierungsvorteile wahrzunehmen oder gänzlich neue Dienstleistungen zu entwickeln und auf diese Weise Wirtschaftswachstum zu realisieren.

Eine wichtige Variable stellen in diesem Wirkungszusammenhang die *Märkte* dar. Sie sind die Transmissionsmechanismen, die den Einsatz des Fernmeldewesens steuern. In den bisherigen Überlegungen wurden Märkte als selbstverständlich existent vorausgesetzt, sozusagen als spontane Ordnungen, die sich aus dem Tauschtrieb der Individuen ergeben. Diese Vereinfachung kann natürlich nicht länger aufrechterhalten bleiben. Denn Märkte im Sinne von auf Dauer ausgerichteten Tauschbeziehungen sind nicht natürliche, sondern künstlich geschaffene Ordnungen. Sie bestehen, weil sie der Staat garantiert. Ohne Staat gäbe es zwar auch Tauschbeziehungen. Aber sie wären meist auf kurzfristige Zug-um-Zug-Transaktionen beschränkt. Langfristige Vertragsverhältnisse wären mit einem hohen Risiko verbunden, weil die Vertragserfüllung nicht eingeklagt werden könnte. Unter einer solchen Ordnung wären die Arbeitsteilung, die Bedeutung des Nachrichtenverkehrs und dementsprechend auch das Wirtschaftswachstum geringer. Besteht jedoch ein Staat, der Märkte garantiert, dann wird eine dauerhafte Arbeitsteilung am Ort und auch über Distanz möglich, und damit kommt auch dem Nachrichtenverkehr eine wichtige Vermittlerfunktion zu. Erst unter diesen Bedingungen wird der Nachrichtenverkehr einen wesentlichen Beitrag zum Wirtschaftswachstum leisten.

Wie aber kann der Staat Märkte garantieren? Die Antwort ist zunächst einfach: *Indem er private Rechte schafft, diese für handelbar erklärt und dies notfalls auch durchsetzt.* Bestehen nämlich *keine* privaten Rechte, so lohnt sich Tausch nicht und damit gibt es auch keinen Markt. Aber die Durchführung des Schutzes privater Verfügungsrechte stellt für den Staat einen schwierigen Balanceakt dar. Der Schutz muß stark genug sein, so daß Tausch lohnend wird, aber er darf nicht so stark sein, daß Tausch behindert wird (vgl. von Weizsäcker 1981). Im Fall des Marktes für Information läßt sich verdeutlichen, inwiefern hier ein Mittelweg zwischen zu wenig und zuviel Schutz an Verfügungsrechten gefunden werden muß[1].

Kurzlebige Informationen, wie z. B. Zeitungsmeldungen, lassen sich vermarkten, auch wenn die Urheberrechte vom Staat nicht oder nur unvollständig geschützt werden. Die rasche Verderblichkeit solcher Informationen führt dazu, daß ihre Kopie relativ unergiebig ist. Daher kann der Urheber der Information, wenn auch nicht den ganzen, so doch einen wesentlichen Teil des von ihm produzierten Ertrags selbst realisieren. Aus diesem Grund gibt es Zeitungskorrespondenten, nationale und internationale Nachrichtenagenturen, die Informationen gegen Bezahlung anbieten. Weil der Markt möglich ist, kann die Telekommunikation einen wesentlichen Beitrag zu seiner Entwicklung leisten.

---

1 Das Beispiel Information liegt deswegen nahe, weil bei ihm die Telekommunikation eine so wichtige Rolle spielt. Aber die Frage des Schutzes von Verfügungsrechten stellt sich ebenso auf allen anderen Märkten.

Auch für längerlebige Informationen, wie z. B. Computerprogramme, wäre ein Markt grundsätzlich denkbar, und die Telekommunikation könnte auf ihm eine wichtige Rolle spielen. Aber hier ist es von Bedeutung, daß der Staat private Verfügungsrechte nur in beschränktem Ausmaß schützt oder schützen kann. Denn bei diesen Informationen lohnt sich das Kopieren. Daher kommen Computerprogramme in vielen Fällen gar nicht auf den Markt. In anderen Fällen werden sie geheim gehalten oder überhaupt nicht erstellt; denn das Vermarkten würde nur einen verschwindend kleinen Teil des erzeugten Nutzens erbringen. Die Arbeitsteilung ist daher auf diesem Gebiet geringer und die Doppelspurigkeit größer, als wenn sich Verfügungsrechte durchsetzen ließen. Auch die Telekommunikation kann in diesem Fall nur einen beschränkten Beitrag zur Förderung von Arbeitsteilung und Wirtschaftswachstum leisten.

Der Schutz privater Rechte kann aber auch *zu weit* gehen. So gewährt beispielsweise staatlich verordneter *Protektionismus* einzelnen Anbietern ein Recht, ihren angestammten Markt zu bedienen, obwohl ein offener Markt die Konsumenten und langfristig meist auch die Produzenten besser stellen würde. Auf dem Gebiet des Handels mit Information ist beispielweise die Garantie von Presse- und Rundfunkmonopolen besonders nachteilig (ganz abgesehen von deren Unvereinbarkeit mit den Grundsätzen einer freiheitlichen Gesellschaftsordnung). Im Falle solcher festgefügter Informationsmonopole bleibt auch für die Telekommunikation nur ein beschränkter Anwendungsbereich übrig, und das Wirtschaftswachstum wird relativ geringer ausfallen.

Was ist aber die wirtschaftliche Konsequenz aus diesen Überlegungen: Wenn der Staat über die Telekommunikation Wachstumspolitik betreiben will, so erreicht er dies, indem er das Zustandekommen von Märkten fördert. Wenn Märkte möglich sind, kann die Telekommunikation einen wichtigen Beitrag zur Realisierung von Arbeitsteilung und Wirtschaftswachstum leisten. Demgegenüber sind andere Wege der Wachstumspolitik, wie z. B. der Vorschlag von Arnold, die Ablieferungen der Deutschen Bundespost an den Bund zu reduzieren, damit diese ihre Netzausbaupläne möglichst rasch vorantreiben können, abzulehnen. Sie entbehren der theoretischen Fundierung, laufen sie doch auf eine de-facto-Subventionierung der Deutschen Bundespost hinaus und tragen damit mehr zur Lähmung von Unternehmerinitiative und Wirtschaftswachstum bei als zu deren Förderung[2].

---

2 Hierbei wird davon ausgegangen, daß die Ablieferungen der Bundespost an den Bund etwa dem Aufwand an Steuern eines privaten Unternehmens plus einer Monopolabgabe entsprechen. Die Ablieferungen zehren also so betrachtet nicht an der Substanz der DBP.

4.2 Märkte im Fernmeldewesen

Wie soll aber das Fernmeldewesen selbst organisiert sein? In der Bundesrepublik wurde es bisher als Teil des Leistungsstaates angesehen und war als solches dem Wettbewerb weitgehend entzogen. Das traditionelle Argument hiefür lautete und lautet immer noch: Beim Fernmeldewesen versagt der Markt. Daher muß der Staat die Funktion des Marktes übernehmen und Fernmeldeleistungen selbst anbieten. Ein solches Argument darf natürlich nicht unkritisch übernommen werden. Es bedarf der sorgfältigen Prüfung. Hierzu sind die drei Ebenen des Fernmeldewesens, *Netz, Dienste,* und *Endgeräte* separat zu betrachten.

Am einleuchtendsten ist das Argument des Marktversagens *auf der Ebene des Netzes,* namentlich des Ortsnetzes. Auf der Ortsebene würde ein wettbewerbliches Angebot von Netzen zur Duplizierung und damit zur Verschwendung von Ressourcen führen; es wäre jedenfalls unter der *gegenwärtigen* Technik nicht wirtschaftlich. Das vom Staat geschützte Monopol scheint hier die naheliegende Alternative zum Wettbewerb zu sein. Im Fernnetz ist dies schon nicht mehr so eindeutig. Mit dem Aufkommen von Mikrowellen- und Satellitenübertragung hat das Fernnetz seine frühere Schwerfälligkeit verloren. Das Angebot kann jetzt leichter an die sich verändernde Nachfrage angepaßt werden als im Falle der alleinigen Fernübermittlung durch Kabel. In der Tat drängen die Wettbewerber auf diesem Gebiet schon auf den Markt. Amerikanische Netzanbieter warten nur, bis sie von der Deutschen Bundespost das Zugangsrecht zum deutschen Netz erhalten, um auf diese Weise selbst interkontinentale Verbindungen anbieten zu können.

Die neu gewonnene Flexibilität im Fernnetz darf aber nicht losgelöst vom Ortsnetz betrachtet werden. Sie hat einen Einfluß auf die optimale Größe des Ortsnetzes. Diese ist nicht naturgegeben. Wenn das Fernnetz durch die neuen Technologien flexibler und damit auch leichter zugänglich wird, mag es sich für große Nachfrager lohnen, das Ortsnetz zu umgehen und sich direkt ans Fernnetz anzuschließen. Der ökonomisch gerechtfertigte Monopolbereich des Ortsnetzbetreibers wird damit beträchtlich reduziert. Somit ergibt sich auch bei der heutigen Ortsnetztechnologie eine Tendenz zur Liberalisierung in diesem Bereich.

Auf der Ebene der Dienste lassen sich entgegen der landläufigen Meinung kaum Gründe für ein staatliches Monopol anführen. Unter Diensten versteht man die Inanspruchnahme von Teilen der Netzkapazität mit dem Ziel, darauf Leistungen anzubieten, z. B. den Fernsprechdienst, den Fernschreibdienst oder einen der verschiedenen Datendienste. Ein solches Angebot ist ein unternehmerisches Engagement, das nach den Gesetzen des Wettbewerbs entlohnt werden kann und soll. Wenn die Bundespost derzeit gegen den Wettbewerb auf diesem Gebiet eintritt, so deshalb, weil sie aus der monopolistischen Bewirtschaftung der Dienste beträchtliche Gewinne erzielt.

Ähnlich ist die Frage der *Organisation des Endgerätesektors* zu beurteilen. Auch hier wäre ein wettbewerbliches Angebot aller Geräte grundsätzlich zu befürworten. Gegen diese Position wird häufig eingewendet, Fernmeldegeräte seien etwas Besonderes. Sie seien dem normalen Wettbewerb nicht zugänglich. Aber worin liegt das Eigentümliche dieser Geräte? Inwiefern unterscheiden sie sich beispielweise von elektrischen Geräten, die ebenfalls an ein Netz angeschlossen werden? Im wesentlichen durch den zweiseitigen, statt dem nur einseitigen Fluß von elektrischen Impulsen durch das Netz. Diese Eigenschaft ermöglicht die Beeinträchtigung der Netzqualität durch ungeeignete Geräte. Fernmeldegeräte sollten daher — so läßt sich argumentieren — auf Netzverträglichkeit überprüft werden. Die Zugkraft dieses Arguments wird allerdings mit der Zunahme des offenbar weitgehend schadlosen Betriebs vieler nicht geprüfter Endgeräte mehr und mehr abgeschwächt. Es bleibt dann noch das Problem der Standardisierung. Standards werden aber durch die Postverwaltungen mit der Wahl der technischen Systeme (zu Recht) gesetzt, so daß für individuelle Vielfalt ohnehin nicht mehr viel Anreize bleiben. Wenn dennoch für eine Geräteprüfung eingetreten wird, so sollte diese jedenfalls nicht über die Schädlichkeitsüberprüfung hinausgehen. Nur so kann der Wettbewerb im Endgerätesektor zum Zuge kommen und einen Beitrag zum Wirtschaftswachstum leisten.

5. Schlußfolgerungen

Ich hoffe verdeutlich zu haben, daß der Beitrag des Fernmeldewesens zum Wirtschaftswachstum nicht eine planerisch gegebene Größe ist in dem Sinne, daß die Telekommunikation x % zum technischen Fortschritt und damit y % zum Wachstum des Sozialprodukts beiträgt. Was die Telekommunikation fürs Wirtschaftswachstum leisten kann, hängt von den Vorteilen ab, die die Anwender daraus ziehen können, und diese Vorteile hängen wiederum von den rechtlichen Möglichkeiten ab, Märkte zu nutzen. Versuche, den technischen Fortschritt zu planen, haben häufig fehlgeschlagen und werden aller Voraussicht nach auch in Zukunft fehlschlagen. Dies dürfte auch für die Telekommunikation gelten. Aus diesem Grund wäre es besser, nicht auf den technischen Fortschritt selbst, sondern auf die Bedingungen zu achten, die für seine Entstehung zuträglich sind.

Literatur

Baumol, W. J.: Macroeconomics of Unbalanced Growth: The Anatomy of Urban Crisis, American Economic Review Vol. 57, S. 415—426 (1967).

Dostal, W.: Der Informationssektor und seine Entwicklung in der Bundesrepublik Deutschland, in: *Th. Schnöring,* Hrsg., Gesamtwirtschaftliche Effekte der Informations- und Kommunikationstechnologien, S. 69—94 (1980).

Knieps, G.: Impact of Telecommunications Investment on General Competiveness and the Creation of Markets for New Goods and Services, in: Deutsches Institut für Wirtschaftsforschung, Hrsg., Study on Behalf of the Commission of the European Communities, Economic Evaluation of the Impact of Telecommunications Investment in the Communities, Berlin (DIW), S. 100—145 (1984).

Schnöring, Th.: Die Innovationsstrategie der Deutschen Bundespost im Telekommunikationssektor in der öffentlichen Diskussion, Anmerkungen aus ökonomischer Sicht, Berlin, S. 169—181 (1986).

Smith, A.: Der Wohlstand der Nationen. Eine Untersuchung seiner Natur und seiner Ursachen, 1776, übertragen und herausgegeben *H. C. Recktenwald,* München (1974).

Weizsäcker, C. C. von: Rechte und Verhältnisse in der modernen Wirtschaftslehre, Kyklos, Vol. 34, S. 345—376 (1981).

Offensive für technischen Fortschritt — Weg zu höherem Wohlstand!

Von Professor Dr. Norbert Walter

In unserer Haltung gegenüber dem technischen Fortschritt sind wir nach meinem Eindruck weder über Goethe noch über Hauptmann hinausgekommen. Goethe — in seinem Zauberlehrling — läßt irgendwann mal sagen: „Die Geister, die ich rief, ich werd' sie nicht mehr los." Und wenn er über Wissenschaften, speziell über medizinischen Fortschritt spricht, dann sagt er, daß diese Herren „in den Tälern, in Bergen, weit schlimmer als die Pest getobt" hätten. Dies ist nicht weit von der heutigen Betrachtungsweise vieler Intellektueller gegenüber dem technischen Fortschritt entfernt. Bei Hauptmanns Webern war es auch völlig klar, daß die Erfindung des mechanischen Webstuhls nur eines bewirken kann: Elend über das Land zu bringen.

Ebenso wird heute unseren Kindern im Geschichtsunterricht vermittelt, daß die Industrialisierung zur Verelendung von Gesellschaften führte, zu unwürdigem, zu menschenunwürdigem Leben, vor allem für die Arbeiter. Statt dessen sollten wir fragen, ob es jemals in der Historie bis zum 19. Jahrhundert, d. h. der Zeit der Industrialisierung, eine Bevölkerungsdynamik des Ausmaßes wie im 19. Jahrhundert gab. In den Jahrhunderten zuvor verelendeten die Menschen nicht, sondern sie wurden entweder gar nicht geboren oder — wenn sie geboren wurden — verhungerten sie, bevor sie arbeiten konnten.

Ökonomen haben die Pflicht, auf solche Fakten hinzuweisen. Die Industrialisierung war und ist heute auf der Welt die Basis für die Überlebensmöglichkeit von Millionen, und wer solcher technischen Entwicklung Verelendung und der Arbeitsteilung die Tendenz zur Unmenschlichkeit zuschreibt, ist jemand, der faktisch Menschenleben verachtet; dies liegt zwar nicht in seiner Absicht, aber durch seine Aussagen und Ansichten bewirkt er Umstände, die Menschen ihr Leben kosten. Ich glaube also, daß es ganz wichtig ist, daß wir — statt zu erstarren vor denen, die die Industrialisierung verketzern — technischen Fortschritt offensiv vertreten. Statt einer Distanzierung, einer Flucht in die ideologische Ecke, in der die Intellektuellen stehen, ist es erforderlich, daß wir die segensreichen Folgen jener Entwicklung begreifen und vermitteln.

Jede Generation scheint dazu verdammt zu sein, eine Periode zu ertragen, in der ideologische Zweifel am technischen Fortschritt überhandnehmen. Für unsere Generation war der Doomsday-Prophet der Club of Rome, der zu Beginn der

70er Jahre die Grenzen des Wachstums feststellte und tief ins Bewußtsein unserer Gesellschaft verankerte; diese Mentalitätsveränderung ist heute vor allem in den Kirchen und bei unseren (nicht mehr ganz jungen) Jugendlichen zu beobachten. In diesen Kreisen wird technischer Fortschritt als eine der Ursachen angesehen für die Umweltproblematik, in der wir uns befinden. Er gilt aber auch als eine Bedingung, die zu einer inhumanen Welt führt und schließlich wird er für den Verlust von Arbeitsplätzen verantwortlich gemacht.

1. Ist technischer Fortschritt blind?

Wer den technischen Fortschritt im obigen Sinn kritisiert, impliziert wohl, daß der technische Fortschritt blind sei. Wenn aber etwas unkontrolliert über uns kommt, dann ist es völlig klar, daß verantwortliche Politiker dafür sorgen müssen, daß der technische Fortschritt gesellschaftlich kontrolliert wird, daß dieser technische Fortschritt gesellschaftlich gelenkt wird.

Ist der technische Fortschritt aber wirklich blind? Meine Antwort auf diese Frage heißt klar „nein“. Technischer Fortschritt ist praktisch zu allen Zeiten — und so auch bei uns — signalorientiert. Noch nicht einmal die Erfinder sind bei ihrer Aktivität blind, sozusagen Spinner, denen nachts irgendetwas einfällt, womit sie morgens aufwachen, sondern die Erfahrungen der Menschheitsgeschichte zeigen mannigfaltig, daß Erfindungen Antworten auf als besonders dringend empfundene Probleme sind. Auch der Erfinder erfindet nicht in irgendeine Richtung und nicht zufällig, sondern er erfindet für ein bestimmtes Problem. Mehr noch aber sind diejenigen, die Erfindungen in Innovationen umsetzen, über Investitionen also realisieren, am ökonomischen Erfolg dieser Sache interessiert und deshalb sortieren sie aus den vielen Erfindungen jene aus, die kaufmännisch, ökonomisch, erfolgversprechend sind. Und damit ist technischer Fortschritt, also die Einführung von Erfindungen, mit Sicherheit signalorientiert. Relative Kosten und Erträge steuern also auch den technischen Fortschritt.

2. Technischer Fortschritt — ein Jobkiller?

Oftmals wird behauptet, daß technischer Fortschritt ein Jobkiller sei. Dem ist entgegenzuhalten, daß — obwohl jedermann die These akzeptiert, daß der technische Fortschritt noch nie so weit gediehen war wie heute — wir bis zuletzt, d. h. bis in das Jahr 1986 hinein, weltweit nicht nur eine steigende Zahl von Erwerbstätigen, sondern auch eine steigende Erwerbsquote beobachten konnten. Das heißt: Trotz 10000 Jahren technischen Fortschritts seit der Erfindung des Rades und trotz 10000 Jahren Angst um den Arbeitsplatz ist das praktische Ergebnis technischen Fortschritts immer gewesen, daß mehr Menschen beschäftigt wurden. Also, die Pessimisten haben durch die ganze Zivilisationsgeschichte Unrecht gehabt mit ihrer Vermutung, daß technischer Fortschritt *per saldo* Arbeitsplätze vernichtet. Dies steht in keiner Weise im Widerspruch mit der Erkenntnis, daß jeder technische Fortschritt *bestimmte* Arbeitsplätze vernichtet. Bislang aber scheint der Erfindungsreichtum der Menschen und der Wunsch der Menschen, neue Bedürfnisse zu befriedigen, ausreichend dynamisch gewesen zu sein, um mehr Beschäftigung zu bewirken.

Aber nicht allein diese Beobachtung spricht gegen eine Ablehnung des technischen Fortschritts. Jene Firmen, jene Länder, die sich technischem Fortschritt gegenüber offensiv zeigen, ihn bewußt und aktiv annehmen, haben jeweils im Vergleich zu Konkurrenzfirmen und zu anderen Ländern, die relativ günstigste Beschäftigungsentwicklung. Diejenigen, die also offensiv waren, haben ganz im Gegensatz zu dieser einfachen Überlegung „technischer Fortschritt stiehlt Arbeitsplätze" auch im Hinblick auf Beschäftigung das bessere Ende für sich gehabt. Jene Länder erreichten also nicht nur den größeren Wohlstand, sondern auch noch die höhere Beschäftigung.

Eine andere Überlegung spricht ebenfalls gegen die These, daß der technische Fortschritt ein Jobkiller sei. Wenn Sie im Betrieb beobachten, welche Wirkungen die Einführung einer neuen Technologie in der Übergangszeit hat, insbesondere auf die Beschäftigungssituation, so wird es wohl kaum jemanden geben, der die Erfahrung gemacht hat, daß die Einführung einer neuen Technik während der Übergangszeit den Betrieb entlastet hat. In aller Regel muß nicht nur der Chef in dieser Zeit eine Menge Überstunden machen und nicht nur müssen die leitenden Mitarbeiter Überstunden machen, sondern im Grunde ist der ganze Betrieb in besonderer Weise am „Rotieren". Es liegt einfach daran, daß in der Übergangszeit eine Aktivität, die besonders arbeitsintensiv ist, nämlich das Lernen, eine besondere Rolle spielt. Die Übergangszeit bei neuen Technologien ist oftmals gar nicht kurz, sondern länger als die meisten Verkäufer von neuen Technologien dem Einkäufer solcher Technologien vermitteln. Wir können also beobachten, daß technischer Fortschritt immer dann, wenn er gerade etabliert wird, mit Sicherheit und mit gutem Grund eher zu höherer als zu niedrigerer Beschäftigung führt.

Aber auch nach der Einführung einer neuen Technik haben Unternehmen, die offensiv technischen Fortschritt implementieren, per saldo mehr Arbeitnehmer als zuvor beschäftigt. Dies liegt daran, daß uns auf längere Frist immer wieder neue Einfälle kommen, was man noch produzieren kann, wofür noch Nachfrage existiert.

3. Technischer Fortschritt — eine Umweltbelastung?

Unfälle wie bei Union Carbide in Indien im Jahr 1985, die Hiobsbotschaften, die wir über Altdeponien in diesen Tagen immer wieder bekommen, die Reaktorkatastrophe in Tschernobyl, führen dazu, daß sich in unserer Gesellschaft das Vorurteil festsetzt, technischer Fortschritt sei wirklich etwas Gefährliches und produziere ständig Zeitbomben. Diese Vorstellung, daß technischer Fortschritt etwas sei, was letztlich unsere natürliche Umwelt gefährde, muß korrigiert werden. Dazu muß eine Menge konkretes Wissen gesammelt und dann vermittelt werden. Es gibt den Gegensatz zwischen Ökonomie und Ökologie nur dann, wenn gesellschaftliche und private Kosten auseinanderfallen. Anders gewendet, wenn der Bauer seinen Ertrag auf dem Acker steigern kann, indem er im Winter, wenn der Acker gefroren ist und er nicht mit seinem Trecker einsackt, außerordentlich viele Düngemittel ausbringt, ohne gleichzeitig die Kosten, die er damit verursacht, nämlich die Gewässerbelastung zu tragen, bleibt es beim Gegensatz von Ökonomie und Ökologie. Der Bauer hat den Ertrag, die Gesellschaft trägt die Kosten. Solange solche Bedingungen vorliegen, also Kosten nicht internalisiert werden, solange kann Handeln der Wirtschaft und technischer Fortschritt der Ökologie schaden. Wollen wir dafür sorgen, daß das Verursacherprinzip befolgt wird, müssen wir zunächst die Eigentumsrechte an der Umwelt entsprechend gestalten. Wir müssen also demjenigen, der die Umwelt belastet, die Kosten dafür auferlegen. Das geht durchaus in marktwirtschaftlicher Form, beispielsweise, indem man Verschmutzungsrechte auf einer Umweltbörse verkauft und denjenigen, der die Umwelt verschmutzen will, verpflichtet, solche Verschmutzungsrechte zu erwerben. Derjenige, der sagt, „Die Standards, die der Staat gesetzt hat, sind mir zu wenig ambitioniert“, z. B. eine Bürgerinitiative, hätte in diesem System die Möglichkeit, die Umwelt sauberer zu halten. Sie braucht nur an diese Börse zu gehen und Verschmutzungsrechte zu kaufen und in den Safe zu legen. Sie sorgt damit dafür, daß die Umwelt in diesem Maße nicht beansprucht werden kann und sorgt gleichzeitig dafür, daß die Verschmutzungsrechte teurer werden, weil ja mehr Leute Gebote machen. Auf diese Weise sorgen umweltbewußte Bürger dafür, daß die Anstrengungen, umweltschonende Produktionsweisen auf den Weg zu bringen, sich vergrößern.

Ökologie ist also mit Ökonomie vereinbar. Im Gegenteil, es ist jeden Tag mit Händen zu greifen, daß technischer Fortschritt die Umweltbelastung verringert. Ist es denn nicht offensichtlich, daß, je schneller wir unseren Autobestand umschlagen, je schneller wir also unseren alten VW-Variant aus den 70er Jahren durch moderne Autos mit geringerem Energieeinsatz, möglicherweise sogar mit einem Katalysator oder aber mit anderen umweltschonenden Techniken ausgestattet, ersetzen, wir die Umweltbelastung vermindern? Ist es denn offensichtlich, daß dann, wenn wir reicher sind und uns deshalb das schnellere Stillegen alter Kraftwerke leisten können oder den schnelleren Einbau von Filtern in Ibbenbüren oder Buschhaus, mit Wachstum und mit Implementierung moderner Technik — Umweltschutz überhaupt erst realisiert werden kann? Können wir denn nicht jeden Tag sehen, daß diejenigen, die technischen Fortschritt rasch umsetzen, d. h. westliche Industrieländer, offensichtlich, was den Umweltschutz angelangt, sehr viel besser vorankommen als beispielsweise die Länder des Ostblocks oder arme Entwicklungsländer? Wie kann man also dann einer Philisophie des Nullwachstums, der Technikfeindlichkeit das Wort reden?

4. Technischer Fortschritt — Weg in die Massenarbeitslosigkeit?

Wie erklären wir es, daß ein Land, wie beispielsweise die Vereinigten Staaten oder Japan — Länder also, die technischem Fortschritt gegenüber außerordentlich aufgeschlossen sind — die wirtschaftlichen Probleme durchaus mindestens ebensogut (was die Beschäftigung anlangt, sogar in noch besserer Weise) gelöst haben wie die Bundesrepublik? Wie kommt es, daß in den Vereinigten Staaten seit Weihnachten 1982 — also in einem sehr, sehr kurzen Zeitraum — 13 Mio Arbeitsplätze geschaffen wurden? Ich wiederhole 13 Mio Arbeitsplätze. Das sind etwa 15 % mehr Beschäftigung. Das dürfte bei uns in Deutschland gar nicht passieren. Wir brauchten dazu schon wieder Zuwanderungen aus der Türkei, um Derartiges überhaupt realisieren zu können. Wir hätten also unser Arbeitsmarktproblem nicht nur gelöst, sondern zweimal gelöst, würde amerikanische Beschäftigungsdynamik bei uns entfacht.

Wie kann es passieren, daß in den Vereinigten Staaten ganz offensichtlich technischer Fortschritt offensiv und positiv aufgenommen wird und trotzdem diese starke Ausweitung der Beschäftigung zustande kommt? Offensichtlich sind Bedingungen, die in den USA herrschen, bei uns nicht gegeben; diese lassen bei uns technischen Fortschritt anders wirken als dort. Bei uns haben wir, und dies nicht erst seit 4 sondern schon seit 15 Jahren, einen nennenswert höheren Produktivitätsfortschritt als in den USA. Seit 1970 haben wir ungefähr im Durchschnitt einen Produktivitätsfortschritt von gut 3 % und die Amerikaner einen von knapp 1 %. Wie paßt dies nun zusammen mit meiner Aussage: Die Amerikaner sind technischem Fortschritt gegenüber aufgeschlossen? Wir haben in Deutschland in den letzten 15 Jahren die Weichen so gestellt, daß — wo immer möglich — Arbeitskräfte eingespart wurden. Unser Produktivitätsfortschritt ist — und nicht nur in der Bundesrepublik, sondern in Europa insgesamt — deshalb so hoch, weil wir durch die wirtschafts- und lohnpolitischen Bedingungen in unserem Land immer mehr der wenig qualifizierten Arbeitnehmer und der wenig tüchtigen Unternehmen aus dem Markt herausgeworfen haben. Wer die weniger qualifizierten Arbeitnehmer und Unternehmer systematisch eliminiert, der sorgt natürlich dafür, daß die, die übrig bleiben, im Durchschnitt eine höhere Produktivität aufweisen. Bei den Amerikanern geschah dies aber nicht. Dort waren die letzten 15 Jahre eine Periode der Integration von Schwarzen, von Frauen, von Mittelamerikanern, von Hispaniern, Leuten also, die im Prinzip noch nicht so tüchtig waren wie die Leute von der Ostküste, von Neu-England oder wie jene Weißen und Asiaten an der Westküste. Das amerikanische System war also offen für die Neuen, für die neu Hineinkommenden, auch für den Nachkriegsbabyboom in Amerika, der dort 5 Jahre vor dem kontinentaleuropäischen, vor dem deutschen stattfand. Die Amerikaner haben einen Arbeits*markt,* der diesen Namen verdient. Wir haben keinen Arbeits*markt.* Wir haben nur eine Institution, die diesen Namen trägt. Bei uns spielen nämlich Angebot und Nachfrage eine außerordentlich untergeordnete Rolle. Es herrscht nämlich Ordnung statt Markt, und seit Thomas von Aquin glauben wir, daß dort bestimmte Regeln zu befolgen sind, vor allem soziale Regeln, und wir erkennen nicht, daß diese Regeln, aufgestellt von Kartellorganisationen, letztlich bewirken, daß man die weniger Tüchtigen, die weniger Motivierten systematisch aus der Erwerbstätigkeit herausdrängt. Dies ist und war das Ergebnis der letzten 15 Jahre Sozial-, Subventions- und Tarifpolitik; aus diesem Grunde unterscheidet sich Amerika von Deutschland, von Kontinentaleuropa. Wir haben Verhältnisse, unter denen es ungeprüft richtig ist, Arbeitskräfte durch Roboter, durch Maschinen, zu ersetzen. Immer wenn es die Möglichkeit dazu gibt, braucht man sozusagen den Kaufmann nicht zu fragen. Es kann dann praktisch blind geschehen. Diese Entscheidung, die Produktionsprozesse zu rationalisieren, kapitalintensiv zu organisieren, ist eine Strategie, die unbedingt erforderlich war in der Periode der 60er und zu Beginn der 70er Jahre, einer Periode, in der Arbeitskräfte knapp waren. Seither ist aber offensichtlich an unserem Arbeitsmarkt etwas geschehen. Arbeitskräfte sind reichlich vorhanden. Wir verhalten uns aber heute noch genauso wie im Jahre 1970 in dieser Frage. Sind nun deshalb Unternehmer bösartige Menschen? Sind nun Ingenieure blind? Warum rationalisieren sie weiter? Warum sorgen wir nicht dafür, daß man wieder arbeitsintensiver produziert? Warum werden nicht wieder mehr Menschen eingesetzt in der Produktion, in der Verteilung, im Dienstleistungsgewerbe? Warum sorgen wir nicht dafür, daß self-service durch Service ersetzt wird?

Die Antwort darauf ist relativ einfach. Es sind die Kosten, die mit der offiziellen Erwerbstätigkeit verbunden sind. Es sind die Lohnkosten plus Lohnnebenkosten im Verhältnis zu den Kosten des Kapitaleinsatzes, die bewirken, daß wir in Europa immer noch die Produktion kapitalintensiver gestalten. Natürlich ist es für den Unternehmer völlig richtig, noch immer — wo es geht — Arbeitskräfte durch Maschinen zu ersetzen. Es liegt also an den relativen Faktorpreisen, am hohen Niveau der Arbeitskosten; diese allerdings definiert in einem umfassenden Sinn, d. h. Lohnkosten plus Lohnnebenkosten, plus kalkulierter Kosten, nämlich jener, die dann entstehen, wenn ein Unternehmer schrumpfen will und die

Arbeitsgerichte bemühen muß, Abfindungen zahlen muß. Hierzu eine Zahl: Von 1972 bis 1982 sind die Kosten der Entlassung eines Arbeitnehmers um 700 % gestiegen. Dieses Risiko, daß dann, wenn die Nachfrage geringer wird, so hohe Kosten für die Entlassung zu gewärtigen sind, sorgte dafür, daß die Produktion in immer stärkerer Weise kapitalintensiv gestaltet wurde. Technischer Fortschritt ist also bei uns in der Tat etwas, was Arbeitsplätze vernichtet, aber dies muß nicht so sein. Es ist nur dann so, wenn Arbeitskosten im Verhältnis zu Kapitalkosten in die Höhe gegangen sind und sich auch dann nicht ändern, wenn sich die Situation am Arbeitsmarkt umkehrt.

5. Geht der Gesellschaft die Arbeit aus?

Es gibt eine Rechnung, die lautet: Mehr als 2 1/2 % Wachstum im Durchschnitt der nächsten Jahre sind nicht wahrscheinlich. Da jedes Jahr 3 % mehr produziert werden kann mit dem gleichen Bestand an Arbeitskräften, der Produktivitätsfortschritt also 3 % beträgt, kann die Beschäftigung nur sinken. Wenn dann gleichzeitig auch noch zu beobachten ist, daß die Zahl der potentiellen Arbeitskräfte steigt, weil der Nachkriegsbabyboom in den Arbeitsmarkt drängt, ist klar, daß, ausgehend von einem bereits hohen Stand, die Arbeitslosigkeit in den kommenden Jahren nur steigen kann. Jeder verantwortliche Mensch muß in einer solchen Situation, wenn dies die Rahmenbedingungen zutreffend beschreibt, die Forderung unterschreiben: Wir müssen die Arbeitszeit verkürzen. Wir müssen die knappe Arbeit gerechter unter die Menschen verteilen. Diese Rechnung hat sich in den Köpfen aller gesellschaftlichen Schichten festgesetzt. Es ist eine einfache Rechnung. Sie kann von jedem am Stammtisch begriffen werden, und sie hat sich mittlerweile bei allen politischen Parteien und bei den Verantwortlichen der Tarifpolitik festgesetzt. Dieser Dreisatz ist aber falsch:

Auch wenn es viele Experten gibt, die die Meinung vertreten, daß das Wachstum nicht mehr über 2 1/2 % steigen kann, gilt es zu bedenken, daß Experten nie das Wirtschaftswachstum bestimmen. Herr Erhard hat 1948 nicht behauptet: „Ich werde dafür sorgen, daß die 5 Mio Arbeitssuchenden in den nächsten 7 Jahren einen Arbeitsplatz bekommen, und ich werde dafür sorgen, daß wir zu diesem Zweck 7 % Wachstum haben." Er hat gar nichts davon gesagt, sondern er hat die Preiskontrollen aufgehoben. Daraufhin wurde er im ersten Jahr von den Gewerkschaften und der SPD fast umgebracht. Es wurde ihm vorgeworfen, daß er jemand sei, der völlig unmenschlich, bösartig sei, denn er sorge dafür, daß Arbeitsschuhe einen Preis hätten, zu dem Arbeiter sich nie Arbeitsschuhe leisten könnten, und daß es für einen normalen Arbeitnehmer nur alle 12 Jahre einen Anzug geben könne. Erhard entgegnete: „In einer Marktwirtschaft sind solche Milchmädchenrechnungen falsch. Wenn die Preise so hoch sind, werden die Produzenten das Angebot vergrößern und dann sinken die Preise." Die Leute haben ihm nicht geglaubt. Ein Jahr später kosteten Arbeitsschuhe, die voher DM 120,— gekosten hatten, DM 20,—. Dann bestürmten die Unternehmer den Bundeswirtschaftsminister, und forderten, daß den Flüchtlingen endlich verboten werden sollte, neue Unternehmen zu eröffnen, denn sie würden ganze Branchen ruinieren und dafür sorgen, daß gesunde Strukturen vernichtet würden, und er wurde dringlichst aufgefordert von den Gewerbevereinen, den Organisationen der Wirtschaft, doch endlich diesem Treiben, diesem ruinösen Wettbewerb, Einhalt zu gebieten. Und Erhard hat gesagt: „In einer Marktwirtschaft regelt sich das von selbst.“ Er hatte diese Kraft, diese Sturheit.

Wie verändert sich in nächster Zeit die Produktivität, d. h. die Produktion pro Erwerbstätigen? Unterstellt, wir stellen in nächster Zeit sehr viel junge Leute ein, die einen großen Teil ihrer Zeit in der Ausbildung verbringen. Unterstellt, wir, die älteren Arbeitnehmer werden, in größerem Maße als bisher zur Aus- und Weiterbildung eingesetzt und bilden uns selbst weiter. Die Folge wäre, daß der Produktivitätsanstieg deutlich niedriger ausfiele. Eine Wachstumsrate von 3 % würde vermutlich zu einem kräftigen Anstieg der Beschäftigung führen.

Damit dies nicht graue Theorie bleibt: In dem ja doch ganz erfolgreichen Jahr 1985, in dem knapp 2 1/2 % Wachstum erreicht wurden, ist es vielleicht doch ganz interessant zu wissen, daß der Produktivitätszuwachs nur 1,7 % betrug. Es liegt nahe zu vermuten, daß dies damit zusammenhängt, daß wir uns stark angestrengt haben, nunmehr viele Jugendliche in den Erwerbsprozeß zu integrieren, viele Lehrlinge einzustellen, und daß es im Jahre 1985 gelang, auch Frauen wieder in stärkerem Maße in den Erwerbsprozeß zu integrieren. Mit anderen Worten: Wir sehen bereits im Jahre 1985 — im Jahr davor auch schon in geringem Maß, jetzt aber immer deutlicher — daß es kein Naturgesetz gibt, wie unsere großen Experten, alle Parteien und das Nürnberger Institut, die Bundesanstalt für Arbeit, uns immer verkünden, daß der Produktivitätsanstieg 3 % betragen müsse. Es gibt jetzt schon über einige Jahre einen nennenswert niedrigeren Produktivitätsfortschritt als 3 % p. a. — in den Jahren 1980 bis 1985 lag er bei knapp 2 % — und er könnte noch niedriger sein, wenn wir die Schwellen für das Eintreten in den Erwerbsprozeß niedriger ansetzten, wenn also die Angst der Unternehmer vor Neueinstellungen noch etwas kleiner werden könnte durch Maßnahmen wie beispielsweise das Beschäftigungsförderungsgesetz, wie die Erleichterung der Möglichkeiten für Zeitarbeit. Wer ökonomisch arbeiten will — und dazu sind alle gezwungen, die nicht Monopolisten sind —, muß flexibel beim Arbeitseinsatz sein. Warum kann denn eine Regierung solche offensichtlich vernünftigen Dinge nicht auch gesetzgeberisch auf den Weg bringen? Es ist geradezu entsetzlich, daß wir uns solche Chancen blockieren. Würde solches geschehen, würde auch in der Bundesrepublik Deutschland der Produktivitätsanstieg kleiner werden. Darüber müßten wir dann nicht klagen, sondern dies wäre sozusagen die andere Seite der Medaille für das Einstellen von Leuten, die heute noch nicht hochproduktiv sind, deren Leistungsfähigkeit noch nicht im Maximum ist, die aber heute offenkundig nach Arbeit suchen.

Statt dieser einsichtsvollen Haltung gibt es bei uns aber noch immer die Forderung nach gesellschaftlicher Beherrschung des technischen Fortschritts. Es gibt noch immer Ministerpräsidenten, die beispielsweise darüber nachsinnen, statt der Sozialbeiträge nunmehr eine Maschinensteuer einzuführen, um auf diese Weise bestimmte Probleme unserer Gesellschaft zu lösen. Was wäre die Folge, wenn wir solche Antworten geben? Wenn wir die Maschinensteuer einführten, würden aus Deutschland auch noch die Maschinen auswandern und würden damit bei uns auch noch die Einkommenschancen kleiner werden. Wir würden aber vor allem die Ziele, die mit dieser Maschinensteuer erreicht werden sollen, nämlich eine höhere Beschäftigung, verfehlen. Es ist außerordentlich klug, daß wir wohlmeinenden Politikern, die glauben, mit der Maschinensteuer einer Antwort auf das Problem der Arbeitslosikeit gefunden zu haben, eine deutliche Absage erteilen. Dies ist nicht der Weg, der uns zu mehr Beschäftigung führt und schon gar nicht der Weg, der uns zu mehr Wohlstand führt.

Ich darf im Zusammenhang mit den Folgen defensiver Politik die Industriegewerkschaft Druck als ein Beispiel nennen. Nachdem die I. G. Druck im Frühjahr 1984 intensiv gestreikt hat, ist mittlerweile nahezu jeder Journalist, auch der 55jährige, in der Lage, sich an ein Terminal zu setzen und nunmehr seinen Text selbst soweit vorzubereiten, daß er unmittelbar auf die Rotationsmaschine gehen kann. Immer mehr Buchverlage sind bereits ausgewandert, sind dorthin gegangen, wo restriktive Vorschriften, wie bei uns, nicht gelten. Mit anderen Worten: Die Konsequenz defensiver Politik in einer offenen Welt ist, daß diejenigen, die so verfahren, verlieren. Sie können letztlich gegen die Sachzwänge des Marktes nicht gewinnen. Aus diesem Grunde glaube ich, daß die Abwehrhaltung, die wir gegenwärtig noch beobachten können, die Ablehnung des technischen Fortschritts, die Verwaltung des Mangels, Antworten sind, die demnächst überwunden werden. Ich meine beobachten zu können, daß unsere Gesellschaft bereits die Phase der Resignation, die Null-Bock-Mentalität, hinter sich gelassen hat, daß wir auf dem Weg sind, den technischen Fortschritt zu akzeptieren.

Wissenschaft, moderne Technik, scheint erneut attraktiv zu sein. Daß sich der Zeitgeist zu wenden beginnt, kann man daran erkennen, daß Jugendliche — unter Jugendlichen verstehe ich hier diejenigen, die unter 20 sind — außerordentlich offensiv, leistungsbereit und neugierig sind. Ist es nicht so, daß heute „Kinderarbeit“ wieder modern ist. Die Aktivitäten reichen vom Autowaschen zum Brötchenverteilen bis hin zur Erteilung von Nachhilfestunden. Die Jungen sind mit dem, was die Institutionen, die Großorganisationen ihnen anbieten, nicht mehr zufrieden. Sie haben noch nicht die Kraft, sich gegen die Großorganisationen durchzusetzen, die institutionellen Voraussetzungen zu ändern. Die Institutionen sind noch zu stark, haben ihrerseits noch nicht erkannt, daß sie nicht gewinnen können. Deshalb suchen sich die einzelnen, die Jungen, die Beweglichen einen Ausweg. Sie machen auf Schleichwegen jene Fortschritte, die erforderlich sind, um eine Chance zu haben. Small is beautifull, do it yourself, Schwarzarbeit, zweiter Job, Subunternehmertum, freie Mitarbeiter, alles dies, was von der Kasernengesellschaft als unterwertig diffamiert wurde, entwickelt sich heute außerordentlich dynamisch.

Ich glaube, daß unsere Gesellschaft nicht in diesem Zustand „grauer Märkte" verbleibt, daß sie über diesen Zustand der stillen Revolte gegen die Großorganisationen hinauskommt, daß sie noch vor dem Ende dieses Jahrzehnts bereit ist, die politische Situation offensiv, d. h. institutionell umzugestalten. Ich glaube also, daß es gegen Ende dieses/zu Anfang des nächsten Jahrzehnts eine marktwirtschaftliche Renaissance geben wird und daß man in diesem Aufbruch auch der Technologie wieder jene positive Rolle zuweist, die sie hat und haben kann, um die Probleme unserer Zeit zu lösen.

6. Ein moderner Produktionsapparat — ein Essential für die 90er Jahre

Moderne Technologie muß deshalb *jetzt* auf den Weg gebracht werden, weil die Periode eines reichlichen Arbeitskräftepotentials vermutlich in 10 Jahren bereits vorüber ist. Wir werden zu Beginn des nächsten Jahrzehnts wieder einen Bundeskanzler haben, der durchs Land reist und den Meistern verspricht, daß er ihnen einen Lehrling beschafft; und er wird mit der Erfüllung dieses Versprechens große Schwierigkeiten haben. Er wird damit ebensowenig durchschlagenden Erfolg haben wie der gegenwärtige Bundeskanzler beim Versuch, allen Ausbildungswilligen eine Ausbildungsstelle zu verschaffen. Dies wird nicht nur durch die Demographie bedingt, sondern auch dadurch, daß die jungen Leute erkennen, wenn sie am Beginn der 90er Jahre ihre Chancen analysieren, daß sie nicht unbedingt eine Ausbildung im Betrieb haben müssen, um berufliche Chancen zu haben. Deshalb werden sie dann zu größeren Anteilen wieder in die Universitäten und die Weiterbildung gehen.

Wenn dies aber so ist, wenn wir also in den 90er Jahren — schon heute absehbar — nennenswert weniger aktive junge Arbeitskräfte in den Erwerbsprozeß integrieren und relativ viele Ältere ausscheiden, dann ist die Zeit gekommen, in der wir einen außerordentlich modernen Bestand an Produktionsmitteln unbedingt benötigen, um unseren Wohlstand zu sichern. Es wäre folglich für die nächsten 10 Jahre unsere Aufgabe, daß wir offensiv die technologischen Möglichkeiten nutzen und unsere Jungen und unsere Alten dafür ausbilden. Es hat keinen Sinn, daß wir nur eine Erstausbildung organisieren, sondern wir müssen auch für die, die schon einen Beruf gelernt haben, die Weiterbildung organisieren. Nur so können wir die internationale Herausforderung bestehen und unserer Gesellschaft in den 90er Jahren ein wirklich hohes Wohlstandsniveau sichern.

Entwicklungslinien des technischen Fortschritts aus ingenieurwissenschaftlicher Sicht

Von Prof. Dr.-Ing. Dipl.-Wirt.-Ing. Walter Eversheim

1. Einleitung

Der technische Fortschritt läßt sich am einfachsten erkennen und verstehen, wenn man ihn im Spannungsfeld zwischen

— Humanisierung der Arbeitswelt und
— Steigerung der Produktivität

sieht. Dabei kommt der Verbesserung der Wettbewerbsfähigkeit eine besondere Bedeutung zu, da diese als der Motor angesehen werden kann, der Innovationszyklen in Gang bringt und beschleunigt. Das Globalziel, Wettbewerbsfähigkeit zu erhalten oder zu verbessern, kann dabei durch unterschiedliche Teilzielvorgaben erreicht werden. Während in den Jahren des Wiederaufbaus Mechanisierung und Automatisierung zur Produktivitätssteigerung im Vordergrund standen, wurden Teilziele, wie z. B. die beschleunigte Informationsverarbeitung (NC-Werkzeugmaschinen, EDV-Systeme, Computer Aided Design), zur Steigerung der Flexibilität gegenüber Marktschwankungen in den sechziger und siebziger Jahren immer wichtiger.

Die vergangenen Jahre waren gekennzeichnet durch die Entwicklung einer neuen Generation von Produktionstechnologien und den Wandel der Arbeitsmarktverhältnisse.

Der Versuch, zu hohem Wirtschaftswachstum zurückzukehren, wurde beeinträchtigt durch verschiedene, den Arbeitsmarkt entlastende Maßnahmen. Die Gefahr hoher Arbeitslosigkeit besteht dennoch bis weit in die neunziger Jahre hinein, womöglich sogar noch über das Jahr 2000 hinaus *(Abb. 1)*.

Bei schwachem Wirtschaftswachstum kann sich die Schere zwischen Angebot und Bedarf an Arbeitskräften sogar noch bis zur Mitte der neunziger Jahre weiter öffnen. Überlagert wird diese Entwicklung durch Veränderungen in der Qualifikationsstruktur sowohl hinsichtlich des Qualifikationsbedarfs als auch des Qualifikationsangebots.

Warum ist also das Thema der Strukturveränderung besonders in den achtziger Jahren und in der Zukunft von aktuellem Interesse? Welche Rolle spielte die Produktionstechnik bei den vollzogenen und welche Bedeutung kommt den Fertigungstechnologien bei den noch zu erwartenden strukturellen Veränderungen zu?

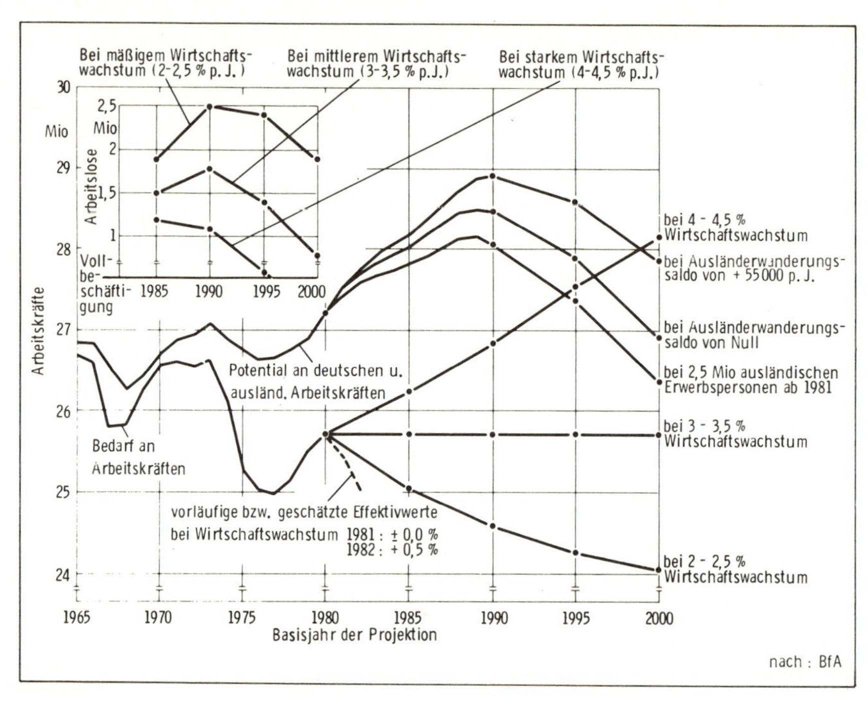

Abbildung 1: Arbeitsmarktbilanz 1965—2000

Unter Fertigungstechnologien sind nicht nur die Bearbeitungsverfahren und -prozesse zu verstehen, sondern auch das Zusammenwirken von Personal und Maschinen sowie die Informationstechniken. Wie noch aus späteren Ausführungen hervorgehen wird, gewinnt der Faktor „Information" neben den klassischen Produktionsfaktoren Material, Arbeit, Maschinen und Kapital zunehmend an Einfluß auf die Unternehmensergebnisse. Der Entwicklung von Informations- und Kommunikationstechnologien muß demnach entsprechende Aufmerksamkeit gewidmet werden.

Es ist zu beachten, daß sich die technische Entwicklung nicht stetig, sondern in Form von Innovationsschüben vollzieht. Entsprechend Schumpeters Zyklentheorie[1] sind diese Innovationsphasen im Zusammenhang mit dem Konjunkturverlauf zu sehen *(Abb. 2)*. Nach Schumpeters Theorie ist die wirtschaftliche Entwicklung bestimmt durch das Wirken selbständiger Kräfte. Im Anschluß an Perioden ausgesprochener Innovationsschwäche nutzen dynamische Unternehmen

1 *Schumpeter, J.:* Theorie der wirtschaftlichen Entwicklung, 6. Aufl. (Berlin 1964)

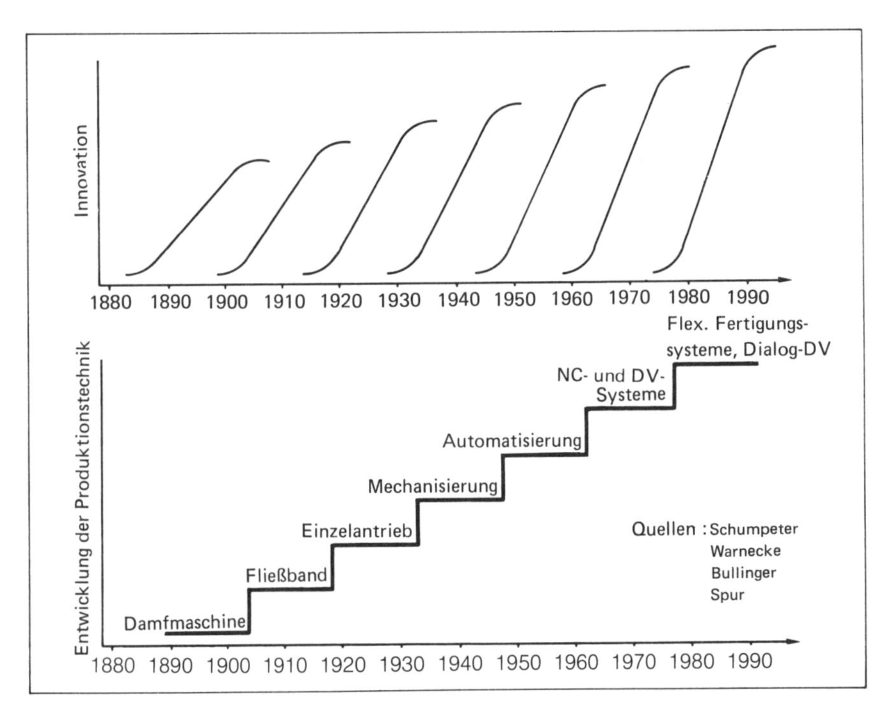

Abbildung 2: Innovationszyklen in der Produktionstechnik

neues technisches Wissen zur Realisierung von Neuerungen. Sie verschaffen sich dadurch einen temporären Vorsprung vor der Konkurrenz. Die meisten Unternehmen der entsprechenden Branchen sehen sich gezwungen, im Interesse ihrer Wettbewerbsfähigkeit ebenfalls die neuen Technologien zu nutzen. Dabei ist zu beachten, daß Erfindungen in immer kürzerer Zeit Marktreife erlangen. Die Innovationszyklen werden kürzer, ihr Verlauf steiler.

2. Fertigung der Zukunft

Zur Beantwortung der Frage: „Wie muß die Fertigung der Zukunft aussehen?" liegen folgende Indizien vor *(Abb. 3):*

Die Wettbewerbsfähigkeit ist angesichts stagnierender oder stark schwankender Märkte, abnehmender Losgrößen und der Forderung nach schneller Anpassung im Fertigungsbereich durch Automatisierung zu verbessern. Dabei erlaubt die Flexibilität der automatisch arbeitenden Anlagen eine schnelle und weitgehend selbständige Anpassung an neue Fertigungsaufgaben.

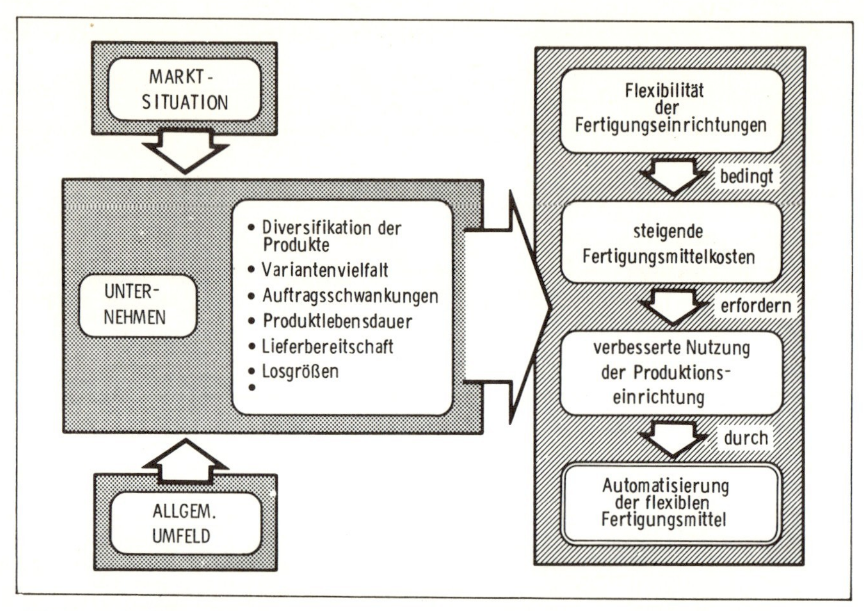

Abbildung 3: Entwicklungstendenzen zur Sicherung der Wettbewerbsfähigkeit

Kostenreduzierungen durch höhere Produktivität sind über eine erhöhte zeitliche Nutzung der Anlagen im automatischen Betrieb möglich. Von der Einzelmaschine bis hin zum komplexen Fertigungssystem sind dafür heute alle Bausteine verfügbar.

Probleme ergeben sich jedoch aufgrund der geometrischen Vielfalt der Teile nach wie vor an den Schnittstellen Werkstück/Handhabungsgerät und Werkstück/Spannmittel.

Im Bereich der Informationsverarbeitung sind ebenfalls noch viele Schnittstellenprobleme ungelöst. Die informationstechnische Verknüpfung aller rechnerunterstützen Systeme im Unternehmen steht noch am Anfang. Zur Sicherung einer hohen Produktivität und Wirtschaftlichkeit durch den Einsatz einer flexibel automatisierten Fertigung ist die konsequente Anpassung der einzelnen EDV-Bausteine erforderlich. Dazu gehörten die Steuerung der peripheren Einrichtungen, die Überwachung des Fertigungsprozesses, die Datenverwaltung sowie übergeordnete Leitsysteme.

Die derzeitige Situation in der Fertigungstechnik, charakterisiert durch

— kleinere Losgrößen,

— schnell wechselnde Marktanforderungen und

— hohes Kostenniveau

verlangt angesichts zunehmender, internationaler Konkurrenz und steigenden Preisdrucks nach einer richtungsweisenden Zukunftsperspektive.

Diese Forderung gilt in besonderem Maße für den Maschinenbau, der im internationalen Vergleich durch seine traditionell starke Exportabhängigkeit unter wachsendem Wettbewerbsdruck steht[2].

Das Potential zur Steigerung der Produktivität ist dabei im Bereich der Produktion, der Logistik als auch der Produktgestaltung zu finden *(Abb. 4)*. Entscheidend für die Nutzung des Potentials ist die gesamthafte Planung aller Komponenten, ohne die integrierte Lösungen in der Produktion nicht erreicht werden können.

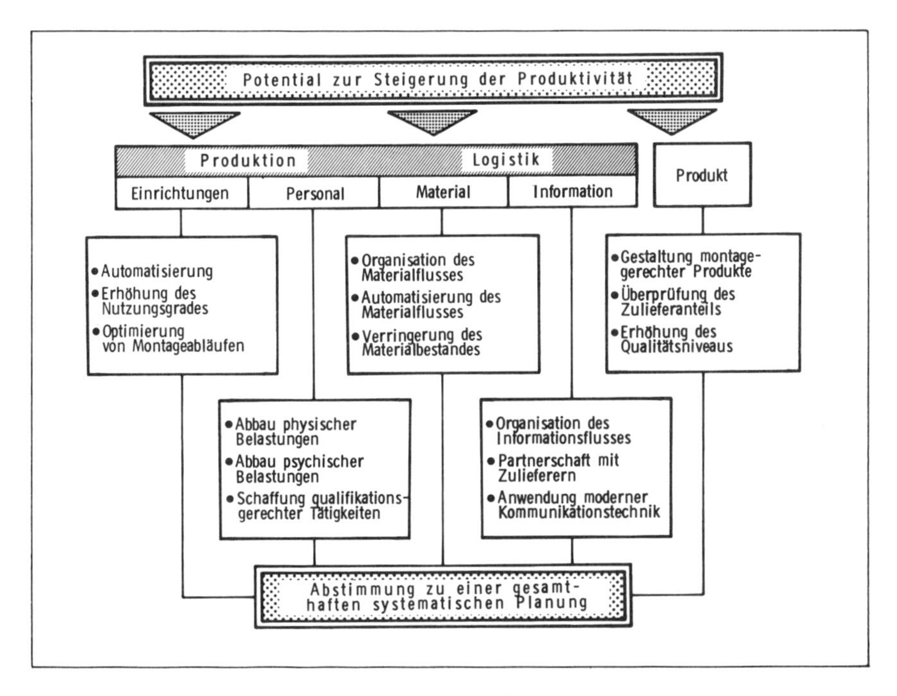

Abbildung 4: Ableitung von Rationalisierungsmaßnahmen

2 *Autorenkollektiv:* Flexible Fertigungsanlagen. Ind.-Anz. 106, Nr. 56, S. 70—79 (1984)

3. Integrierte Systeme

Schon vor einigen Jahren wurde begonnen, die notwendigen Funktionen im Fertigungsbereich so weit zu automatisieren, daß nicht nur der Bearbeitungsprozeß, sondern auch die verschiedenen Hilfsfunktionen nur noch im Ausnahmefall ein manuelles Eingreifen des Maschinenbedieners erforderlich machen.

Die Entwicklung in der jüngsten Vergangenheit zeigt allerdings, daß diesen Bemühungen mangels geeigneter informationstechnischer Verknüpfung der verschiedenen EDV-Bausteine im Unternehmen Grenzen gesetzt sind. Die aktuellen, in *Abb. 5* aufgefächerten Unternehmensziele lassen sich nur durch eine sinnvolle Integration aller an dem Produktionsprozeß beteiligten Einzelsysteme erzielen. Der lokale, isolierte Einsatz neuer Techniken zur Unterstützung einzelner Produktionsbereiche führt nur zu kurzfristigen Ergebnisverbesserungen, da hierbei die Schwachstellen lediglich in andere Produktionsbereiche verlagert werden. Zur weiteren Erhöhung der Produktivität flexibler Fertigungsanlagen ist eine stärkere Integration solcher Systeme in das Gesamtkonzept des Unternehmens notwendig. Dazu muß dem Produktionsfaktor „Information" als übergeordneter Einheit größere Bedeutung beigemessen werden. Grundlage unternehmensspezifischer CIM-Lösungen ist daher die informationstechnische Betrachtung und Verknüpfung aller rechnerunterstützten Systeme.

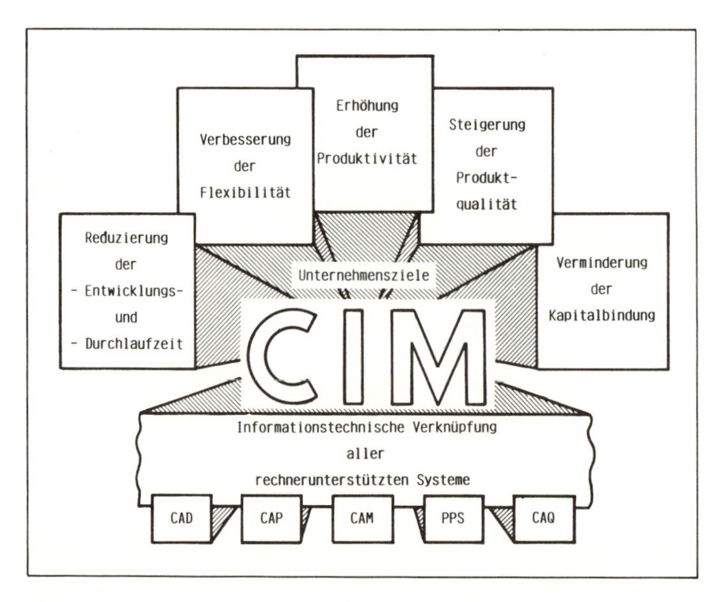

Abbildung 5: Ziele des Computer Integrated Manufacturing

Die verschiedenen Komponenten des Computer Integrated Manufacturing müssen dazu unterschiedlichste Datenübertragungen untereinander ermöglichen *(Abb. 6)*. Grenzen der Integration sind dabei die Unternehmensgrenzen, wobei innerhalb eines Unternehmens alle Funktionen vom Einkauf bis zum Versand in die informationstechnische Verknüpfung mit einbezogen werden.

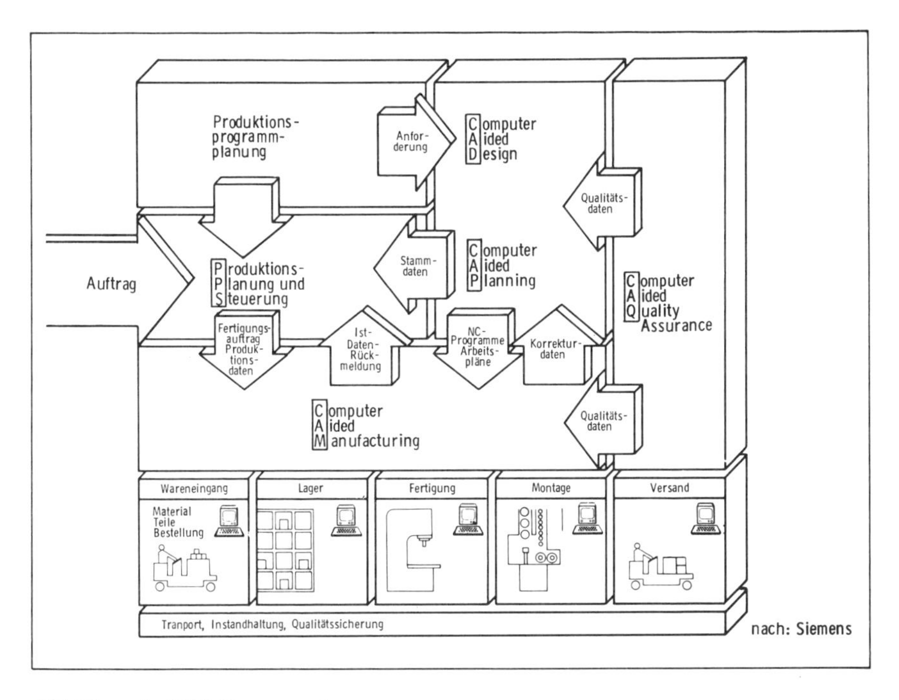

Abbildung 6: CIM-Komponenten

Am Beispiel der Veränderung von Werkzeugmaschinen in der Vergangenheit und in der Zukunft kann der Wandel im Bereich Fertigung abgelesen werden.

Bisher ging die Entwicklung in der flexiblen Fertigung von der Prozeßautomatisierung (NC-Maschinen) über die Erweiterung der Leistungsfähigkeit der Maschinen (Bearbeitungszentrum) bis zum Einsatz übergeordneter Rechner zur Steuerung und Koordinierung aller Systemfunktionen in flexiblen Fertigungssystemen *(Abb. 7)*. Die weitere Entwicklung wird sich im Hinblick auf CIM in der Fabrik der Zukunft auf die Standardisierung der Maschinen konzentrieren. Dabei stehen modular konzipierte Systemmaschinen im Vordergrund.

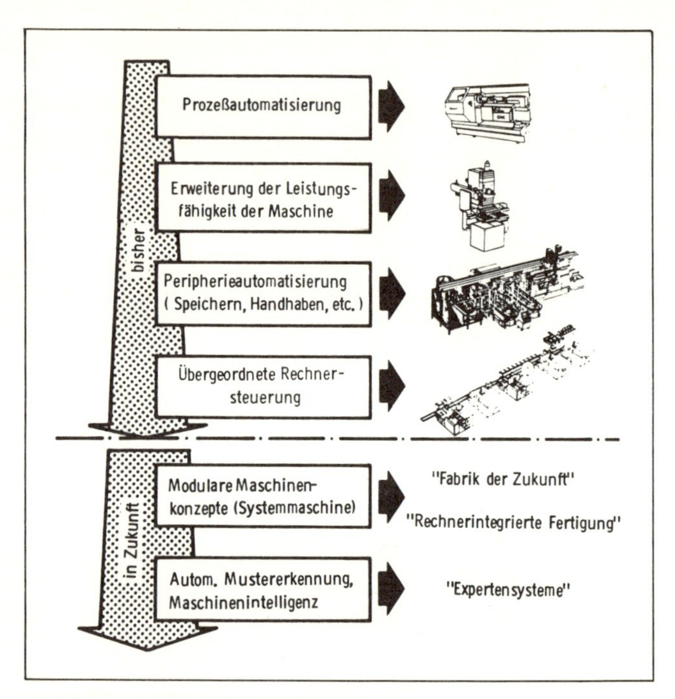

Abbildung 7: Entwicklungsstufen der Werkzeugmaschinen

4. Neue Technologien

Ebenso lassen sich neue Fertigungstechnologien für die Integration von Funktionen im Unternehmen nutzen. Als neue Fertigungstechnologien werden Entwicklungen bezeichnet, die neue physikalische Wirkprinzipien nutzen, bekannte physikalische Wirkprinzipien auf neue Prozesse anwenden, neue Werkzeuge oder neue Werkstoffe verwenden oder die Bewegungsverhältnisse zwischen Werkzeug und Werkstück anders gestalten. Beschränkt man sich bei der Betrachung der Fertigungsalternativen nicht nur auf einzelne Stadien, sondern im Sinne eines Systemdenkens auf den gesamten Weg zwischen Werkstoff und Fertigteil, so werden Möglichkeiten zur Integration von Fertigungsschritten sichtbar. Deutlich wird diese Philosophie an den zahlreichen Ansätzen zur montagenahen Formgebung sowie der Verbindung von Gestaltererzeugung und Eigenschaftsänderungen am Werkstück[3].

3 *Schiele, O., u. a.:* Innovation bei Fertigungsverfahren. Ind.-Anz. 106, Nr. 56, S. 61—68 (1984)

Ein Praxisbeispiel *(Abb. 8)* belegt, wie sich der Einsatz moderner Technologien auf den Fertigungsablauf auswirken kann. Diese Analyse der bisherigen Arbeitsabläufe bei der Fertigung von 500 verschiedenen Blechteilen mit Jahresmengen zwischen 1 und 6000 Stück ergab, daß eine integrierte Bearbeitung des Teilespektrums auf einer CNC-gesteuerten Laserstrahl-Schneid- und Nibbelmaschine die Zahl der ursprünglich acht Arbeitsgänge auf nur drei reduziert. Die damit verbundene Einsparung der Übergangszeiten führte zu einer Reduzierung der Durchlaufzeit auf 60 % des Augangswertes. Gleichzeitig verringerte sich die Fertigungszeit einschließlich aller Rüst-, Haupt- und Nebenzeiten auf 40 %, so daß nunmehr auch kleinste Lose wirtschaftlich hergestellt werden können.

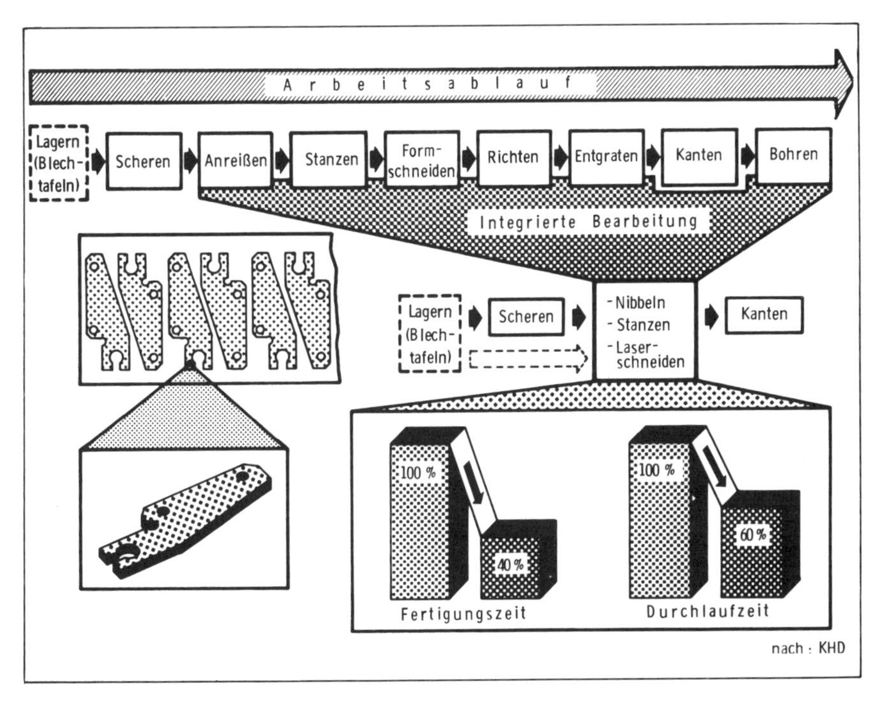

Abbildung 8: Durchlaufzeitreduzierung durch moderne Technologien (Praxisbeispiel)

Als weitere Beispiele für innovative Fertigungsverfahren seien hier neben der Lasertechnologie das Wasserstrahlschneiden, das Drehfräsen sowie die elektrochemischen und funkenerosiven Verfahren genannt. Als neue Werkstoffe und Schneidstoffe stehen heute Materialien wie Faserverbundwerkstoffe (GFK, CFK, AFK), kubisch kristallines Bornitrid (CBN) oder polykristalliner Diamant (PKD) zur Verfügung.

Fertigungsverfahren basieren grundsätzlich auf einer durch Informationen gesteuerten Entwicklung von Energie auf Materie. Die genannten neuen Fertigungsverfahren, die zumeist auf einer Veränderung der Form, in der die Energie eingebracht wird, bzw. auf einer Veränderung der Gestaltgebung der Bewegungsverhältnisse beruhen, erfordern eine ständige Weiterentwicklung bzw. Neuentwicklung von Werkzeugmaschinen.

5. Prozeßsteuerung

Gravierender wirken sich jedoch die Innovationen im Bereich der Verarbeitung der Steuerinformationen aus. Als Beispiele sind die numerischen Maschinensteuerungen (NC, CNC), die Leitrechner komplexer Fertigungssysteme, die Versorgung mehrerer Maschinen mit Steuerinformationen in DNC-Systemen sowie die Steuerung peripherer Einrichtungen zu nennen. Die Ursache für den Entwicklungssprung auf dem Gebiet der Steuerungstechnik ist bekanntermaßen die rasante Entwicklung im Bereich der „intelligenten Halbleiterbauelemente".

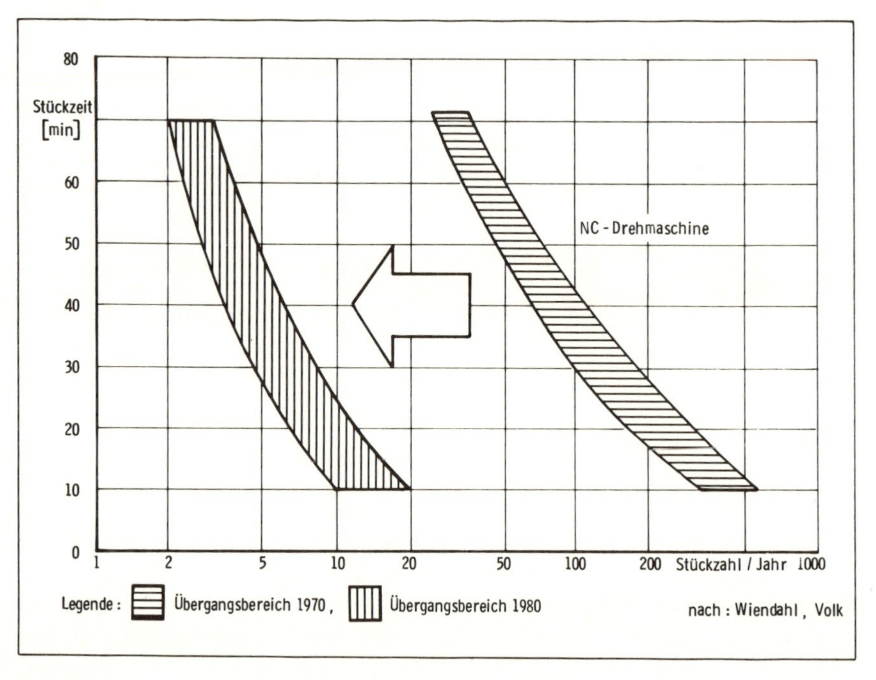

Abbildung 9: Veränderung des wirtschaftlichen Einsatzzieles von NC-Drehmaschinen

Als Folge dieser Entwicklung hat sich das wirtschaftliche Einsatzfeld von NC-Drehmaschinen im Zeitraum von zehn Jahren sehr stark zu kleineren Losgrößen und Jahresstückzahlen verschoben *(Abb. 9).* Während 1970 der Einsatz einer NC-Drehmaschine noch bei Jahresstückzahlen um 200 als unwirtschaftlich gelten konnte, wurde 1980 bereits für Einzelfertigung der NC-Einsatz erwogen.

Abb. 10 zeigt, welche Nutzungsreserven in einer höheren zeitlichen Verfügbarkeit flexibel automatisierter Anlagen liegen. Die Bedeutung der Automatisierung wird erkennbar, wenn man sich vergegenwärtigt, daß in der Bundesrepublik Deutschland im Maschinenbau heute im Mittel um 11 % der theoretisch verfügbaren Zeit produktiv genutzt werden. Die Steigerung der produktiven Leistung durch Nutzung bisher ungenutzter Arbeitszeiten eröffnet einen Weg, um der Kostenentwicklung bei den wesentlichen Produktionsfaktoren zu begegnen.

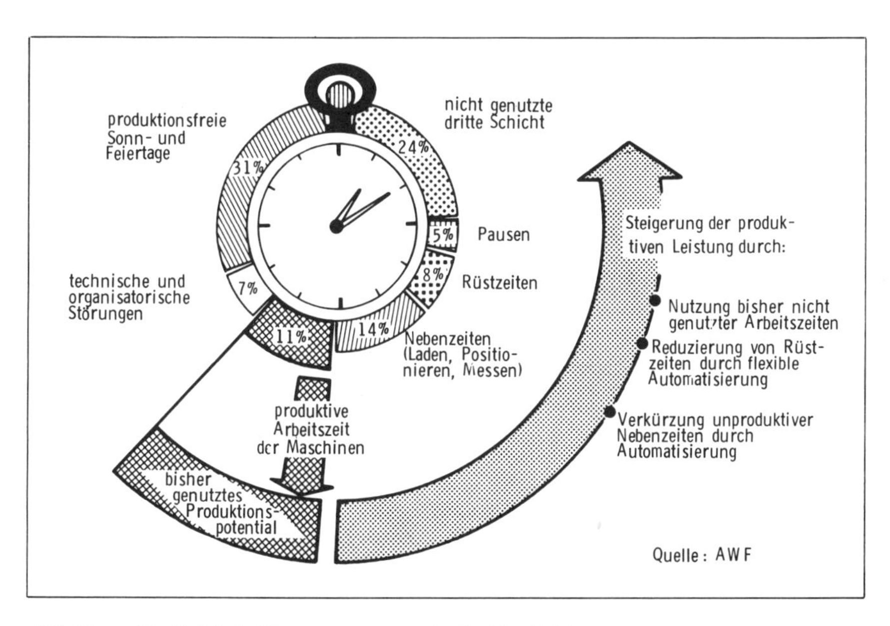

Abbildung 10: Zeitliche Nutzungsreserven in der Produktion

Die bekannteste Anlagenstruktur der flexibel automatisierten Fertigung ist das flexible Fertigungssystem[4]. Kennzeichnen flexibler Fertigungssysteme ist, daß unterschiedliche Werkstücke gleichzeitig oder nebeneinander auf verschiede-

4 *Dolezalek, C. M., Ropohl, G.:* Flexible Fertigungssysteme, die Zukunft der Fertigungstechnik. wt — Zeitschrift für industrielle Fertigung 60, Nr. 8, S. 446—451 (1970)

nen Werkzeugmaschinen gefertigt werden. Diese Maschinen sind informations- und materialflußtechnisch verkettet. Als Bearbeitungseinheiten werden numerisch gesteuerte Werkzeugmaschinen eingesetzt. Die Fertigungsabläufe und die Ver- und Entsorgungsvorgänge werden mit Hilfe elektronischer Datenverarbeitungsanlagen gesteuert.

Geeignete Konzepte, die der aktuellen Marktentwicklung gerecht werden, erreichen eine Steigerung der Produktivität der Fertigungsanlagen durch Automatisierung in Form einer möglichst ganzheitlichen Erhöhung der Flexibilität *(Abb. 11)*. Hohe Flexibilität der Fertigungsanlagen ist fast zwangsläufig mit hohem Kapitaleinsatz verbunden. Diesen Kapitaleinsatz gilt es, durch eine gezielte zeitraumbezogene Planung der Flexibilität so gering wie möglich zu halten. Daher muß aus der Sicht der Wirtschaftlichkeit über allen Bemühungen zur flexiblen Gestaltung der Produktion der Grundsatz „so produktiv wie möglich, so flexibel wie nötig" stehen.

Trotz konsequenter Einhaltung dieses Grundsatzes sind die Investitionskosten für flexible Automatisierung in der Regel wesentlich höher als für vergleichbare herkömmliche Fertigungskonzepte. Daher besteht die Forderung, diese teuren Fertigungseinrichtungen mehrschichtig zu nutzen.

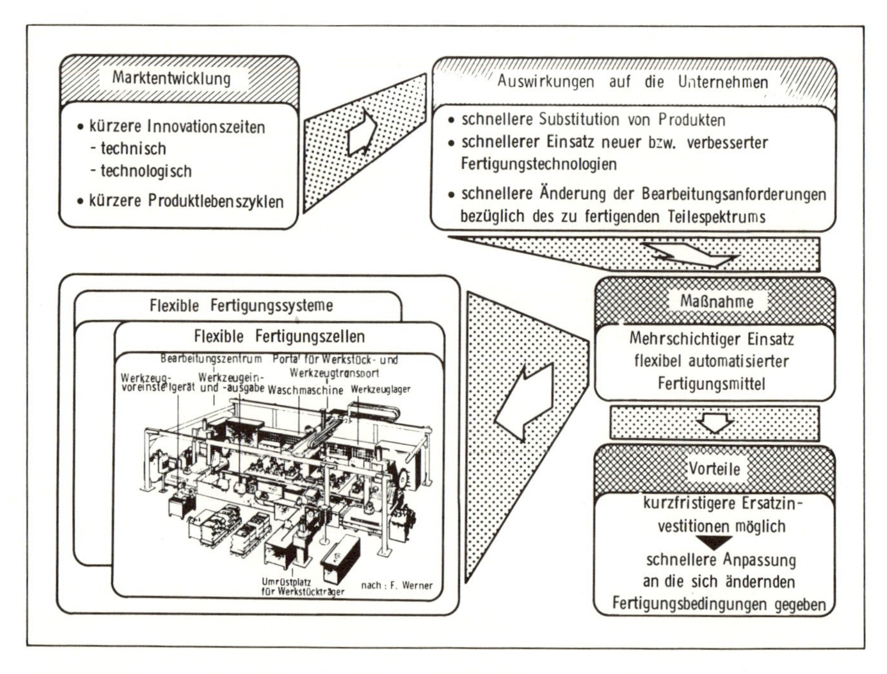

Abbildung 11: Maßnahme zur Reaktion auf die Marktentwicklung

Die damit verbundene kürzere Amortisationszeit der Fertigungseinrichtung ermöglicht einen kürzeren Investitionszyklus, so daß eine schnellere Anpassung der Fertigungsmittel an die zwischenzeitliche Marktentwicklung gewährleistet ist.

Das in *Abb. 12* dargestellte flexible Fertigungssystem (FFS) ist bei der Firma KHD in Köln installiert. Es besteht aus drei sich ergänzenden Bearbeitungszentren, von denen eines mit einem Wechselsystem für Mehrspindelbohrköpfe ausgerüstet ist.

nach: Burkhardt + Weber

Abbildung 12: Flexibles Fertigungssystem mit Verkettung durch Palettenwagen

Die Bearbeitungseinheiten sind durch einen schienengebundenen Transportwagen mit den Rüstplätzen und einer Werkstückwaschanlage verbunden. Wegen der Komplexität der verschiedenen Strukturbeziehungen und den kurzen Zeitabständen zwischen Ereignissen und notwendigen Entscheidungen wird zum Betrieb des FFS ein Rechner, der sogenannte Fertigungsleitrechner, eingesetzt. Dieser koordiniert und optimiert nach vorgegebenen Strategien und Programmen Fertigungsfolgen und Materialfluß. Als Teilaufgaben übernimmt der Rechner Disposition und Zuweisung aller Werkzeugmaschinen, Werkstücke, Werkzeuge, Vorrichtungen und Transportmittel.

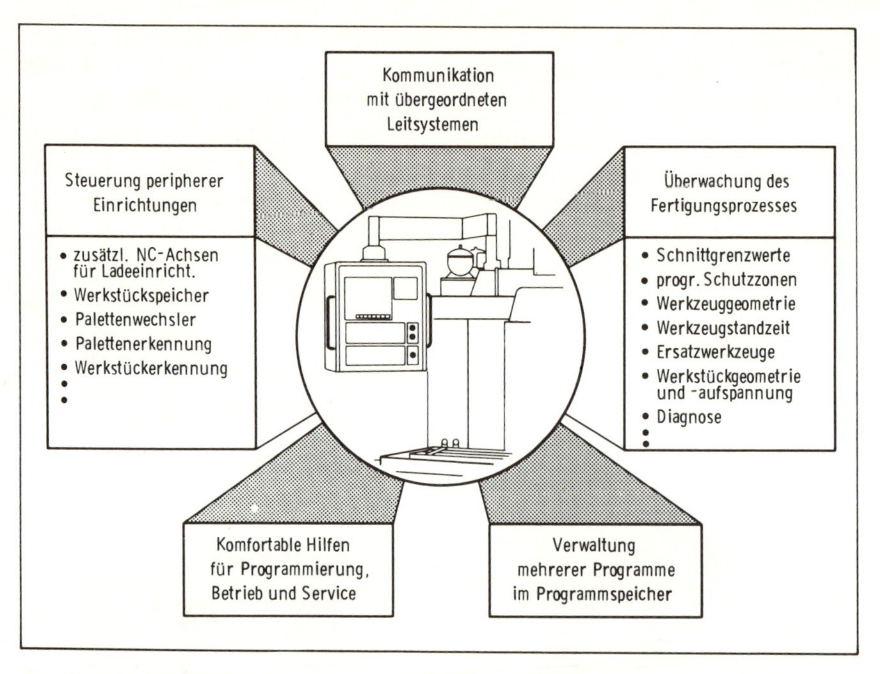

Abbildung 13: Automatisierungsmöglichkeiten durch Einsatz moderner NC-Steuerungskonzepte

Voraussetzung für flexible Automatisierung sind moderne CNC-Steuerungskonzepte, die heute bereits Leistungsbereiche und Funktionsumfänge von Prozeßrechnern vergangener Jahre erreichen. Viele der Funktionen, die für die Automatisierung im direkten Umfeld der Maschinen gefordert werden, lassen sich bereits mit dem Standardfunktionsumfang der Werkzeugmaschinensteuerung abdecken *(Abb. 13)*.

Flexible Automatisierung in flexiblen Fertigungssystemen bedeutet allerdings nicht nur eine komfortable numerische Steuerung für unterschiedlichste, integrierte Teilaufgaben oder eine automatische Versorgung mit den benötigten Werkstücken und Betriebsmitteln. Auch eine zeitgerechte und vollständige Bereitstellung aller zugehörigen Fertigungsinformationen ist Voraussetzung für flexibel automatisierte Fertigungssysteme.

Entsprechend den funktionalen Zusammenhängen im Produktionsablauf ist heute eine hierarchische Strukturierung der Datenverarbeitung üblich. Planungs-, Steuerungs- und Überwachungsfunktionen müssen ein in sich geschlossenes System von Vorgaben und Rückmeldungen bilden. Der Informationsfluß geht über mehrere Ebenen *(Abb. 14)*.

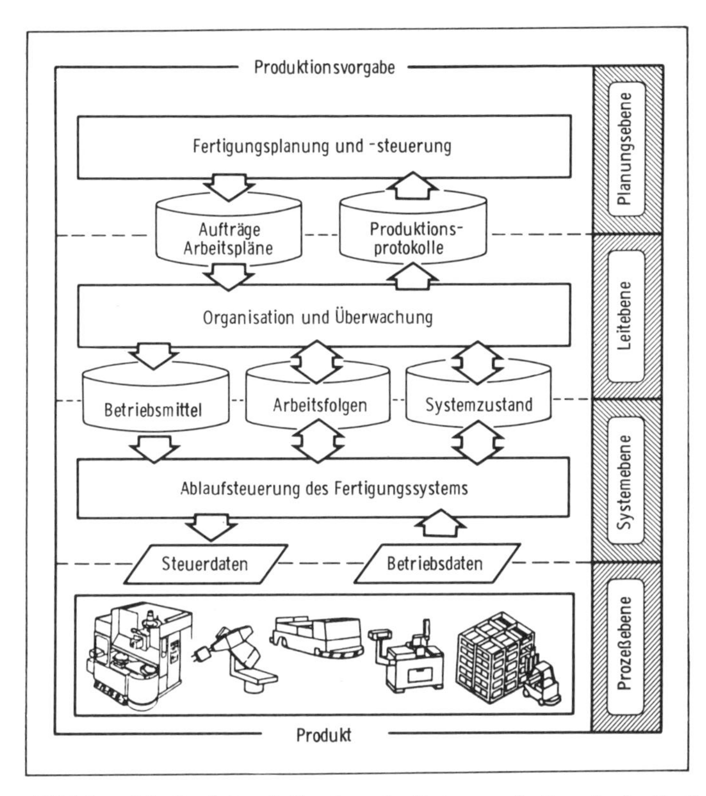

Abbildung 14: Funktionale Struktur der Datenverarbeitung in der Fertigung

Von der planenden Ebene werden mit Hilfe von Produktionsplanungs- und -steuerungssystemen (PPS) Fertigungsaufträge für eine bestimmte Periode vorgegeben. Unter Berücksichtigung der Verfügbarkeit der erforderlichen Ressourcen erfolgt auf der Fertigungsleitebene eine vorläufige Systembelegung. Mit dieser Belegung wird eine nach vorgegebenen Prioritäten optimierte Werkstückfolge beschrieben.

Die operative Steuerung der Abläufe im System (Systemebene) erfolgt fertigungsbegleitend. Der aktuelle Systemzustand, d. h. die verfügbaren Kapazitäten und Bestände, Planabweichungen und Störungen, sind zu berücksichtigen.

Die unterste Ebene der Datenverarbeitung in der Fertigung, die Prozeßebene, wird z. B. von den numerischen und speicherprogrammierbaren Steuerungen der Werkzeugmaschinen, Handhabungsgeräte, Transportmittel u. ä. gebildet.

Von besonderer Bedeutung sind die Schnittstellen des Informationsflusses, der für den Steuerungsablauf erforderlich ist. In fast allen Fällen wird der Anwender

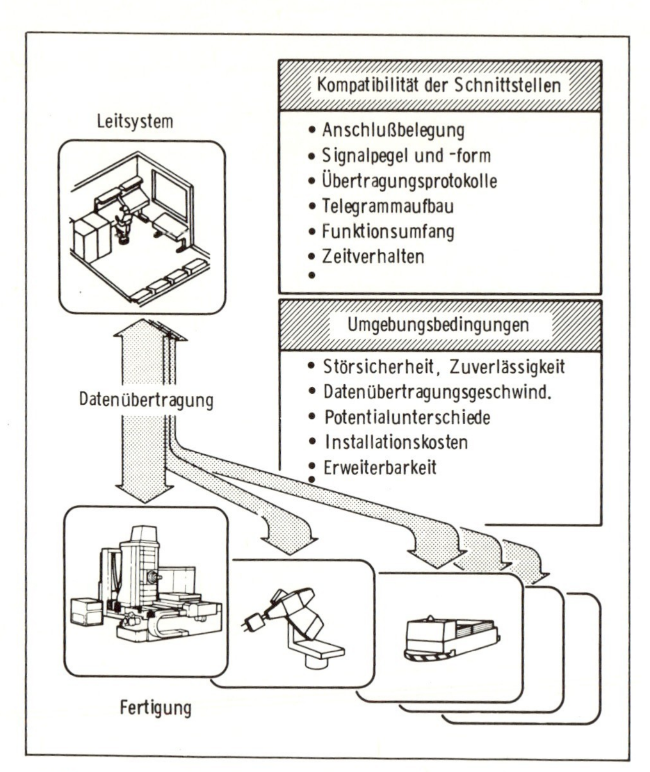

Abbildung 15: Schnittstellenprobleme bei der informationstechnischen Kopplung von Teilkomponenten

mit der Schnittstellen-Kompatibilität konfrontiert *(Abb. 15)*. Den weitaus größten Aufwand erfordert hier die Anpassung der gerätespezifischen Besonderheiten auf der Kommunikationsebene.

Speziell für die Kommunikation mit numerischen Steuerungen ist bereits ein Normenentwurf in Arbeit, der hier Abhilfe schaffen soll.

Ein Kommunikationssystem, das mit gewissen Einschränkungen den Informationsaustausch zwischen beliebigen Teilnehmern erlaubt, wurde bereits vor einigen Jahren von der „International Standards Organisation (ISO)“ in Form eines Referenzmodells vorgestellt *(Abb. 16)*. Dieses System zum Informationsaustausch zwischen beliebigen Teilnehmern innerhalb bestimmter Grenzen — z. B. unternehmensweit — ist unter dem Namen „Open System Interconnection (OSI)“ bekannt[5].

---

5 *Weck, M.:* Rechner- und Steuerungsstruktur. Ind.-Anz. 108 Nr. 29, S. 14—16 (1986)

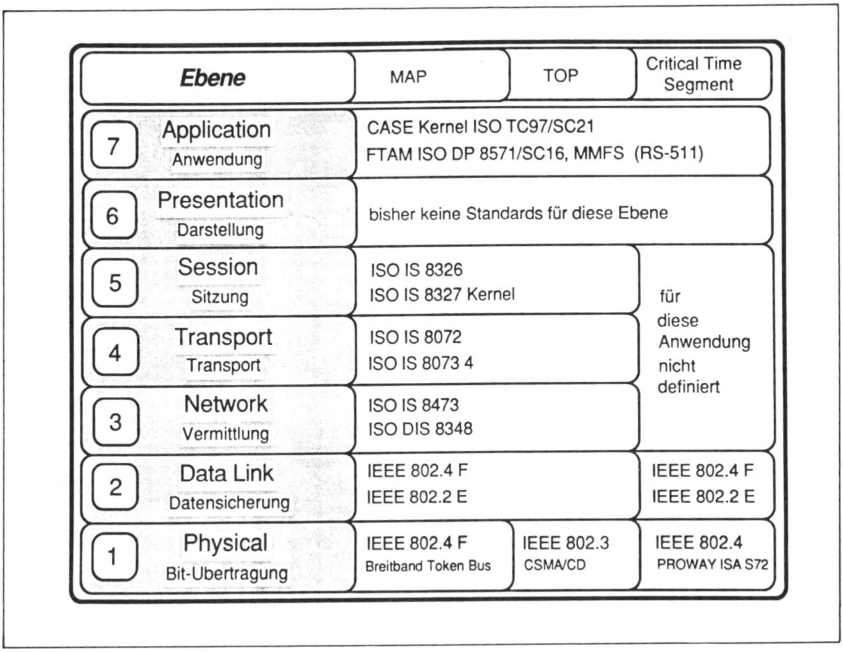

Ebene	MAP	TOP	Critical Time Segment
7 Application Anwendung	CASE Kernel ISO TC97/SC21 FTAM ISO DP 8571/SC16, MMFS (RS-511)		
6 Presentation Darstellung	bisher keine Standards für diese Ebene		
5 Session Sitzung	ISO IS 8326 ISO IS 8327 Kernel		für diese Anwendung nicht definiert
4 Transport Transport	ISO IS 8072 ISO IS 8073 4		
3 Network Vermittlung	ISO IS 8473 ISO DIS 8348		
2 Data Link Datensicherung	IEEE 802.4 F IEEE 802.2 E		IEEE 802.4 F IEEE 802.2 E
1 Physical Bit-Übertragung	IEEE 802.4 F Breitband Token Bus	IEEE 802.3 CSMA/CD	IEEE 802.4 PROWAY ISA S72

Abbildung 16: Entwicklung der MAP-Spezifikationen

Die Funktionen, die eine offene Kommunikation unterstützen, beschreibt das ISO/OSI-Modell in sieben logischen Schichten.

Wie bereits angedeutet, sind unter Produktion sowohl die planenden Bereiche Konstruktion und Arbeitsvorbereitung als auch die ausführenden Bereiche Fertigung und Montage zu verstehen. Die Anwendung der bereits genannten neuen Technologien des rechnerunterstützten Konstruierens (CAD), der rechnerunterstützten Arbeitsplanung (CAP) und der rechnerunterstützten Fertigung (CAM) bedingt Veränderungen des Informationsflusses, der Arbeitstechniken und Organisationsstrukturen. Die Wirtschaftlichkeit der verschiedenen rechnerunterstützten Einzelsysteme läßt sich beträchtlich erhöhen, wenn die erstellten Informationen auch in den nachgelagerten Produktionsbereichen genutzt werden können. Ein Schwerpunkt heutiger Softwareentwicklung liegt daher auf Bemühungen, Programme zu entwickeln, die über eindeutige Schnittstellen eine Integration der jeweiligen Programmodulen ermöglichen. Durch die integrierte Informationsverarbeitung und Unterlagenerstellung läßt sich der Aufwand für die Dateneingabe erheblich reduzieren; Qualität und Aktualität der Informationen werden verbessert. Diese effiziente Datennutzung steigert die Produktivität gegenüber der Anwendung von Einzelsystemen erheblich, so daß der wirtschaftliche Einsatz erhöht werden kann.

6. Rechnerunterstützte Systeme

Jede Planungsabteilung erhält auf ihre Aufgaben zugeschnittene Hilfsmittel *(Abb. 17)*. Da es hinsichtlich des zu verarbeitenden Datenmaterials durchaus Überschneidungen gibt, lassen sich zwei Forderungen ableiten:

— Die gesamten betrieblichen Daten müssen in einer Datenbasis bereitgehalten werden.

— Die einzusetzenden Planungsmethoden sind, soweit möglich, zu erfassen und in einer für die unterschiedlichen Bereiche nutzbaren Methodenbank abzulegen.

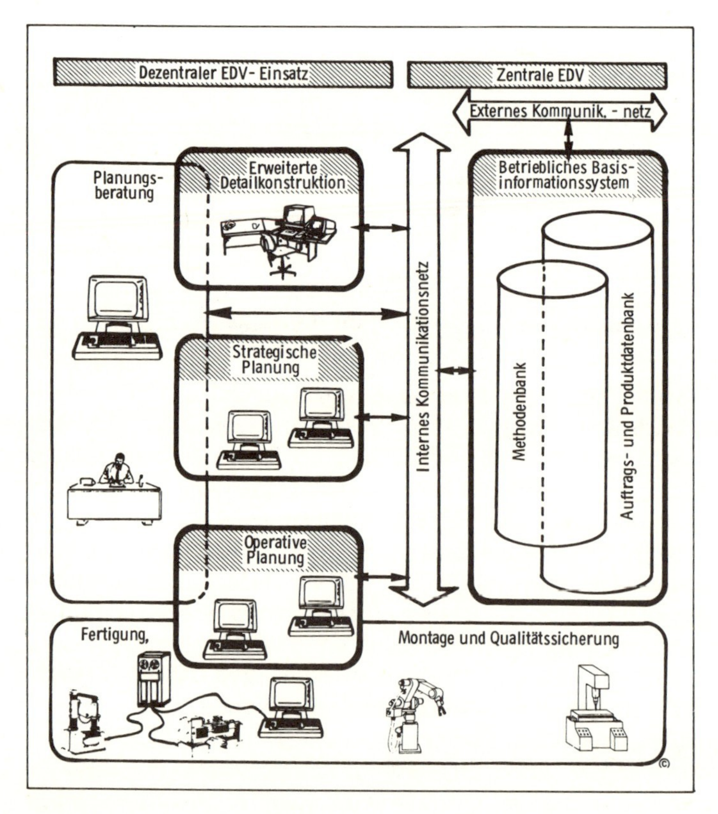

Abbildung 17: Perspektiven für die EDV-unterstützte Planung

Durch den Einsatz von Kommunikationsnetzen und zentralen Datenbasen bei Nutzung von dezentraler Hardware können technische Informationen quasi ohne Zeitverlust zwischen allen Beteiligten ausgetauscht werden. Man erkennt auch an diesem Anwendungsgebiet sehr deutlich, daß durch bereichsüberschreitende Kommunikation die „gewachsenen" Kompetenz- und Organisationsstrukturen künftig neu zu gestalten sind.

Zukünftig sind jedoch noch weitere Veränderungen und Entwicklungen auf dem CAD/CAP-Gebiet zu erwarten. Die Verarbeitung von Volumeninformationen in CAD-Systemen wird zunehmen. Die Basis von neuen rechnerunterstützten Konstruktionssystemen werden geometrische Modellierer sein, die mit weniger Eingabeaufwand, verbessertem graphischen Dialog, Eingabe von natürlicher Sprache, Mustererkennung, Rekonstruktionstechnik und Konstruktionssprachen arbeiten werden[6].

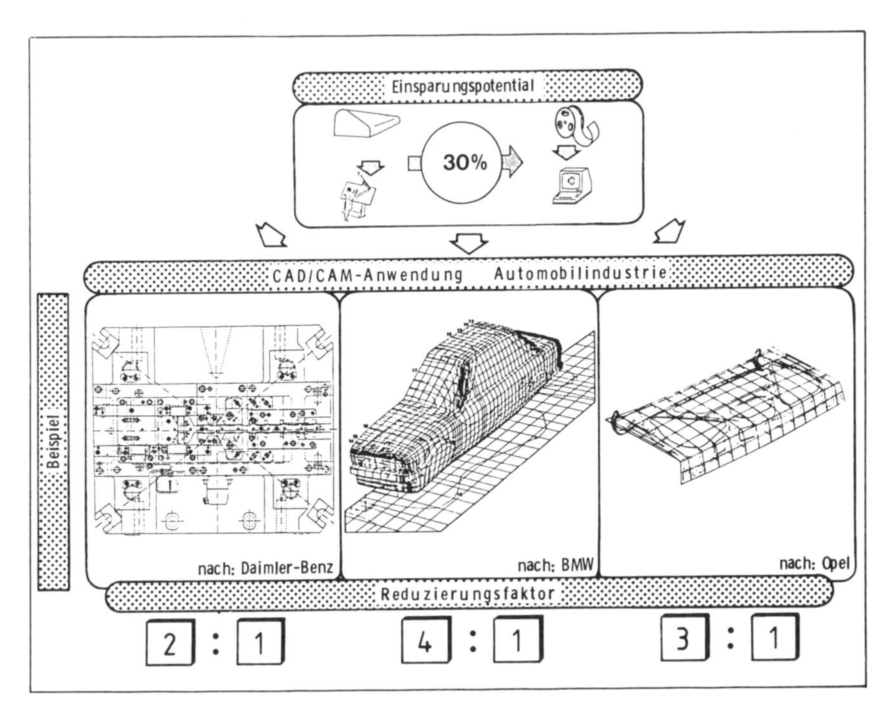

Abbildung 18: CAD/CAM-Einsatz im Werkzeug- und Maschinenbau

6 *Spur, G.:* Aufschwung, Krisis und Zukunft der Fabrik, Vortrag anläßlich des PTK '83 Berlin, ZwF-Sonderdruck (1983)

Das Einsparungspotential, das gemessen am Zeitaufwand durch den Einsatz derartiger CAD/CAM-Systeme genutzt werden kann, zeigt *Abb. 18* am Beispiel des Werkzeug- und Formenbaus in der Automobilindustrie.

Die bisher als nicht algorithmierbar bezeichneten Konstruktions- und Arbeitsplanungslogiken werden durch Expertensysteme und sogenannte „künstliche Intelligenz" der elektronischen Datenverarbeitung zugänglich gemacht.

7. Arbeitsinhalte und Qualifikation

Die aufgezeigten Entwicklungen verdeutlichen, welche Bedeutung Informationen und Informationsverarbeitung für die Unternehmen gewonnen haben. Neben den klassischen Produktionsfaktoren Arbeit, Maschinen, Material und Kapital ist als neuer Produktionsfaktor die Information getreten. Es sind ganze Branchen entstanden, die sich ausschließlich mit dem Erfassen, Verarbeiten und Weitergeben von Informationen befassen. Abzulesen ist die Entwicklung an dem Zuwachs der Beschäftigten im Dienstleistungssektor *(Abb. 19)*.

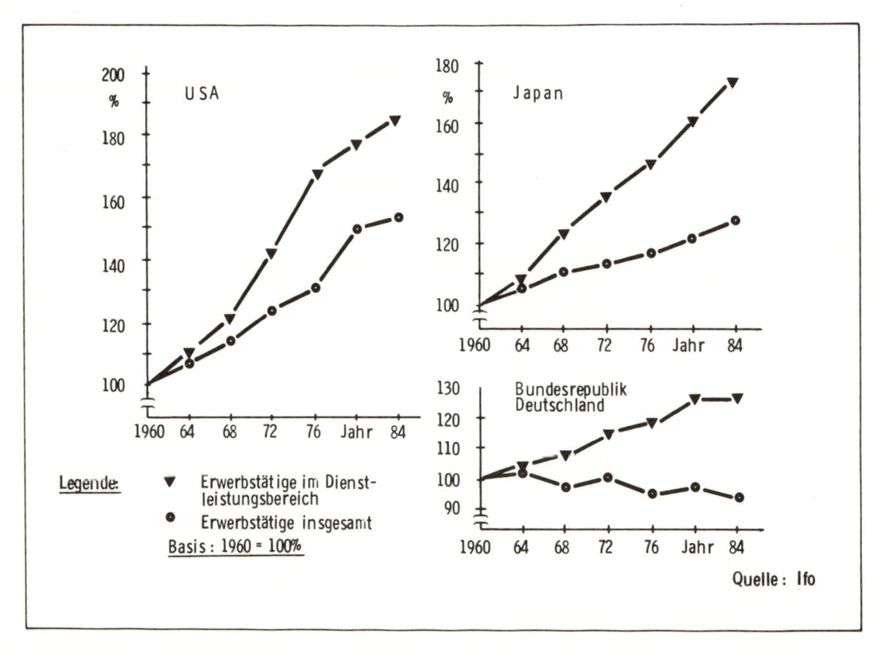

Abbildung 19: Entwicklung der Beschäftigungszahlen in den USA, in Japan und in der BRD

Besonders stark ausgeprägt ist dieser Zuwachs in den USA zu beobachten, wo heute rund 70 % aller Beschäftigten ihren Lebensunterhalt in Dienstleistungsberufen verdienen. Zu einer Zeit, da in der Europäischen Gemeinschaft und ebenso in der Bundesrepublik die Zahl der Beschäftigten sank, wurden in den USA etwa 20 Mio neue Arbeitsplätze geschaffen, die meisten davon im Dienstleistungsgewerbe.

Veränderungen der Arbeitsinhalte treten sowohl beim Bedienpersonal in der Fertigung als auch in den indirekten Bereichen, z. B. im Konstruktionsbereich, auf. In der Werkzeug- und Formerstellung der Automobilindustrie werden sich für die Artikel- und Werkzeugkonstruktion verstärkt CAD-Anwendungen durchsetzen *(Abb. 20)*. NC-Programmierung wird durch CAM-Bausteine zunehmend an die CAD-Systeme angekoppelt und die manuelle NC-Programmierung ersetzen. Die Anzahl CAD-Arbeitsplätze in der Karosserieverarbeitung und Werkzeugkonstruktion belegt diese Entwicklung *(Abb. 21)*.

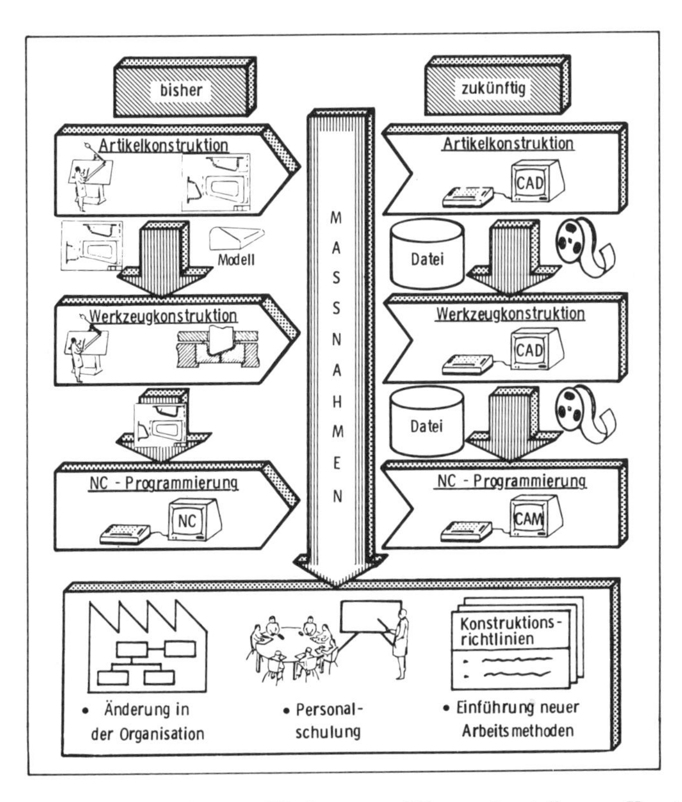

Abbildung 20: Wege zur Werkzeug- und Formenherstellung — Konstruktion —

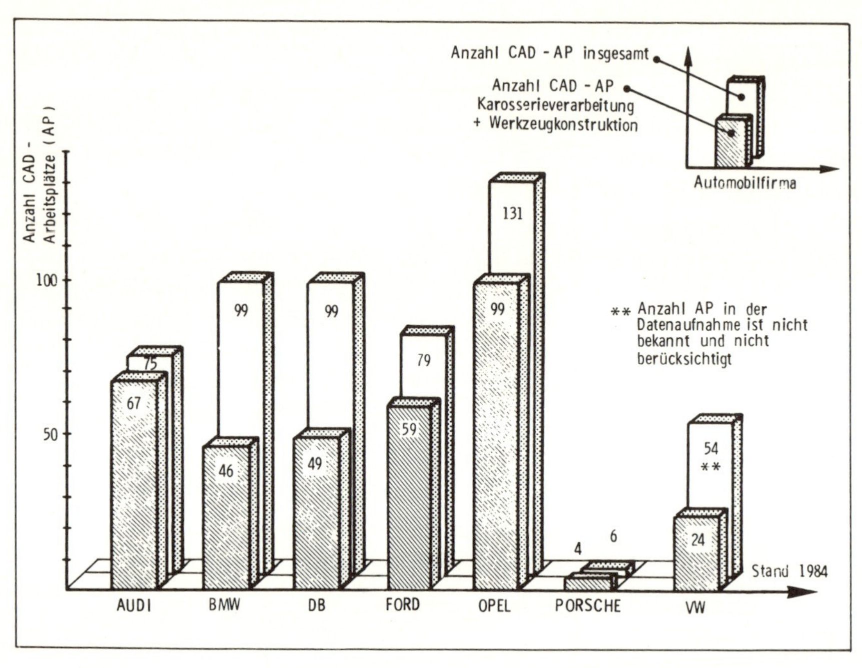

Abbildung 21: Anzahl Arbeitsplätze (Istzustand 1984)

Der EDV-Einsatz in der Arbeitsplanung führt ebenfalls zu deutlichen Auswirkungen auf das Personal *(Abb. 22)*. Kreative Tätigkeiten und die Verantwortung des einzelnen Mitarbeiters werden zu Lasten repetitiver Tätigkeiten zunehmen. Dabei wird der Aufwand zur Arbeitsplanerstellung abgebaut und teilweise durch Beratungstätigkeiten ersetzt.

Schwerpunkt bei der Planung der konventionellen Fertigung ist im wesentlichen nur die Arbeitsvorgangsfolgebestimmung *(Abb. 23)*.

Eine höhere Automatisierung macht zusätzlich die NC-Programmierung und Steuerungs- und Überwachungsaufgaben erforderlich. Dabei summieren sich die Einzelaufgaben der Planungsschwerpunkte zu immer umfangreicheren Planungskomplexen.

Die Frage, welche Aufgaben der Mensch in einer zunehmend automatisierten Arbeitswelt übernehmen soll, ist so alt wie die Industrialisierung selbst[7]. Rationalisierung darf jedoch nicht am Mitarbeiter vorbei erfolgen. Die neuen Infor-

7 *Eversheim, W., Herrmann, P., Müller, W.:* Der Mensch in der automatisierten Fertigung — eine Planungsaufgabe. VDI-Z 125 Nr. 20, S. 847—852 (1983)

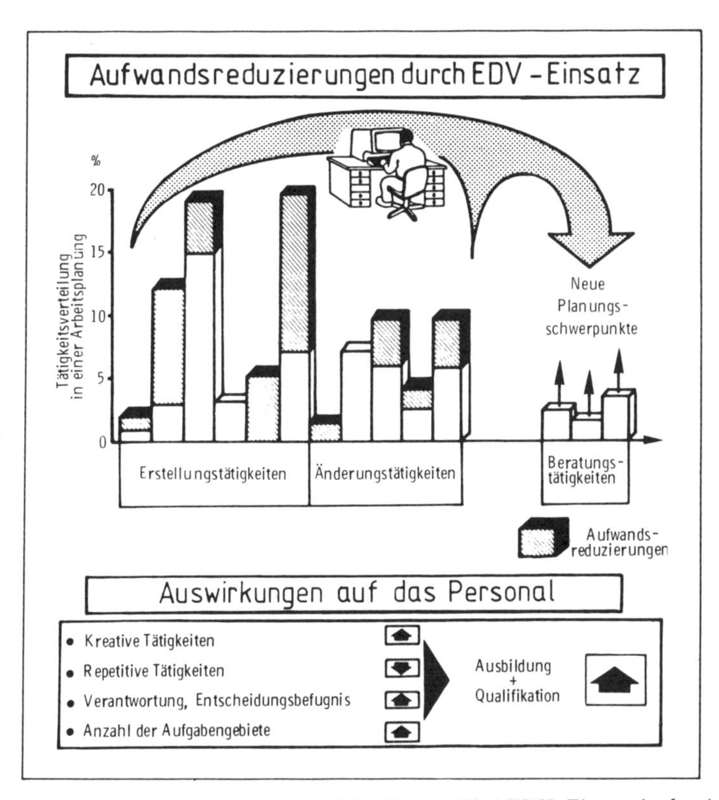

Abbildung 22: Auswirkungen auf das Personal bei EDV- Einsatz in der Arbeitsplanung

mations- und Kommunikationstechnologien sollen ihm als Arbeitsmittel dienen. Die damit einhergehende Differenzierung und Erweiterung von Tätigkeiten, die zur Gewährleistung des prozessualen Zusammenhangs notwendig sind, läßt sich letztendlich auf zwei Gründe zurückführen.

Zum einen werden im Zuge des Einsatzes von rechnergesteuerten Maschinen und Anlagen in der Regel verstärkt dispositive Funktionen und vorbereitende Aufgabenelemente, z. B. Einrichten, aus dem unmittelbaren Mensch-Maschine-System ausgegliedert. Zum anderen gewinnen traditionelle Funktionen, wie z. B. die Wartung und Instandhaltung, die für die Vermeidung von Störungen und Stillständen und damit für die optimale Auslastung des Systems in entscheidender Weise verantwortlich sind, sowohl in quantitativer als auch qualitativer Hinsicht an Bedeutung. Zur Wartung der mit immer mehr Elektronik ausgerüsteten neuen Produktionseinrichtungen sind Mitarbeiter erforderlich, die über die Kenntnisse in Mechanik, Hydraulik oder Elektrik hinaus umfassendes Wissen über

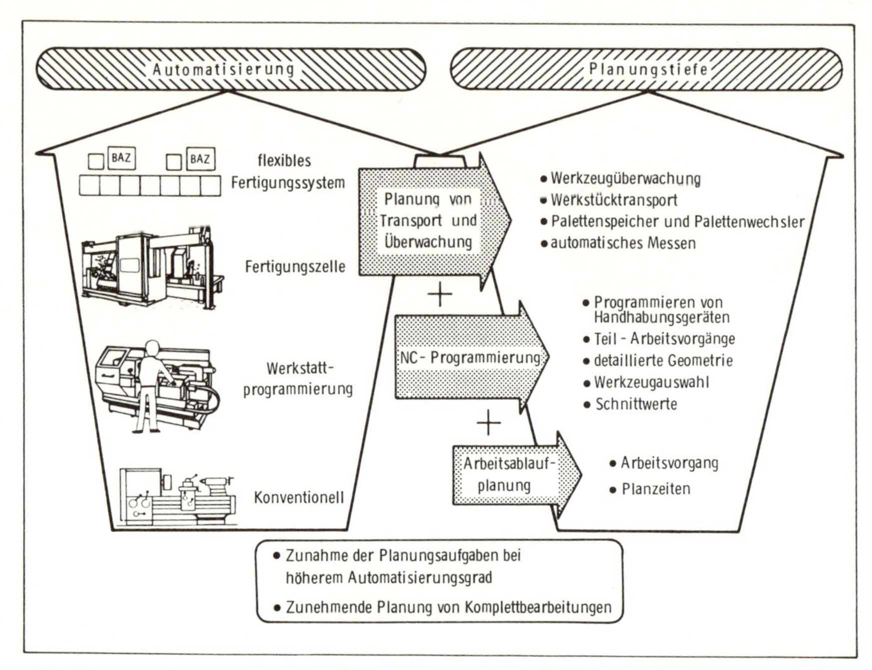

Abbildung 23: Steigerung der Planungskomplexität durch neue Fertigungskonzepte

Funktion und Fehlermöglichkeiten der elektronischen Bauteile mitbringen. Immer häufiger wird das Berufsbild des „Mechatronicers" (Mechanik, Hydraulik, Elektrik, Elektronik) gefordert.

Die Vielfalt der Veränderungen, die sich durch die Automatisierung in der Produktion ergeben, sind in *Abb. 24* zusammengefaßt. War der Mitarbeiter vor Einführung der informationstechnisch orientierten Produktion für ein kleines Teilgebiet verantwortlich, das überwiegend aus repetitiver Tätigkeit bestand, so hat er jetzt wesentlich erweiterte Beratungs- und Überwachungsfunktionen für ein größeres Aufgabengebiet wahrzunehmen. Voraussetzung dafür, daß die Mitarbeiter die ihnen zufallende komplexe „Kopfarbeit" in ihrer gesamten abstrakten, aber auch betriebs- und fachspezifischen Qualifikationsbreite wahrnehmen können, ist eine frühzeitige und umfangreiche Aus- und Weiterbildung.

In *Abb. 25* sind als Beispiel die prinzipiellen Möglichkeiten der Aus- und Weiterbildung eines Maschinenbedieners beschrieben. Als wichtigste Forderung ist zu nennen, daß bereits verlorenes Terrain wieder aufzuholen und Ausbildungsstrukturen zu schaffen sind, die dem derzeitigen Stand der technischen Entwicklung gerecht werden. Es gehört ebenso zur verantwortungsvollen Personalplanung, die einmal vermittelten Fertigkeiten stets zu aktualisieren, d. h. durch

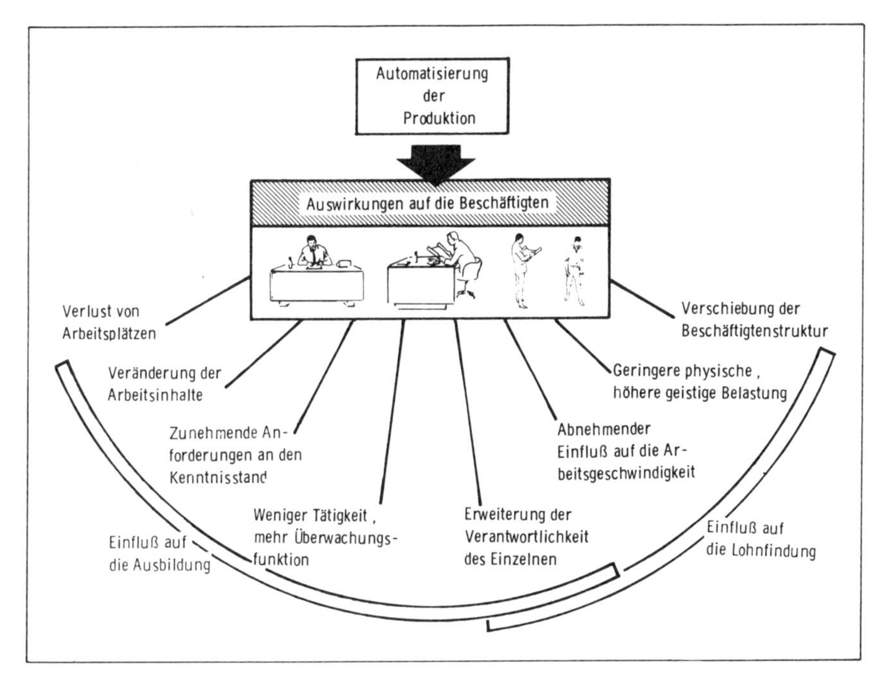

Abbildung 24: Auswirkungen der Automatisierung im Personalbereich

Weiterbildung ist eine Dequalifizierung zu vermeiden und eine Anpassung an neue Arbeitsstrukturen anzustreben.

Bisher passen nur sehr wenige Industrieunternehmen ihre Personalpolitik den Entwicklungen in der Produktionstechnologie an oder schulen ihr Personal um. Es wird daher in Zukunft äußerst schwierig sein, erstklassiges Personal zu gewinnen. Besser ausgebildete, höher bezahlte und selbständige Mitarbeiter erfordern neue Weiterbildungs-, Motivations-, Entlohnungs- und Arbeitszeitstrategien.

Nicht die Automatisierung um jeden Preis, sondern eine sinnvolle Verteilung der Aufgaben zwischen Mensch und Technik in einer Form, die diesen beiden Produktionsfaktoren ihr Bestes abverlangt, ist die sicherste Garantie für Produktivität und Wirtschaftlichkeit des Gesamtsystems Produktion.

Der Gesichtspunkt Wirtschaftlichkeit wird auch in Zukunft letztendlich für die Anwendung neuer Technologien entscheidend sein. Der hohe Kapitalbedarf für Investitionen und die dargestellten Veränderungen in den Produktionsabläufen werden sich in einer gewandelten Kostenstruktur niederschlagen. Die erheblichen Investitionen in innerbetriebliche Infrastruktur, Peripherieeinrichtungen,

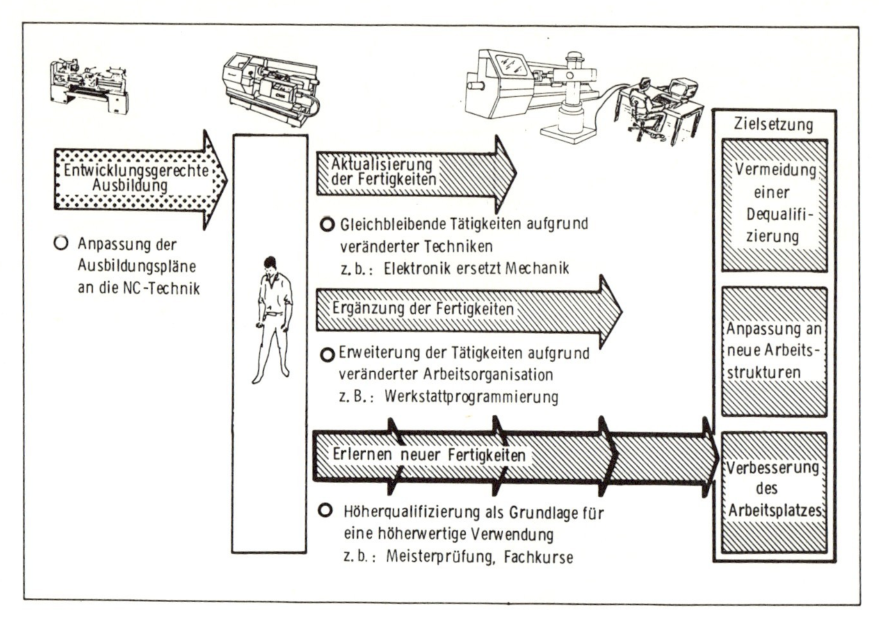

Abbildung 25: Anforderungen an zukunftsorientierte Ausbildungsstrukturen

Softwareentwicklung und Rechnerhardware werden die Investitionen für die Maschinen selbst übersteigen.

Die fixen Kosten werden daher einen größeren Anteil an den Gesamtkosten ausmachen, zumal die variablen Kosten in manchen Bereichen sicher vermindert werden können. Durch höhere Wiederholgenauigkeit und verbesserte Qualität entsteht weniger Ausschuß und Nacharbeit. Trotz Herstellung komplexer Produkte sinken die Materialkosten. Die direkten Personalkosten werden relativ an Bedeutung verlieren, da der Stundenlohn des Bedieners im Vergleich zum Maschinenstundensatz oder zu den indirekten Arbeitskosten eine andere Einschätzung erfährt. Außerdem nimmt mit zunehmender Automatisierung der Anteil manueller Verrichtungen an den auszuführenden Prozeßfunktionen ab.

Diese Kostenveränderungen führen zu einem insgesamt flacheren Verlauf der Kostenkurven. Die Empfindlichkeit für Stückzahlschwankungen einzelner Produkte wird geringer, der Zwang zu einer hohen Gesamtstückzahl verstärkt sich. Wegen der Flexibilität der Produktionseinrichtungen ist es jedoch möglich, die höheren Gesamtinvestitionen auf eine größere Anzahl unterschiedlicher Produkte umzulegen. Durch flexible Automatisierung kann der Unternehmer schneller auf geänderte Marktanforderungen und Sonderwünsche der Kunden reagieren und ohne lange Rüstzeiten die Produktion umstellen.

Wenn die Stückkosten nicht mehr von der Losgröße und der produzierten Stückzahl abhängen, werden die Kostenunterschiede zwischen Einzel- und Großserienfertigung abnehmen. Die Produktion in kleinen Stückzahlen bis hin zur Losgröße „1“ wird wirtschaftlich möglich.

Es stellt sich jedoch die Frage, wie die hohen Investitionen bei dem sowieso zu geringen Finanzpotential der Unternehmen finanziert werden können. Zahlen des VDMA belegen, wie symptomatisch die hohe Kapitalbindung im Umlaufvermögen im deutschen Maschinenbau ist *(Abb. 26)*. Eine Statistik zur Vermögensstruktur von 84 Aktiengesellschaften des Maschinenbaus weist aus, daß die Vorräte etwa 39,4 % der Aktiva und damit etwa dreimal soviel wie die Sachanlagen (13,8 %) ausmachen[8].

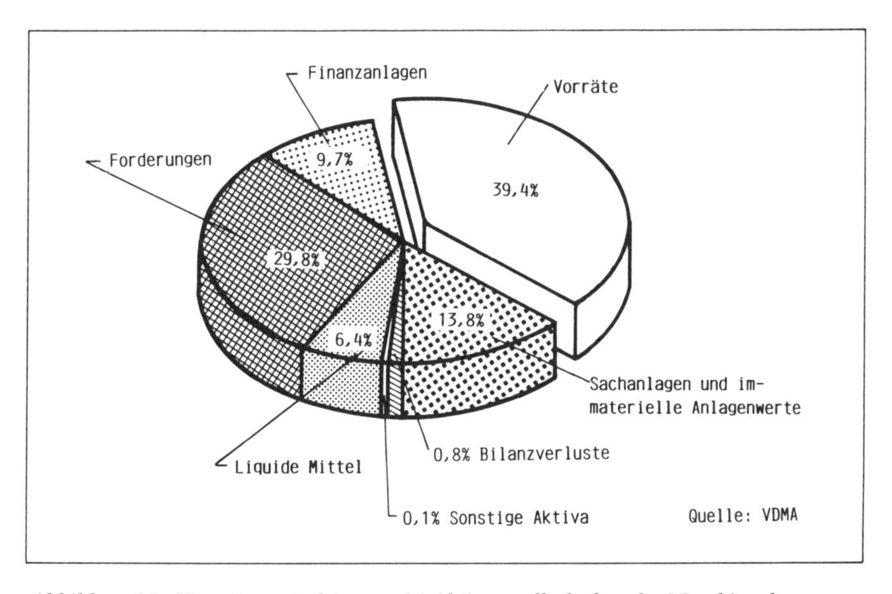

Abbildung 26: Vermögensstruktur von 84 Aktiengesellschaften des Maschinenbaus

8. Wirtschaftlichkeit im technischen Fortschritt

In vielen Unternehmen herrscht häufig eine große Unsicherheit, inwieweit über den derzeit benötigten Bedarf hinaus wirtschaftlich sinnvolle Flexibilitätsreserven zu berücksichtigen sind.

---

8 *Eversheim, W., Zeitz, W., Schmidt, H.:* Organisatorische Voraussetzungen und Randbedingungen für flexible Fertigung in: Mit Technologie die Zukunft bewältigen, Bd. 2, Frankfurt 1984

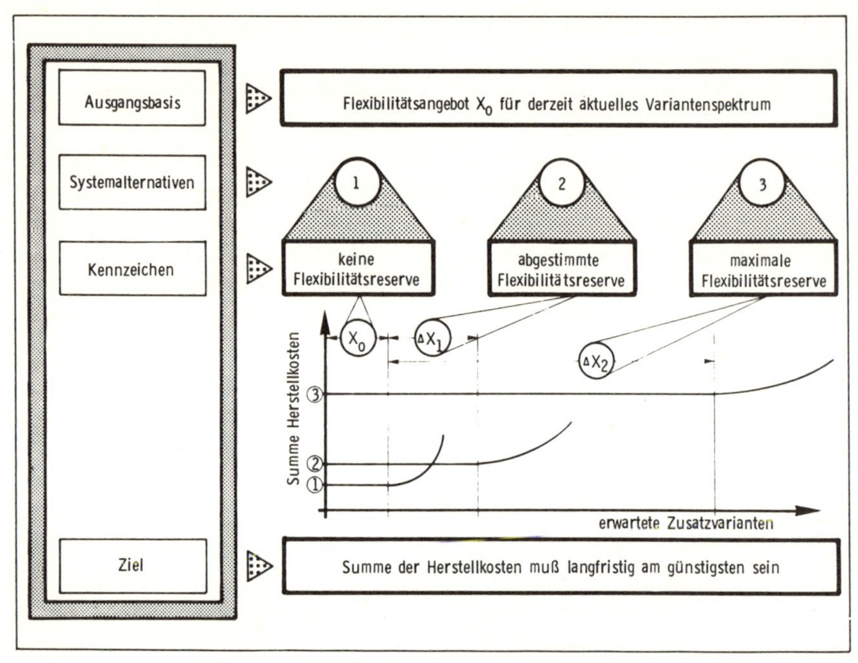

Abbildung 27: Wirtschaftliche Bewertung der Flexibilität

Hierzu veranschaulicht *Abb. 27* die Problematik einer Bewertung der Flexibilität unter wirtschaftlichen Gesichtspunkten. Ausgehend von dem Flexibilitätsangebot einer Fertigungsanlage für das aktuelle Variantenspektrum lassen sich drei grundsätzliche Alternativen hinsichtlich des Umfangs der Flexibilitätsreserve unterscheiden. Wird bei Alternative 1 keine zusätzliche Flexibilitätsreserve vorgesehen, sind die Herstellkosten für die Produkte aufgrund der geringen Anfangsinvestitionen am niedrigsten. Die erforderliche Anpassung der Fertigungseinrichtungen an zusätzliche, vom Markt verlangte Varianten oder an Stückzahlsteigerungen bewirkt in den meisten Fällen jedoch eine sofortige starke Steigerung der Herstellkosten.

Im Vergleich dazu stellt die Systemalternative 3 das gegensätzliche Extrem dar. Die Einrichtung einer maximalen Flexibilitäts- und Kapazitätsreserve ermöglicht es, schnell auf Zusatzvarianten und Stückzahlschwankungen reagieren zu können. Sie hat jedoch den Nachteil, daß durch die anfänglich sehr hohen Investitionen die Herstellkosten von Beginn an auf einem hohen Niveau liegen. Hierbei ist außerdem in Frage gestellt, ob die vorgehaltene hohe Flexibilitäts- und Kapazitätsreserve im Verlauf der Nutzungsdauer der Einrichtungen notwendig sind.

Die Auslegung einer Fertigungsanlage unter dem Gesichtspunkt, eine auf die erwarteten Zusatzvarianten abgestimmte Flexibilitätsreserve vorzusehen, erfolgt unter der Zielsetzung, die Summe der Herstellkosten langfristig günstig zu gestalten.

Aus den Nachteilen der Systemalternative 1 und der Systemalternative 3 ist die Konsequenz einer möglichst präzisen Prognose des zukünftigen Marktverhaltens zu ziehen. Diese Möglichkeit, durch moderne Prognosemethoden eine exaktere Planungsgrundlage zu schaffen, wird wegen des damit verbundenen Aufwandes bisher allerdings nur von wenigen, meist großen Unternehmen genutzt. Gerade auf diesem Gebiet liegt jedoch für viele Branchen ein noch weitgehend ungenutztes Potential.

Die oben beschriebenen neuen Technologien bieten als Vorteil die Möglichkeit, die Vorratshaltung weitgehend zu vermindern. Geringere Rüstzeiten, verbesserter Informations- und Materialfluß, integrierte Bearbeitung und hierdurch drastisch reduzierte Durchlaufzeiten machen eine Vorratshaltung quasi überflüssig. Das bedeutet, daß insbesondere Finanzmittel, die im Umlaufkapital gebunden waren, in produktive, wertschöpfende Betriebsmittel investiert werden können.

Voraussetzung hierfür ist allerdings, daß nicht ein übertriebenes Sicherheitsdenken den Abbau der Läger verhindert. Die Nutzung innovativer Technologien darf ebenso nicht an Wirtschaftlichkeitsrechnungsverfahren scheitern, die sich einerseits an kurzfristigen Zielen orientieren und andererseits für Produktionstechnologien der vergangenen Jahrzehnte entwickelt wurden.

Hier ist ein Umdenken zu einer mehr zeitraumbezogenen strategischen Betrachtung notwendig. Aber auch die räumlichen Bilanzgrenzen für die Wirtschaftlichkeitsrechnung sind weiterzuziehen *(Abb. 28)*.

Kriterien wie kürzere Durchlaufzeiten, verbesserte Lieferbereitschaft, Senkung der Kapitalbindung im Umlaufvermögen, gesteigerte Qualität und verbesserte Reaktionsfähigkeit in der Fertigung sprechen für flexible Automation. Vor allem bei den kürzer werdenden Produktlebenszyklen und der zunehmenden Variantenvielfalt am Markt sind flexible Fertigungssysteme langfristig effizienter und kostengünstiger einzusetzen. Dies läßt sich jedoch mit den zur Zeit üblichen zeitpunktorientierten Rechenmethoden nicht nachweisen.

Werden Investitionen aufgrund solcher Kriterien abgelehnt, so besteht die Gefahr, daß der andauernde Verzicht auf innovative Produktionstechniken ein nicht wieder aufzuholendes Know-how-Defizit nach sich zieht. Einem späteren Zwang zur Nutzung dieser Technologien kann dann nicht mehr nachgekommen werden, wenn man die notwendigen technischen und organisatorischen Voraussetzungen nicht rechtzeitig geschaffen hat.

Ein Beispiel für ein System, mit dem bis zur Losgröße eins sinnvoll produziert werden kann, stellt das Integrierte Flexible Fertigungs- und Montagesystem

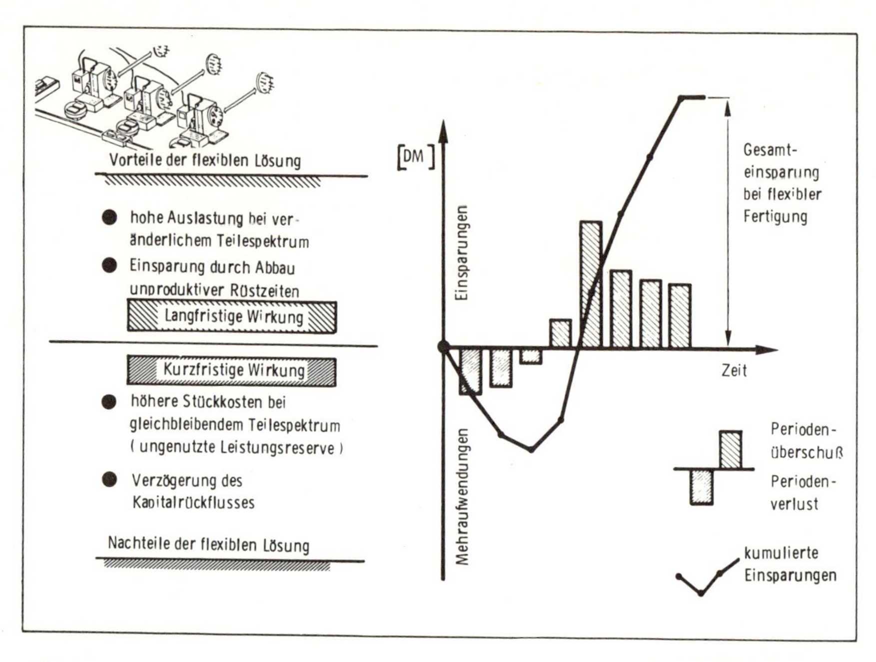

Abbildung 28: Zeitraumbezogene Investitionsbewertung für Systeme der flexiblen Fertigung

(IFMS) dar, das am Laboratorium für Werkzeugmaschinen und Betriebslehre (WZL) der RWTH Aachen aufgebaut wurde *(Abb. 29)*. Mit dem IFMS können Hydrostopventile in sieben verschiedenen Größen in beliebiger Reihenfolge spanend bearbeitet und montiert werden. Die Durchlaufzeit und damit die Lieferbereitschaft konnten gegenüber der konventionellen Produktion deutlich reduziert werden.

Die Fristen, die es zu beachten gilt, wenn Entscheidungen über Investitionen in den Unternehmen anstehen, gehen aus *Abb. 30* hervor. Die hier aufgeführten Zeitdauern für eine wirtschaftliche Amortisation der jeweiligen Investitionen sind bestimmend für die Elastizität bzw. Flexibilität bei notwendigen Anpassungen an veränderte Markt-, Umwelt- und Produktionsbedingungen.

Zur Einführung und erfolgreichen Nutzung moderner und zukunftsorientierter Fertigungseinrichtungen sind erhebliche Vorleistungen zu erbringen. Es sind z. B. Pilotanlagen zu installieren, umfangreiche Vorversuche durchzuführen und intensive Schulungsmaßnahmen für Bediener und Instandhalter zu ergreifen.

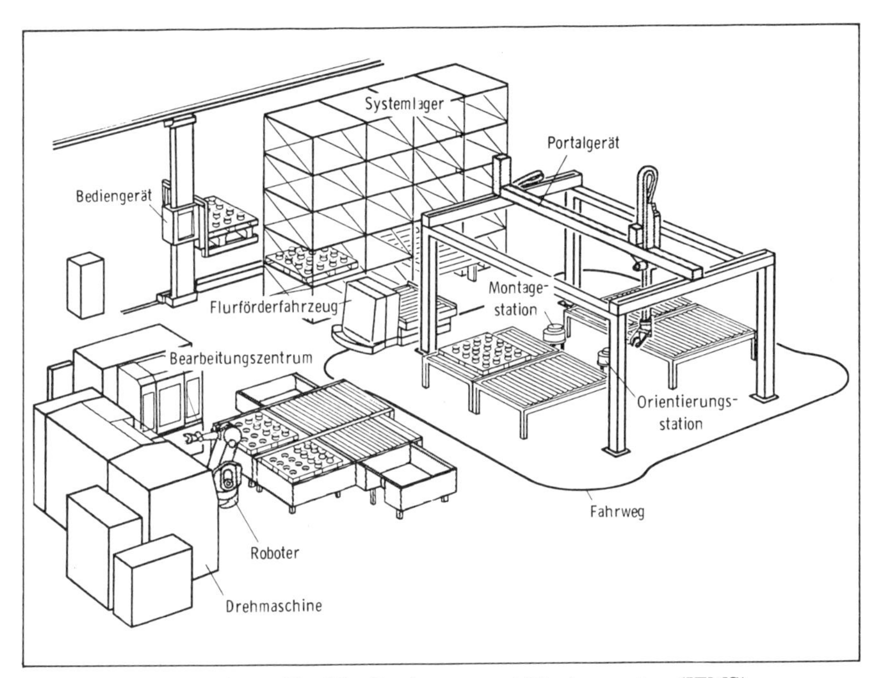

Abbildung 29: Integriertes Flexibles Fertigungs- und Montagesystem (IFMS)

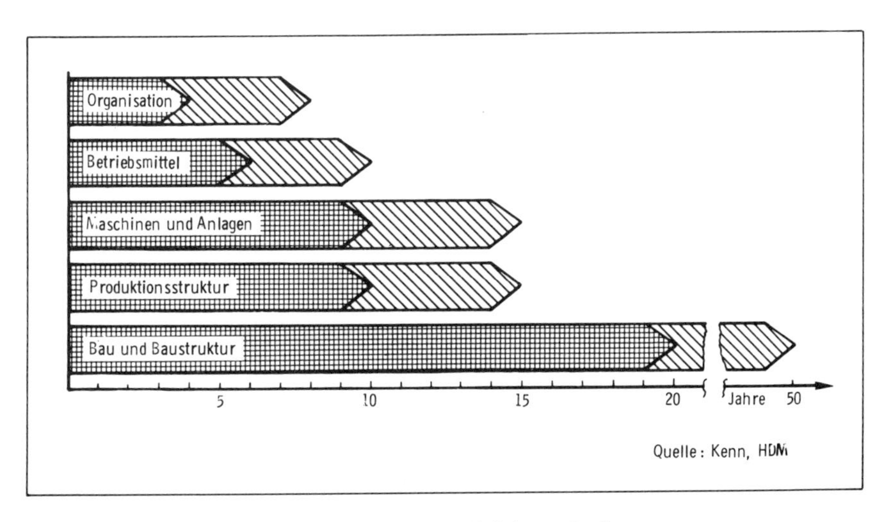

Abbildung 30: Lebensdauer verschiedener Produktionsmittel

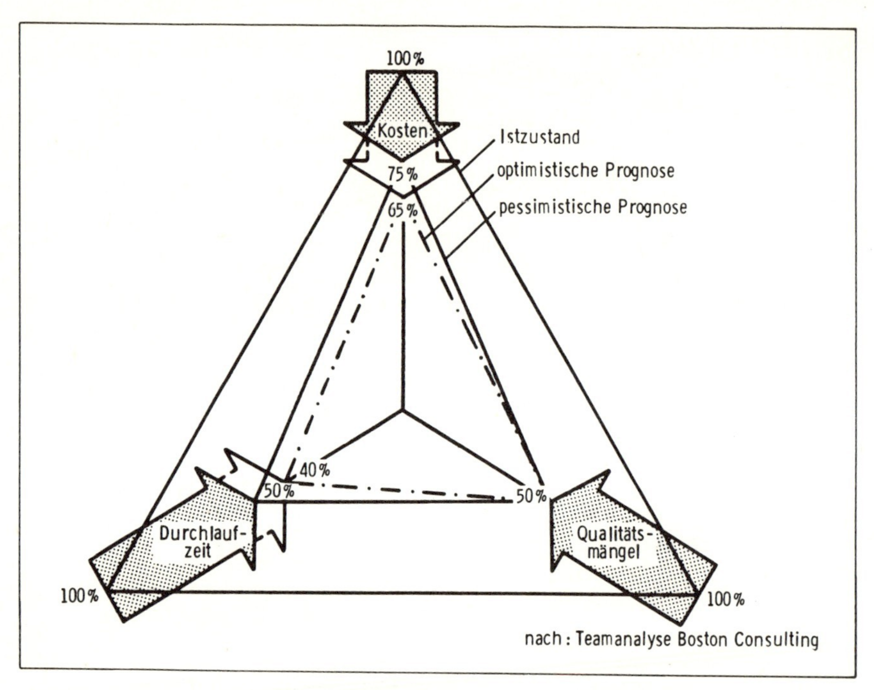

Abbildung 31: Auswirkungen der rechnergestützten Fabrikautomatisierung auf Kosten, Durchlaufzeiten und Qualitätsmängel

Zukünftig werden die Unternehmen überleben, die rechtzeitig begonnen haben, die bestehenden Strukturen im Rahmen ganzheitlicher Systemlösungen den Erfordernissen zukunftsgerichteter technologischer Konzepte anzupassen[9].

Eine Analyse der Boston Consulting Gruppe erlaubt folgende Prognose für die Zukunftsperspektiven der rechnergestützten Fabrikautomatisierung *(Abb. 31):*

- Die Kosten lassen sich um wenigstens 25 % senken.
- Die Durchlaufzeit kann je nach Fertigungsstruktur um 50 %—60 % reduziert werden.
- Qualitätsmängel können um 50 % verringert werden.

---

9 *Liebe, B.:* Strategische Aspekte der Einführung neuer Produktion. VDI-Z 125 Nr. 1/2, S. 5—8 (1983)

Stichwortverzeichnis